运筹与管理科学丛书 33

反问题基本理论

——变分分析及在地球科学中的应用

Basic Theory of Inverse Problems:
Variational Analysis and Geoscience Applications

王彦飞 〔俄〕V. T. 沃尔科夫 〔俄〕A. G. 亚格拉 著

科 学 出 版 社

北 京

内 容 简 介

数学物理反问题(也包括地球科学反演)已成为应用数学发展和成长最快的领域之一. 基于模型驱动的传统科学和基于大数据分析的人工智能领域, 都要求求解反问题. 该书把地球科学反演问题高度概括, 以第一类算子方程作为基本问题描述的出发点, 系统开展反问题的基本理论、重要方法和应用研究描述. 该书涵盖了反演领域的大部分知识点, 包括反问题的不适定性、空间与算子、变分理论、求解反问题的正则化与最优化方法、统计推理、人工智能反问题求解以及地学应用. 该书事例丰富, 论述严谨, 逻辑严密, 体现了与数学物理、地学以及其他应用领域的交叉.

本书适合于数学物理、地学专业的科研人员和大学教师使用, 也可作为反问题及交叉学科领域的高年级本科生和研究生的教材, 对其他从事科学与工程领域反问题交叉学科研究也有着重要的借鉴作用.

图书在版编目(CIP)数据

反问题基本理论: 变分分析及在地球科学中的应用/王彦飞, (俄罗斯) V.T.沃尔科夫, (俄罗斯) A.G.亚格拉著. —北京: 科学出版社, 2021.3

ISBN 978-7-03-066991-9

Ⅰ.①反… Ⅱ.①王… ②V… ③A… Ⅲ.①积分方程–应用–地球科学–研究 Ⅳ.①O175 ②P

中国版本图书馆 CIP 数据核字(2020) 第 233204 号

责任编辑: 胡庆家 孙翠勤 / 责任校对: 杨 然
责任印制: 吴兆东 / 封面设计: 陈 敬

科学出版社 出版
北京东黄城根北街 16 号
邮政编码: 100717
http://www.sciencep.com

北京九州迅驰传媒文化有限公司印刷
科学出版社发行 各地新华书店经销

*

2021 年 3 月第 一 版 开本: 720 × 1000 B5
2024 年 3 月第三次印刷 印张: 13 1/2 插页: 3
字数: 270 000

定价: 98.00 元

(如有印装质量问题, 我社负责调换)

《运筹与管理科学丛书》序

运筹学是运用数学方法来刻画、分析以及求解决策问题的科学. 运筹学的例子在我国古已有之, 春秋战国时期著名军事家孙膑为田忌赛马所设计的排序就是一个很好的代表. 运筹学的重要性同样在很早就被人们所认识, 汉高祖刘邦在称赞张良时就说道:“运筹帷幄之中, 决胜千里之外.”

运筹学作为一门学科兴起于第二次世界大战期间, 源于对军事行动的研究. 运筹学的英文名字 Operational Research 诞生于 1937 年. 运筹学发展迅速, 目前已有众多的分支, 如线性规划、非线性规划、整数规划、网络规划、图论、组合优化、非光滑优化、锥优化、多目标规划、动态规划、随机规划、决策分析、排队论、对策论、物流、风险管理等.

我国的运筹学研究始于 20 世纪 50 年代, 经过半个世纪的发展, 运筹学研究队伍已具相当大的规模. 运筹学的理论和方法在国防、经济、金融、工程、管理等许多重要领域有着广泛应用, 运筹学成果的应用也常常能带来巨大的经济和社会效益. 由于在我国经济快速增长的过程中涌现出了大量迫切需要解决的运筹学问题, 因而进一步提高我国运筹学的研究水平、促进运筹学成果的应用和转化、加快运筹学领域优秀青年人才的培养是我们当今面临的十分重要、光荣, 同时也是十分艰巨的任务. 我相信,《运筹与管理科学丛书》能在这些方面有所作为.

《运筹与管理科学丛书》可作为运筹学、管理科学、应用数学、系统科学、计算机科学等有关专业的高校师生、科研人员、工程技术人员的参考书, 同时也可作为相关专业的高年级本科生和研究生的教材或教学参考书. 希望该丛书能越办越好, 为我国运筹学和管理科学的发展做出贡献.

袁亚湘

2007 年 9 月

序

数学物理反问题 (也包括地球科学反演), 作为数学、物理、化学、地学、生物学、金融、商业、生命科学、计算技术与工程相关的交叉学科, 已成为应用数学发展和成长最快的领域之一. 许多科学工程领域的问题, 无论是基于模型还是基于数据, 通常都要求求解反问题. 该学科的发展, 越来越需要计算、优化、统计与相关工程技术学科的交叉融合, 研究内容趋于深化和多元化. 此外, 随着观测手段和认知的进步, 反问题采集的数据规模越来越大, 获得的知识信息越来越丰富, 如生命科学、地球物理与遥感领域、生物制药和医学影像领域等, 因而求解反问题不但要克服问题的不适定性, 还要求具有大规模计算的能力, 其中正则化方法和最优化方法是解不适定问题的重要手段.

王彦飞是我的杰出学生之一, 他是我国反问题研究领域的著名学者, 他在与国际著名反演领域科研人员多年合作的基础上, 撰写的这本反问题论著是有相当深度和地学反演研究广度的. 书中的部分内容正是他与团队成员近年来的科研成果. 该书把地球科学反演问题高度概括, 以第一类算子方程作为基本问题的出发点, 系统开展地球科学反问题的基本理论、重要算法和应用研究论述. 该书涵盖了反演领域的大部分知识点, 包括模型驱动反问题、数据驱动反问题、反问题的不适定性、空间与算子、变分理论、求解反问题的正则化与最优化方法、统计推理以及地学应用. 该书对推动地球科学反问题进一步的深入研究, 促进优化方法在地球物理中的更加深入的应用, 促进数学与地球科学特别是地球物理学的交叉学科研究等将起十分重要的作用.

最后, 在本书即将付梓之际, 特向彦飞表示热烈的祝贺! 同时也祝愿他在将来的科学研究中取得更大的成就!

袁亚湘

中国科学院数学与系统科学研究院研究员

国际工业与应用数学学会主席

中国科学院院士

2021.3.17

前　言

反问题理论和方法是由科学与工程中的应用问题驱动的. 反问题的研究是近几十年来一个令人兴奋的研究领域. 反问题在整个自然科学领域具有特殊的重要性, 它是数学、物理、化学、天文、地学、生物学、金融、商业、生命科学、计算技术与工程相关的交叉学科.

《反问题基本理论——变分分析及在地球科学中的应用》一书是王彦飞研究员与莫斯科大学理学院的亚格拉 (Yagola) 教授等学者在多年合作研究的基础上整理而成的, 是中国科学院大学"地球科学反演导论"这门课的基础性教材. 本书包含七章, 主要内容分为 6 个部分: 积分方程、变分分析、不适定问题的正则化解法及最优化方法、统计反演策略和典型反问题实例.

第 1 章是绪论, 叙述了反问题的典型事例, 主要是地球物理领域的一些重要的反问题.

第 2 章主要在泛函和赋范空间框架下, 对算子方程 (以积分方程为例) 的基本理论展开叙述. 其中第 2.1 节和 2.2 节包含了泛函分析的一些必要概念, 这些概念是理解后面讲授内容的基础. 然后详细介绍了弗雷德霍姆 (Fredholm) 和沃尔特雷 (Voltera) 线性积分方程, 并探讨了一些与之相关的问题, 比如, 与波动方程相关的施图姆–刘维尔 (Sturm-Liouville) 问题.

第 3 章介绍变分法. 这是求解反问题的基础. 主要讨论了各种条件下的泛函极值问题.

第 4 章以第一类弗雷德霍姆积分方程为例, 给出了处理不适定问题的吉洪诺夫 (Tikhonov) 正则化方法. 不适定性和正则化是整个反问题领域的核心研究内容.

第 5 章研究数值求解反问题的最优化方法, 介绍了离散不适定问题、离散化问题的优化算法, 包括梯度法、拟牛顿法以及子空间信赖域法和一些最新结果.

第 6 章研究基于统计的反演策略, 概述了贝叶斯 (Bayes) 统计推理的反演框架及其与吉洪诺夫正则化反演框架的关系.

第 7 章给出了基于模型驱动的两个重要的地学反问题实例, 一个是常规油气/矿产资源勘探开发中的位场反问题, 另一个非常规页岩气勘探开发中的纳米尺度孔隙结构成像问题. 此外, 本章还给出了人工智能地球物理反问题最新进展实例.

在部分章节的最后, 还给出了思考题, 列出了一些理论上需要继续深入思考的命题, 这些问题留给读者完成.

本课程相较其他数学物理课程而言要困难一些, 低年级本科生或数学专业类课程学得不够的高年级本科生和研究生可能会不大容易理解. 因此为了帮助学生尽快掌握必要的材料, 本书重新描述了在无穷维赋范空间中的线性算子的一些基本原理和命题. 为了学好“反问题”这门课, 读者需要阅读其他教科书, 并作习题集, 如参考文献列出的几个主要出版物, 比如作者和合作者所著的教学参考书:《反问题的数值解法》(科学出版社, 2003)、《反演问题的计算方法及其应用》(高等教育出版社, 2007)、《地球物理数值反演问题》(高等教育出版社, 2011) 以及 *Numerical Methods for the Solution of Ill-posed Problems* (Kluwer Academic Publisher, 1995).

本书是反问题的教科书或教学辅导书, 因此只列入了一些关键的与教材相关的文献. 应用反问题包罗万象, 文献众多, 本书没有一一列入, 敬请读者谅解. 建议读者从 4 个关键的反问题专业刊物获得相关知识点, 它们是: *Inverse Problems*, *Inverse Problems in Science and Engineering*, *Journal of Inverse and Ill-posed Problems* 以及 *Inverse Problems and Imaging*. 每个刊物的侧重点都不一样, 基本涵盖了反问题领域的所有学科.

本书的出版得到了国家自然科学基金–俄罗斯基础科学研究基金 (RFBR-NSFC 19-51-53005; NSFC-RFBR 11911530084)、国家重点研发计划项目 (2018YFC0603500)、中国科学院从 0 到 1 原始创新项目 (ZDBS-LY-DQC003) 和中国科学院地质与地球物理研究所重点项目 (IGGCAS-2019031、SJJJ-201901) 的联合资助.

感谢中国科学院数学与系统科学研究院袁亚湘院士的宝贵意见, 感谢清华大学的杨顶辉教授、中国科学院大学的孙文科教授、河北工业大学的肖庭延教授、中国科学院大学的周元泽教授、中国科学院空天信息创新研究院的关燕宁研究员、中国科学院数学与系统科学研究院的张文生研究员和中国人民大学许作良教授对本书的审阅, 感谢北京联合大学的马青华教授对本书书稿的校对, 感谢莫斯科大学 Lukyanenko 教授、Leonov 教授和 Kuramshina 教授对书稿部分内容的有益的讨论, 感谢中国科学院前沿科学与教育局段晓男博士对本书架构和部分内容的讨论, 感谢科学出版社赵彦超博士对书稿章节的讨论, 感谢科学出版社胡庆家编辑的耐心审阅和编辑. 此外, 也对其他教师、同事和作者的研究生对本书所作的有益讨论和提出的建议表示衷心的感谢.

作　者

2020 年 4 月 30 日

目 录

Contents

主要知识点

1. 反问题实例：来自地球物理领域的反问题.
2. 积分算子方程分类：
   第一类和第二类弗雷德霍姆 (Fredholm) 和沃尔特雷 (Volterra) 方程; 由积分方程描述的 (地球) 物理问题.
3. 典型空间与算子：线性空间; 无穷维赋范空间; 线性算子; 全连续算子.
4. 全连续自伴算子特征值和特征向量的存在性定理, 构建特征值和特征向量的序列.
5. 第二类弗雷德霍姆齐次方程：
   对称核积分算子特征值和特征函数的存在性; 退化核; 希尔伯特–施密特 (Hilbert-Schmidt) 定理.
6. 压缩映射原理; 带 "小参数 λ" 的弗雷德霍姆方程; 逐次逼近法.
7. 沃尔特雷线性方程; 逐次逼近法.
8. 第二类弗雷德霍姆非齐次方程：
   带退化核的弗雷德霍姆方程; 带任意连续核的弗雷德霍姆 (Fredholm) 方程; 弗雷德霍姆定理.
9. 特征值和特征函数的边界值问题 (施图姆–刘维尔 (Sturm-Liouville) 问题)：
   将施图姆–刘维尔问题简化为积分方程; 施图姆–刘维尔问题的特征值和特征函数的性质; 斯捷克洛夫 (Steklov) 定理.
10. 泛函的概念; 泛函的一阶变分; 极值的必要条件.
11. 带固定端点的变分问题：变分法主要引理; 欧拉 (Euler) 方程; 极值的必要条件.
12. 极值场、魏尔斯特拉斯 (Weierstrass) 函数、极值的充分条件.
13. 条件极值问题; 等周问题和拉格朗日 (Lagrange) 问题 (问题陈述, 极值的必要条件).
14. 带移动边界的问题; 问题陈述, 横截性条件, 极值的必要条件.
15. 关于适定和不适定问题的概念.

16. 第一类弗雷德霍姆方程是不适定问题; 求解第一类弗雷德霍姆方程的吉洪诺夫正则化法 (Tikhonov regularization).
17. 积分方程离散化.
18. 投影正则化.
19. 梯度类算法: 最速下降法; 兰德韦伯–弗里德曼 (Landweber-Fridman) 迭代法; 共轭梯度法; 随机梯度法.
20. 牛顿类算法：拟牛顿算法.
21. 子空间信赖域算法.
22. 矩阵优化算法.
23. 贝叶斯 (Bayes) 统计推理：贝叶斯公式.
24. 贝叶斯反演框架：正则化的形式.
25. 先验分布函数.
26. 粒子滤波.
27. 人工智能地球物理：人工智能地震成像.

第 1 章 绪　论

1.1 引　言

反问题的研究是近几十年来一个令人兴奋的研究领域. 反问题在整个自然科学领域具有特殊的重要性, 它是数学、物理、化学、天文、地学、生物学、金融、商业、生命科学、计算技术与工程相关的交叉学科. 特别是近三十年来, 数学物理反问题已成为应用数学发展和成长最快的领域之一 (张关泉, 1987; Groetsch, 1993; Engl et al., 1996; Nashed and Scherzer, 2001; 刘继军, 2005; 王彦飞, 2007; Freeden et al., 2010). 例如, 许多涉及反问题领域的学科在近年来得到了迅速的发展: 定量遥感科学反问题、国防工业反问题、大气物理反问题、天体物理反问题、医学图像处理反问题、计量经济领域中的参数识别反问题、股票金融科学中的反问题、生命科学中的反问题、信息科学反问题、地球化学反问题、高能物理中的光能谱反问题、材料固有频率寻找金属孔洞的反问题、光学反问题、地球物理勘探反问题、大数据与人工智能中的反问题等 (王彦飞等, 2011; Bergen et al., 2019; Reichstein et al., 2019; Geng and Wang, 2020; He and Wang, 2021).

反问题一般指的是利用实际观测数据来推断被调查系统的参数/模型的特征. 这通常需要求解一个线性或非线性系统, 来获得对待求参数/模型的估计. 反问题通常是不适定的, 即给定问题的解未必存在, 解未必唯一, 以及解的连续性/稳定性 (continuation/stability) 不一定能够保证. 数学物理问题的不适定性由 Hadamard 于 1923 年提出; 1943 年, 吉洪诺夫 (A. N. Tikhonov) 在《苏联科学院院刊》中发表了著名的文章《关于反问题的稳定性》, 该成果成为现代不适定问题理论的发端. 最近几十年, 克服不适定性的理论和方法研究得到了极大的发展, 经典著作为《不适定问题的数值解法》(中译本) (Tikhonov and Arsenin, 1977). 俄罗斯科学出版社出版了有关吉洪诺夫院士关于不适定反问题论述 10 卷中的第 3 卷 *Inverse and Improperly Posed Problems* (Tikhonov, 2009), 此卷中有许多非常经典的论述. 吉洪诺夫始终认为, 反问题理论的产生来源于解决重大应用问题 (其中包括地球物理学问题) 的需要, 它的发展也是与应用紧密相连的.

称数学问题是适定的, 是指它同时满足以下三个条件:

(1) 解是存在的;

(2) 解是唯一的;

(3) 解是稳定的 (通常指的是问题的解连续依赖于观测数据的变化, 即跳跃性很小).

反之, 若上述三个条件中, 至少有一个不能满足, 则称此数学问题为不适定的.

数学物理反问题的求解并非易事, 原因如下:

(1) 由于噪声或客观观测条件的限制, 原始数据所在的数据集合可能不属于问题精确解所对应的数据集合.

(2) 近似解可能不够稳定, 也就是说较小的观测误差可能引起近似解对真解的较大偏差. 一般来说, 数学物理反问题往往为不适定的, 而正则化方法正是求解不适定问题的一种重要的手段.

(3) 由于实际问题的复杂性, 通常采用奥卡姆剃刀法则 (Occam's razor), 把模型简化 (比如方程简化), 这种简化必然会带来模型误差, 给实际反演的可靠性带来困扰.

(4) 反问题计算的时效性. 以地球物理反问题为例, 未知参数的离散值数目随着离散点的数目的增加而快速增加, 这带来的维数效应导致求解不适定非线性问题的计算量以及存储量都十分巨大, 从而一些具有较好性态的传统算法 (诸如线性代数方程组的直接解法) 不能使用.

这说明反演方法的优劣将成为反演成功与否的关键. 因此, 开展实用、可靠的反演数值方法的研究具有十分重要的意义.

从反演理论诞生之日起, 其建模与优化就成为一门多学科交叉的研究课题. 这是因为, 应用科学中的建模设计理论在优化界并不广为人知, 也没有采用逆模型设计 (inverse design) 方法的优化算法. 反问题建模和优化的目的是为了在实际应用中提供更好、更准确、更有效的仿真. 求解反问题的许多方法都利用优化技术. 同时, 采用逆模型设计方法的优化算法可能极大地减少典型优化算法所需的耗时分析的数量.

1.2 模型驱动的反问题

1.2.1 地球物理中的反问题

1. 波动方程反演

波动方程反演作为反问题研究的重要分支, 是近四十年来兴起的一门新兴科学, 在模式识别、大气测量、无损探伤、量子力学、图像处理, 特别是地球物理勘探等领域有着重要的应用 (杨文采, 1992; Tarantola et al., 1992; 刘光鼎, 2018).

地震波在地下介质的传播可以用弹性动力学中的各种波动方程来描述. 比如, 三维声波方程

$$\frac{1}{K}\frac{\partial^2 p}{\partial t^2}=\frac{\partial}{\partial x}\left(\frac{\partial p}{\rho\partial x}\right)+\frac{\partial}{\partial y}\left(\frac{\partial p}{\rho\partial y}\right)+\frac{\partial}{\partial z}\left(\frac{\partial p}{\rho\partial z}\right)+\mathrm{src}(t),$$

其中, ρ 表示介质密度, p 是波场, K 是体积模量, 满足 $K=\lambda+2\mu=\rho v^2$, v 是波传播的速度, λ 和 μ 分别为一阶和二阶拉梅 (Lamé) 常数, $\mathrm{src}(t)$ 表示震源函数. 地震资料的形成过程可以用波动方程的正演来模拟, 而界面影像及物性参数的提取问题可以用波动方程的反演来实现. 因此, 波动方程反演的研究具有重要的理论意义及实用价值. 图 1.2.1 显示了地震波在地下传播和反射的过程.

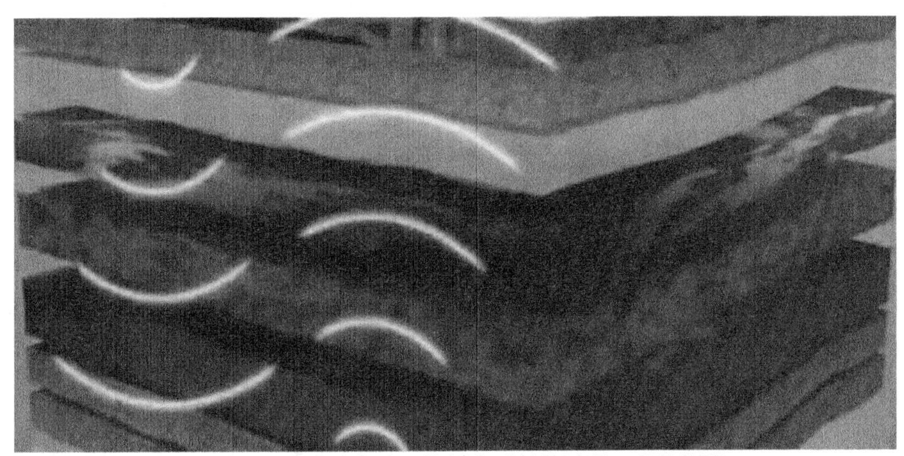

图 1.2.1 地震波在地下传播和反射的过程 (后附彩图)

波动方程的求解可以转化为第一类积分方程来进行, 事实上射线类 (包含射线束、高斯束) 解法就是积分方程反问题的解法. 利用格林 (Green) 函数, 波动方程可以写成亥姆霍兹 (Helmholtz) 方程的形式

$$AG=-\delta,\quad (\nabla^2+k^2)G(x|s)=-\delta(x-s),$$

其中, $k=\dfrac{\omega}{v(x)}$ 为波数, $v(x)$ 为声波传播速度, $x,s\in\Omega$, G 为格林函数. 根据玻恩近似 (Born approximation),

$$\omega^2\int_{\Omega}G_0(g|x)(2p_0(x)\Delta p(x))G_0(x|s)dV=\Delta G(g|s),$$

其中, v_0 为背景速度, $k_0=\dfrac{\omega}{v_0(x)}$ 为波数, $p(x)=\dfrac{1}{v(x)}$ 表示慢度函数, $p_0(x)=$

$\dfrac{1}{v_0(x)}$, $p(x) = p_0(x) + \Delta p(x)$, $\Delta G(g|s) = G(g|s) - G_0(g|s)$. 因此, 可以得到波动方程的第一类弗雷德霍姆积分方程表示

$$Lm = d, \quad \omega^2 \int_{\Omega} G_0(g|x)m(x)G_0(x|s)dV = d(g|s),$$

其中, d 表示地震数据, $m = 2p_0(x)\Delta p(x)$ 代表地层介质的反射函数, L 为映射, 表征为

$$L \sim \omega^2 \int_{\Omega} G_0(g|x)G_0(x|s)dV.$$

积分方程一般可以用投影法方便地求解 (见第 5 章).

更一般地, 利用玻恩近似, 地震正向成像模型形式上可以表述为一个第一类弗雷德霍姆积分方程

$$d(\boldsymbol{r}_g|\boldsymbol{r}_s,\omega) = \int_{\Omega} w(\omega)G(\boldsymbol{r}_g|\boldsymbol{r}_0,\omega)G(\boldsymbol{r}_0|\boldsymbol{r}_s,\omega)m(\boldsymbol{r}_0)\mathrm{d}V_0 := Lm,$$

其中, $d(\boldsymbol{r}_g|\boldsymbol{r}_s,\omega)$ 为震源在 $\boldsymbol{r}_s$, 接收器在 $\boldsymbol{r}_g$, 参考点在 $\boldsymbol{r}_0$ 条件下的观测数据 (叠前或叠后散射数据); $w(\omega)$ 为频率域震源小波函数; V_0 表示三维体积分; $m(\boldsymbol{r}_0)$ 记作与速度相关的反射分布函数; $G(\boldsymbol{r}_g|\boldsymbol{r}_0,\omega)$, $G(\boldsymbol{r}_0|\boldsymbol{r}_s,\omega)$ 分别表示从给定空间点 $\boldsymbol{r}_0$ 到检波点 $\boldsymbol{r}_g$ 和震源 $\boldsymbol{r}_s$ 的单程波动方程函数, 满足给定背景条件下的亥姆霍兹 (Helmholtz) 声波方程. 模糊成像算子记作 L^*L, 由分辨率函数 (偏移格林核函数) 来表征; 偏移图像即为积分 L^*d, 通常称作标准的基尔霍夫偏移. 标准的基尔霍夫偏移把走时作为唯一重要的参数.

波动方程反问题的研究到现在已有四十多年的历史, 而且已取得了很大的发展, 但距离充分的实际应用仍有一定的距离. 波动方程反问题作为反问题研究的重要分支, 既具有反问题自身的理论特点, 又具有工程应用的实际困难. 这些困难包括以下几方面.

(1) 数据的噪声问题. 实际工程问题由于受激发、传播和接收过程中各种因素的影响, 含有大量噪声. 一般的数据记录都在一定的频率范围内, 即所谓频带有限, 不可能恢复到全频带, 使反演结果难以完全恢复模型介质的真实面貌.

(2) 模型的选取问题. 真实介质往往是一个很复杂的介质, 波在介质中传播, 满足的是一个复杂动力学方程. 此动力学方程很难直接研究. 为了便于求解, 一般都要将此方程简化为波动方程或声波方程. 这种简化必然会带来模型误差, 给波动方程反演走向实用带来困难.

(3) 不适定性及局部收敛问题. 波动方程反演过程是一个复杂的非线性问题, 同时在实际中子波未知, 估计的子波含有误差, 反问题自身的不适定性, 以及问题

解的初始猜测的经验选取, 造成了波动方程反演结果的多解性和分辨率低等问题. 尽管目前已有一些算法可以在一定范围内解决此问题, 但不适定性及局部收敛性并未解决, 这同样给反演走向实用带来了困难.

(4) 计算量及存储问题. 实际计算中的介质模型是非常巨大的, 使得在对波动方程数值反演时, 通常需要将原来的连续问题实施数值离散, 进行有限维的逼近. 由于维数效应 (未知参数的离散值数目随着离散点的数目快速地增加, 例如对一个正方形区域进行差分离散时, 如果水平方向有 M 个离散点, 竖直方向有 N 个离散点, 则未知参数在整个区域上共有 $M \times N$ 个离散值), 我们需要求解规模巨大的代数方程组, 这就导致求解不适定非线性问题的计算量以及存储量都十分巨大, 从而使得线性代数课上熟知的直接解法不能使用. 由于在实际计算时, 算子的结构形式通常不能明确地表示出来, 所以在选择一些在理论上具有较好性态的算法进行反演时, 如果需要计算算子的一阶乃至高阶导数, 这将是一个隐含的数值计算任务. 这些导数都是稠密的, 并且与反演参数的个数相关, 构造它们涉及成千上万次求解正问题. 因而, 直接实现基于网格尺度的参数化需要高不可及的存储量、计算量.

综上所述, 由于受到非线性与不适定的双重困扰, 加之实际物理现象的复杂性, 波动方程反问题是一个十分困难的数学问题, 反演过程具有不适定性、局部收敛性、计算量大、高阶导数难以求解、初始猜测很难合理选择的特点. 反演方法的优劣就成了反演成功与否的关键. 因此, 开展实用、可靠的反演数值方法的研究具有十分重要的意义.

高维波动方程反演问题研究有两方面的困难：一方面, 理论研究相当困难, 虽然有了很多优秀的科研成果 (如: Aki and Richards, 1980; Bao and Symes, 1994, 1997; Bleistein et al., 2001; Cerveny, 2001; Morse and Feshbach, 1953; Schuster, 2001), 但对于高维声波反问题而言, 仍然未得到圆满解决. 另一方面, 巨大的计算量常常令现有的最先进的巨型并行机也无法承受. 因此, 二维 (三维) 波动方程弹性参数反演的研究是现实的, 并成为最受数学界和地球物理学界广泛关注的研究领域之一. 事实上, 一维介质模型是不存在的, 它只是实际模型的一种十分粗略的近似. 绝大多数介质模型不是二维就是三维的, 因而十分准确地模拟波在介质中传播特性的是二维乃至三维波动方程. 因此, 开展多维反演问题的研究就显得十分重要和完全必要. 虽然二维波动方程的模型假设离实际地下结构有一定距离, 但对二维波动方程反问题的研究, 一方面可以了解问题的性态, 对一般情况下反演问题的研究具有借鉴意义; 另一方面对构造数值反演算法、数值求解实际问题十分有益.

2. 位场数据反演

当我们已知地下地质体的密度、磁化率、几何参数及埋深时, 可以利用这些信息, 根据重磁异常的计算公式来求取在观测点或者观测点上引起的重磁异常. 目前, 重力数据正演常用的方法包括基于积分方程正演方法、基于快速傅里叶变换的频率域方法、基于偏微分方程的方法等. 基于磁场观测数据的正演方法分为空间域和频率域两大体系：在空间域中, 通过傅里叶变换可以推导出频率域的磁场正演; 正演的基本方式是利用场源体在上半空间的磁场表达式计算其磁场值; 正演数据包括总磁场、分量场以及梯度张量场. 在位场模拟中, 基于积分方程的正演方法不受观测点位置及地形的限制, 应用此方法的正反演研究比较多.

重磁位场反问题具有多解性, 精确分离和定量识别深部异常体场源的位场异常信号是当前的重要挑战. 重磁位场异常反演在数学上属于典型的不适定问题, 需要通过正则化手段引入先验信息约束来构建反演方程. 通过引入最新的具备稀疏模型约束、正则化参数估计和交叉梯度框架下的重、磁反演及联合反演策略. 也可以在多源观测数据与多元模型空间之间通过充分融合, 结合贝叶斯推理, 进行同化反演.

近些年来, 基于超导量子干涉仪 (SQUID) 传感器的大力发展, 使得直接测得全张量磁梯度成为可能, 进而磁张量数据反演, 目前国际上已有学者对此做出一些非常有意义的工作, 其中包括中国“深地资源探测仪器装备研发专项” 项目的低温 SQUID 传感器的研发 (2013—2016), 完成单位是中国科学院地质与地球物理研究所与中国科学院上海微系统与信息技术研究所, 低温 SQUID 传感器实物如图 1.2.2 所示.

(a) 传感器

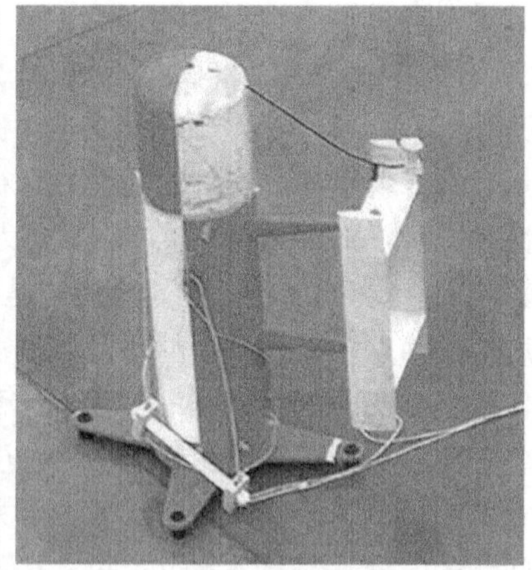

(b) 组装后的实验装置

图 1.2.2　低温 SQUID (后附彩图)

数学上, 总磁场强度 (total magnetic intensity, TMI) 和全张量磁梯度 (magnetic gradient tensor, MGT) 观测与反演需要求解下面的第一类积分算子方程:

$$\begin{cases} B_{field\,dipole}(x_s, y_s, z_s) = \dfrac{\mu_0}{4\pi} \displaystyle\iiint_V \boldsymbol{K}_{TMI}(x - x_s, y - y_s, z - z_s) M(x, y, z) dv, \\ B_{tensor\,dipole}(x_s, y_s, z_s) = \dfrac{\mu_0}{4\pi} \displaystyle\iiint_V \boldsymbol{K}_{MGT}(x - x_s, y - y_s, z - z_s) M(x, y, z) dv, \end{cases}$$

其中, $M = [M_x\ M_y\ M_z]^{\mathrm{T}}$ 表示磁矩, $B_{field\,dipole} = [B_x\ B_y\ B_z]^{\mathrm{T}}$, $B_{tensor\,dipole} = [B_{xx}\ B_{xy}\ B_{xz}\ B_{yz}\ B_{zz}]^{\mathrm{T}}$, 积分核函数满足

$$\begin{aligned} &\boldsymbol{K}_{TMI}(x - x_s, y - y_s, z - z_s) \\ &= \frac{1}{r^5} \begin{pmatrix} 3(x - x_s)^2 - r^2 & 3(x - x_s)(y - y_s) & 3(x - x_s)(z - z_s) \\ 3(y - y_s)(x - x_s) & 3(y - y_s)^2 - r^2 & 3(y - y_s)(z - z_s) \\ 3(z - z_s)(x - x_s) & 3(z - z_s)(y - y_s) & 3(z - z_s)^2 - r^2 \end{pmatrix}, \\ &\boldsymbol{K}_{MGT}(x - x_s, y - y_s, z - z_s) \\ &= \frac{3}{r^7} \begin{pmatrix} (x - x_s)[3r^2 - 5(x - x_s)^2] & (y - y_s)[r^2 - 5(x - x_s)^2] \\ (z - z_s)[r^2 - 5(x - x_s)^2] & (y - y_s)[r^2 - 5(x - x_s)^2] \\ (x - x_s)[r^2 - 5(y - y_s)^2] & -5(x - x_s)(y - y_s)(z - z_s) \\ (z - z_s)[r^2 - 5(x - x_s)^2] & -5(x - x_s)(y - y_s)(z - z_s) \\ (x - x_s)[r^2 - 5(z - z_s)^2] & -5(x - x_s)(y - y_s)(z - z_s) \\ (z - z_s)[r^2 - 5(y - y_s)^2] & (y - y_s)[r^2 - 5(z - z_s)^2] \\ (x - x_s)[r^2 - 5(z - z_s)^2] & (y - y_s)[r^2 - 5(z - z_s)^2] \\ (z - z_s)[3r^2 - 5(z - z_s)^2] & \end{pmatrix}, \end{aligned}$$

其中, $r = \sqrt{(x - x_s)^2 + (y - y_s)^2 + (z - z_s)^2}$.

伴随航磁勘探技术的发展, 三维磁场反演问题也面临三个重大挑战——大规模的航磁勘探数据、大尺度勘探带来的大计算量以及数据噪声和数据有限性造成的问题不适定性.

3. *电磁数据反演*

电磁法 (Electro-magnetic method, EM) 求解的基本方程是麦克斯韦方程 (Maxwell's equation)

$$\begin{aligned} \nabla \times H &= \sigma \frac{\partial E}{\partial t} + J, \\ \nabla \times E &= -\mu \frac{\partial H}{\partial t} + M, \end{aligned}$$

$$\nabla \cdot B = 0,$$

$$\nabla \cdot D = 0,$$

其中, μ 为真空磁导率, σ 为介质电导率, E 为电场强度, H 为磁场强度, B 为磁场感应强度, D 为电位移向量, J 和 M 分别为电流和磁流密度. 上述表达式注意理解为 "矢量方程" 的形式.

电磁法是介于位场与地震方法之间的一种过渡性方法. 与重磁方法相比, 该方法具有较好的垂向分辨率和分层能力, 常用来解决深部构造. 该方法在了解岩性变化与油气检测等特殊地质体方面也具有较大的作用.

完全的电磁场线性反演是不存在的. 类似于波动方程反问题, 利用玻恩近似, 电磁场方程线性化的形式为

$$G_E(\Delta\tilde{\sigma}E^b) = \iiint\limits_V \hat{G}_E(r_j|r)\Delta\tilde{\sigma}E^b(r)dv,$$

$$G_H(\Delta\tilde{\sigma}E^b) = \iiint\limits_V \hat{G}_H(r_j|r)\Delta\tilde{\sigma}E^b(r)dv.$$

电磁场线性反问题需要求解下面的 "矢量算子方程":

$$E^a(r_j) = G_E(\Delta\tilde{\sigma}E^b),$$

$$H^a(r_j) = G_H(\Delta\tilde{\sigma}E^b).$$

记背景电导率 $\tilde{\sigma}_b$ 和异常体电导率 $\Delta\tilde{\sigma}$ 的导数为弗雷歇导数的形式, 即

$$F_{E,H}(\tilde{\sigma}_b, \Delta\tilde{\sigma}) = F_{E,H}^b(\Delta\tilde{\sigma}),$$

上标 "b" 表示上述微分是利用背景电导率计算的, 于是得到下面的第一类算子方程描述的线性反问题

$$E^a = F_E^b(\Delta\tilde{\sigma}),$$

其中 E^a 表示观测到的异常电场, 且背景电导率 $\tilde{\sigma}_b$ 已知.

电磁场非线性反演的一般性描述为

$$d_E = A_E(\Delta\tilde{\sigma}) = G_E(\Delta\tilde{\sigma}E),$$

$$d_H = A_H(\Delta\tilde{\sigma}) = G_H(\Delta\tilde{\sigma}E),$$

其中, $A_{E,H}(\Delta\tilde{\sigma})$ 为非线性正演算子, 这里 $A_{E,H}(\cdot)$ 代表了上式的 $A_E(\cdot)$ 和 $A_H(\cdot)$, 计算公式如下:

$$A_{E,H}(\Delta\tilde{\sigma}) = G_{E,H}(\Delta\tilde{\sigma}E) = \iiint\limits_V \hat{G}_E(r'|r) \cdot \Delta\tilde{\sigma}\left[E^b(r) + E^a(r)\right] dv.$$

由于异常点场 E^a 也是 $\Delta\tilde{\sigma}$ 的函数, 所以上述算子方程是非线性的. 对于非线性反问题, 可以通过第 5 章的低阶或高阶优化方法迭代求解.

简单描述三种常见的电磁反演问题.

(1) 航空电磁数据反演. 航空电磁数据的三维解释由于数据量大需要有高效的反演算法作为支撑. 基于目前两种主流的数值优化技术：非线性共轭梯度和有限内存 BFGS (L-BFGS) 法, 可以实现三维频率域航空电磁反演, 大部分情况下, 这两种算法是有效的且运算效率较高. 在反演过程中, 为了更好地反演异常体的空间位置, 模型方差矩阵中的光滑因子 (正则化参数) 在反演起始阶段取值较大; 当数据拟合差下降趋于平缓时, 再利用较小的光滑因子约束反演过程来实现聚焦和获得精确的反演结果. 理论数据反演表明这两种优化策略具有相似的内存需求, 但是 L-BFGS 技术比非线性共轭梯度法在计算时间和模型反演分辨率上具有一定的优越性, 因此 L-BFGS 法更适合求解大规模三维反演问题. 我们的模型试验表明目前线性代数教科书中的迭代法求解技术不适合大规模航空电磁数据反演, 未来移动平台多源电磁数据快速正、反演可通过引入矩阵分解和矩阵优化 (本书第 5 章) 技术来实现.

(2) 大地电磁数据反演. 大地电磁测深法自 20 世纪 50 年代提出以来, 经过多年发展, 已成为探测地壳上地幔电性结构的主要地球物理手段. 随着测量技术和观测手段的进步, 目前大地电磁法正向大规模数据的精细化处理和高维自动化正、反演方向发展, 不断增加的测点数、频带范围以及反演参数对现有正、反演算法的计算速度和可靠性等提出了新的要求. 其中复杂地电模型的快速精细化正演模拟已成为大地电磁测深法发展的瓶颈, 迫切需要发展高效、稳定的计算新技术.

(3) 瞬变电磁数据反演. 瞬变电磁法 (TEM) 是一种用于获取垂直电阻率测深的地球物理技术, 这是一种对导电材料反应最强烈的方法. 该方法探测的深度从 10 米到 1000 多米不等, 已成功应用于矿产和地热勘探、水文地质、环境调查等领域. 该方法利用一系列线环在地面上发送和接收信号, 完成测量后, 在测量区域将不会留下任何痕迹, 因此完全无损探测. 该方法的基本思想是, 二次场的时间变化可以在地球表面测量得到, 即磁分量 H_x、H_y 和 H_z 作为线圈中的感应电压, 电水平分量 E_x 和 E_y 直接作为两电极之间的电压, 可以观测获得. 根据衰减的感应电压, 可以计算出视电阻率和指定的深度, 作为主脉冲关闭后关于时间的函数. 将测得的数据转换为估算的电阻率与深度的关系曲线可以进行地质解释. 其中正问题需要生成假设的层状地质模型, 利用有限差分法或有限元法, 计算该模型的理论响应; 反问题需要求解一个数据拟合的正则化最小二乘问题. 反演实现上可以参考本书第 5 章的方法.

1.2.2 同步辐射 X 射线 CT 成像

同步辐射 (synchrotron radiation, SR) 是速度接近光速的带电粒子在磁场中沿着弧形轨道运行时发出的电磁辐射. 其理论推导可以追溯至 19 世纪末的运动电荷所产生的电磁场研究, 即加速运动的电荷将产生电磁辐射. 1947 年, 美国通用电气公司在 70MeV 的电子同步加速器上观测到了这种辐射, 并把这种辐射命名为同步辐射. 1970 年, 人们发现可以在弯转磁铁的切线方向输出同步辐射光, 随着扭摆器、波荡器的发明, 人们发现同步辐射光源具有常规光源不可比拟的优良性能. 凭借其优良的品质, 同步辐射光成为继电光源、X 光源、激光光源之后的第四次人工光源的重大变革, 目前同步辐射光已经发展到了第四代. 图 1.2.3 展示的是上海光源同步辐射观测装置.

同步辐射光的特性使得人们对 SR-μCT 成像、X 射线小角度散射、X 射线荧光分析及生物大分子结构分析等的研究上了新的台阶. 目前, 同步辐射光已广泛应用于材料学、地质学及生物医学等领域.

图 1.2.3 上海光源同步辐射观测装置 (后附彩图)

X 射线在穿过物体时, 会与物质原子核核外电子发生作用, 光子由于部分能量将转化为这些电子的动能而能量衰减, 这种衰减的效应与物质本身原子的属性密切相关. 不同物质具有不同种类和数量的原子, 对光子的吸收也不同, 因而可以用来作为吸收衬度成像. 在一束强度为 I_0 的 X 射线穿过厚度为 Δx 的物体时, 物质对 X 射线的光电吸收, 使得 X 射线发生衰减, 衰减后强度为 I, 衰减系数为 μ, 那么 I_0 和 I 服从比尔定律:

$$I(\Delta x) = I_0 e^{-\mu \Delta x}.$$

公式中的 μ 称为吸收系数, 基于 X 射线吸收衬度的成像也就是对 μ 的计算和重建. 在经过某些特定能量的时候, 物质的吸收系数会突然发生变化, 这种能量被叫做该物质的吸收边. 吸收边产生的位置与该物质原子内某一壳层电子束缚能相关, 当光子的能量正好等于束缚能时, 会发生吸收光子能量转移给电子.

求解吸收系数 μ 的过程, 就是一个解第一类弗雷德霍姆 (Fredholm) 积分方程的过程. 以平行光为例 (同步辐射产生平行光束), 建立积分方程如下:

$$R[\mu(x,y)](\theta,r)=\int_{l(\theta,r)}\mu(x,y)ds,$$

其中, $r=x\cos(\theta)+y\sin(\theta)$, $s=-x\sin(\theta)+y\cos(\theta)$, 吸收系数 μ 是一个二维函数 (对应着重构切片图像). 引用狄拉克 (Dirac) 函数, 上式还可以进一步写成

$$R[\mu(x,y)](\theta,r)=\int_{-\infty}^{\infty}\int_{-\infty}^{\infty}\mu(x,y)\delta(x\cos(\theta)+y\sin(\theta)-r)dxdy,$$

其中 $\delta(\cdot)$ 为狄拉克函数, 支集为 $x\cos(\theta)+y\sin(\theta)-r=0$.

X 射线由于其波动性, 在传播过程中除了振幅 (能量) 的衰减还会发生相位移动的情况, 这会引起入射 X 射线强度和传播方向发生变化. 这种改变可以用负折射率来表示, $n=1-\alpha+i\beta$, 其中 β 代表物质的吸收, α 代表相位的改变, 二者是射线波长, 物质单位体积内原子数目, 以及原子散射因子等的函数. 对于碳氢氧等轻元素组成的物质, 决定相位改变量的参数 α 要比决定振幅改变量的参数 β 大 1000 倍左右. 也正是因为这一点, 相位衬度成像在生物软组织成像中被广泛应用. 最近, 该方法也用在页岩纳米尺度孔隙结构成像中. 这是因为, 在页岩样本中孔隙与有机物对光的吸收都很有限, 但由碳氢氧组成的有机质往往对相位的变化很敏感, 因此也可以采用相位衬度成像方法对页岩 CT 成像数据进行处理.

1.2.3 气溶胶粒子谱分布问题

气溶胶粒子在大气中由于太阳光的作用会产生物理与化学反应, 因而对人类社会和自然环境有着重要的影响, 比如从 2019 年年底开始在世界范围内大流行的新冠肺炎病毒 (Covid-19) 传播, 除了人与人直接的接触传播外, 室内密闭条件下, 气溶胶有可能扮演了另外一个重要的传播载体 (Azuma et al., 2020; Prather et al., 2020; World Health Organization, 2020; Klompas et al., 2020; Priyanka et al., 2020). 许多学者从微观和宏观上对气溶胶的物理、化学、几何等性质展开了长期的观测和研究. 下面给出一个与气溶胶相关的积分方程的例子.

根据测量透过大气层的太阳直接辐射通量密度谱, 可以获得大气气溶胶粒子的光学厚度值, 这些光学厚度值可以用来研究大气气溶胶的光学特性, 反演其粒

子大小谱分布. 如果假定大气中的微粒可足够准确地用已知折射率的等效球体来模拟, 则大气气溶胶光学厚度 (AOT) 和其粒子大小谱的积分方程可表示为

$$\tau(\lambda) = \int_0^\infty \int_0^\infty \pi r^2 Q_{ext}(r, \lambda, \eta) n(r, z) dz dr,$$

其中, r 是气溶胶粒子半径, 单位为 μm; λ 是波长, 单位为 μm; η 是气溶胶粒子的复折射率指数, 其实部为折射率或称为折射指数, 是在介质中的光速和在真空中的光速之比, 而虚部则表示吸收, 虚部越大, 则吸收越强; $n(r,z)dz$ 是高度 z 处、半径在 r 到 $r+dr$ 之间的气溶胶粒子数密度; $\tau(\lambda)$ 是依赖于波长 λ 变化的气溶胶光学厚度, 是一个无量纲的量, 可由地面测量透过大气层的太阳直接辐射通量密度谱获得; $Q_{ext}(r,\lambda,\eta)$ 称为消光效率因子, 可以根据米散射理论给出的由贝塞尔函数表示的米散射系数计算得到 (王彦飞等, 2011).

关于上述算子方程的求解理论与算法见相关教科书, 如王彦飞等 (2011).

1.2.4 中子散射反问题

中子、质子和电子是构成材料世界的基础物质. 获取中子束流的方法通常有两种方式: 一种方式是利用反应堆内的铀燃料发生核裂变反应产生中子, 另一种方式是利用高能粒子加速器对粒子加速后轰击金属靶而释放中子. 目前国际上已经建成的有英国散裂中子源 (ISIS)、美国散裂中子源 (SNS)、日本散裂中子源 (J-PARC) 和中国散裂中子源 (CSNS), 其中中国散裂中子源于 2011 年在广东东莞建设, 2018 年竣工并对外开放.

在有些情况下, 物质中会存在某些大于原子间距离的、尺寸在 1—100nm 的结构单元, 例如生物大分子、聚合物分子、页岩孔隙等, 如图 1.2.4 所示. 它们的存在造成物质中散射长度密度的涨落, 形成一些散射长度密度的不均匀体, 会在零度散射角附近形成特定的散射曲线, 这就是小角散射现象.

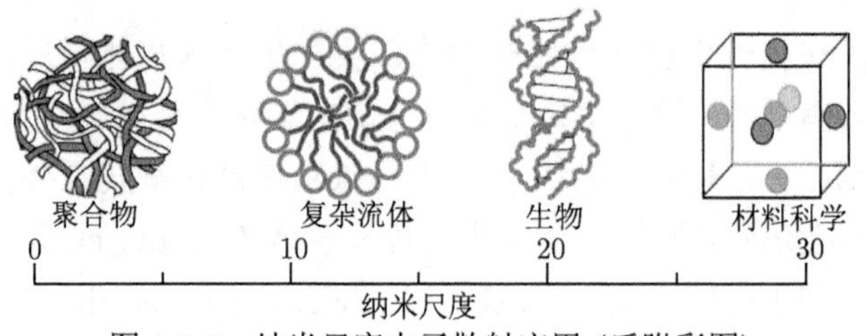

图 1.2.4 纳米尺度中子散射应用 (后附彩图)

关于小角度中子散射的原理和实践, 有大量的文献. 简单地说, 当中子束穿过物体的一个薄片时, 弹性中子散射就包含了散射粒子大小和空间分布的信息, 探测器测量的强度取决于散射体中子相干散射截面的对比度. 散射强度 $i(Q)$ 是在

动量传递或散射矢量中测量的, 其模量为 $Q=4\pi\lambda^{-1}\sin\theta$, 其中 λ 是入射波长, 2θ 是散射角, 散射原理如图 1.2.5 所示. 作者与中国科学院上海应用物理研究所的同事曾于 2019 年在 CSNS 做了页岩样品的小角度中子散射实验, 页岩样品取自习科五峰组页岩, 其中蜂窝状有机孔约 5—100nm, 狭缝无机孔约为 5—500nm. 散射强度曲线如图 1.2.6 所示.

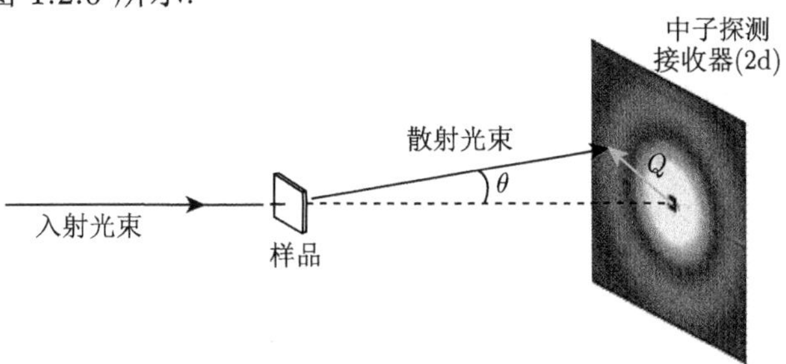

图 1.2.5 中子散射示意图 (后附彩图)

(a) 原始页岩样品

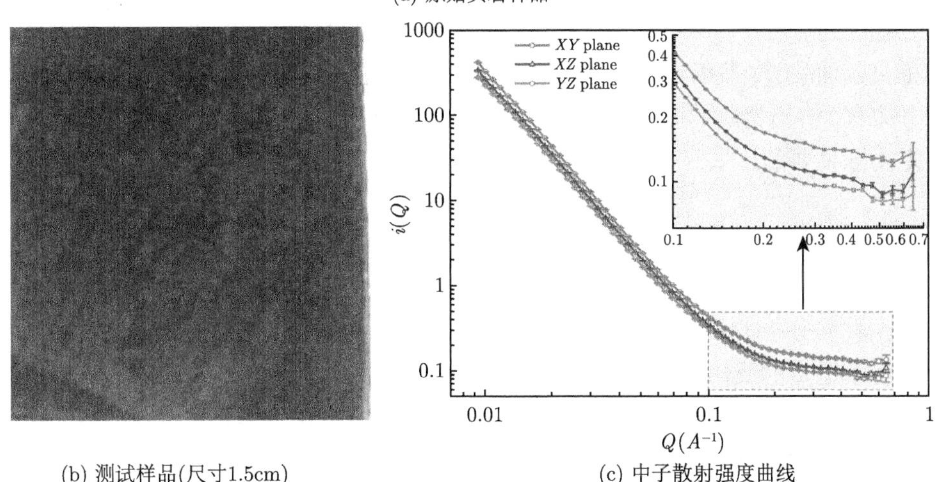

(b) 测试样品(尺寸1.5cm) (c) 中子散射强度曲线

图 1.2.6 页岩样品散射强度曲线 (后附彩图)

根据应用目的的不同, 小角度中子散射可以给出不同的反问题.

一般情况下, 假定 $\rho(r)$ 为粒子电子密度, V 为照明体积容量, 则散射强度 $i(Q)$ 与电子密度傅里叶变换 (Fouier transform) 的平方成正比, 即

$$i(Q) \propto \frac{1}{V(r)} \left| \int_V \rho(r) e^{-iQr} dr \right|^2 .$$

上述表达式也可以以矢量的形式给出.

以软物质为例. 定义 $\rho(r)$ 为散射对比度, 即粒子与周围基质的电子密度差异, 则

$$i(Q) = \frac{N}{V} \rho^2(r) V_P^2 \left| \frac{1}{V_P} \int_V \rho(r) e^{-iQr} dr \right|^2 ,$$

其中, V_P 为带电粒子体积容量, N 为带电粒子数. 散射强度 $i(Q)$ 在散射矢量中可以测得, 则求散射对比度的过程就是一个反问题.

再以页岩为例. 定义孔隙面积与总面积之比为 $f(r)$, 孔隙体积分数为 $\phi(r)$, r 为孔隙半径, $r \in [r_1, r_2]$, 在多分散球形孔的假设下, $f(r)$ 与 $\phi(r)$ 可以表示为

$$\phi(r_1 \leqslant r \leqslant r_2) = \int_{r_1}^{r_2} \frac{4\pi r^3}{3} f(r) dr,$$

或

$$S(r_1 \leqslant r \leqslant r_2) = \int_{r_1}^{r_2} 4\pi r^2 f(r) dr,$$

其中, $S(r)$ 表示观测样本物质的表面积.

在上述方程中, $\phi(r)$ 和 $S(r)$ 都是可以测量得到的 (比如可以从层理平行剖面和垂直剖面估计, 散射面就是层理面). 因而反问题就是如何有效求解上述第一类积分方程, 给出物质的孔隙分布. 一旦 $f(r)$ 被求出, 这对于区域孔隙度估计和推广是十分重要的.

1.3 数据驱动的反问题

大数据分析的目的是通过学习, 对数据进行分类、聚类并给出预测, 其本质是求解不适定的反问题 (特别是对应于第一类积分算子方程离散化后的病态代数方程组的问题), 同样面临的基本问题是解的不确定性及计算过程的不稳定性. 人工智能是大数据分析的重要手段. 目前的人工智能还只是弱人工智能, 主要通过机器学习的方法予以实现. 其中数学优化方法是机器学习的基础支柱之一, 几乎

触及了学科的每个方面, 在机器学习过去二十年经历的发展中发挥了不可或缺的作用.

下面列出几个典型的地球科学大数据分析的例子.

1.3.1 小尺度地质异常体识别

小尺度地质异常体在勘探地球物理领域有着重要的应用背景. 在地震上, 这些异常体通常具有绕射的特性 (图 1.3.1). 小尺度地质异常体如断层、溶洞、裂缝等能够为油气资源提供储集和运移通道, 这些小尺度地质异常体信息检测对油气资源勘探开发具有重要的意义. 然而, 由于这些小尺度不连续地质体的能量较弱, 容易受到噪声的污染, 因此有效地将其从地震资料中提取出来成为一个具有挑战性的问题.

基于机器学习技术, 比如：通过构建字典学习模型、(卷积) 稀疏编码, 并采用合适的求解算法, 可以实现字典在训练样本下学习, 并利用稀疏表示系数更新字典中的原子, 重构出能够表征三维地震小尺度信息的原子集合. 也可以基于构建神经网络, 通过学习地震数据特征, 挖掘隐蔽断裂和小尺度缝洞体.

机器学习的核心就是研究针对不同类型的问题, 建立求解第一类算子方程的正则化模型, 并在大样本数据下, 研究最优化算法.

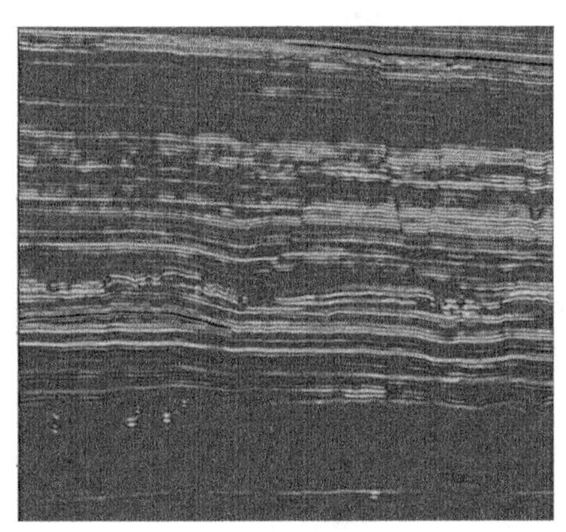

(a) 常规地震成像

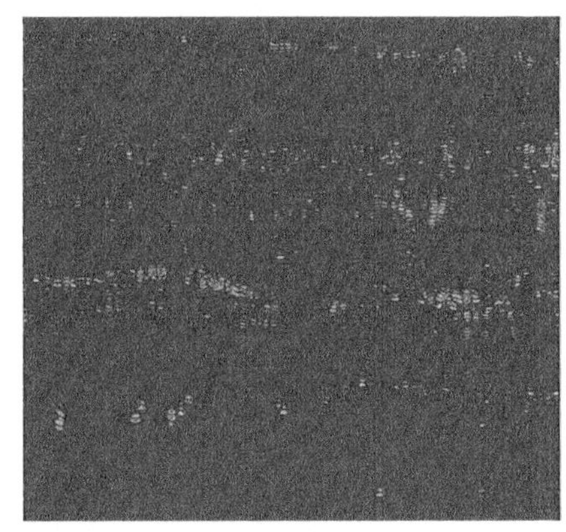

(b) 绕射波成像

图 1.3.1 异常体绕射特性展示图 (后附彩图)

1.3.2 沉积微相检测与可视化

沉积物在搬运和沉积时, 由于介质 (如水、空气) 的流动, 在沉积物的内部以及表面形成构造, 这些沉积构造记录了地层在初始沉积时的环境、气候等多方面的因素. 沉积微相是指在亚相带范围内具有独特岩石结构、构造、厚度、韵律性等剖面上沉积特征及一定的平面配置规律的最小单元, 其微相类型及空间展布是油气勘探和开发的重点研究内容之一.

微相检测可以通过测井曲线特征提取或地震时间切片数据特征提取获得. 以测井曲线特征分析为例, 沉积微相特征敏感参数可以用测井相应平均值、峰值位置、峰值个数、顶底界面对称性、曲线凹凸性、曲线面积以及曲线分数维来表征, 它们分别反映了沉积颗粒打消级能量、沉积韵律性、沉积环境能量波动情况、上下邻层关系级沉积韵律类型、沉积速率以及沉积环境能量. 敏感曲线的特征参数的集合就构成了一个特征向量, 每一个特征向量对应着一个沉积微相, 即一个相模式. 把沉积微相类型的模式样本作为神经网络进行训练学习的输入数据 (学习样本), 待判别的特征向量作为网络处理的输入数据, 则可以通过神经网络学习给出沉积微相解释.

地震时间切片数据是一种横向切片, 在同一张切片上显示了不同层位的振幅、频率、信噪比等信息, 可以直接解释断层、圈闭等特征, 如图 1.3.2 所示. 比如同相轴中断、错开、振幅发生突变、同相轴出现硬拐点、同相轴走向不一致等, 都可以识别出来. 这些特征通常与地震微相密切相关. 在资料解释中, 它可以补充剖面解释中的漏误, 解决剖面不易解决 (或不精确) 的断层空间展布及平面组合, 对小断层、小断块、小幅度构造有较强的识别能力, 检验解释精度.

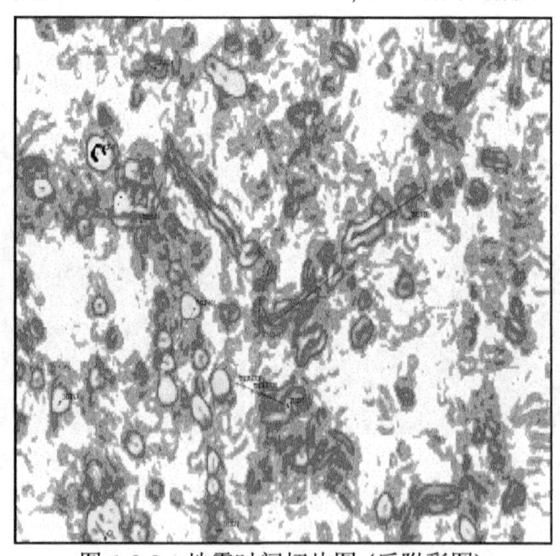

图 1.3.2　地震时间切片图 (后附彩图)

1.3.3　页岩微纳米孔隙成像

页岩储层中, 微纳米孔隙是其孔隙结构的主体, 页岩气大多赋存于微纳米孔隙中. 基于数据分析的页岩孔隙特征提取, 主要指的是利用图像分割技术, 将图像分成各具特征的目标区域并提取出感兴趣的目标的技术和过程. 传统的分类方法一般是按利用区域内灰度值相似性的基于区域的分割方法, 利用区域内灰度值的不连续性的基于边界的分割方法, 以及基于特殊理论的分割方法.

近年来发展起来的深度学习技术可以用来进行页岩微纳米结构孔隙成像. 可以通过以下几个步骤实现.

(1) 通过同步辐射光源, 获得不同能量的同步辐射 X 射线扫描页岩样本得到的 CT 成像数据作为神经网络训练数据的输入数据;

(2) 建立神经网络训练的标签数据：可以通过极高分辨率的氩离子抛光扫描电镜 (SEM) 方法进行标注, 也可以通过求解基于不同能量同步辐射 X 射线扫描 CT 图像的非线性数据约束模型进行标注 (王彦飞等, 2018);

(3) 建立神经网络：比如深度前馈网络结合误差反向传播算法 (BP)、全卷积网络 (FCN)、U-net 网络, 以及其他深度神经网络 (DNN), 并辅之以合适的正则化策略;

(4) 研究求解上述神经网络模型极小化的最优化算法, 得到训练好的神经网络模型;

(5) 给出基于特定神经网络分类器下的页岩微纳米孔隙分析结果.

1.3.4 大数据地质填图

区域地质调查可以获得多种、多类型地学数据, 这些数据包括地球物理、地球化学及遥感地质等, 满足大数据的所有特征：

(1) 数据内容的不可 “完全重复”;

(2) 这些数据在不同地学学科中存在较大的差异;

(3) 数据具有高度不确定性 (观测手段、环境等各种影响);

(4) 数据分析具有高度计算复杂性 (不同物性、不同属性), 数据还具有高维特性;

(5) 数据速率也变化较大, 比如随季节变化的遥感遥测数据.

此外, 这些区调数据都是与科学原理模型相结合, 才能形成知识, 给出合适的判断, 服务于当地自然资源部门.

大数据地质填图就是根据多种、多类型数据, 通过地球物理及遥感综合反演建立地质路线和地质剖面工作重点, 减少机械按网度工作的盲目性, 有效确定地质体并建立地质构造框架; 通过地球化学反演方法 (比如土壤数据), 建立元素—矿物—填图单元之间的耦合关系; 通过全数据综合剖面建立典型地质体在地质、物探、化探、遥感等方法方面的典型指标; 最终为区域地质、生态地质、海域地质、地质找矿提供技术支撑. 如图 1.3.3 所示, 不同颜色代表了不同类型的地物.

图 1.3.3　地质填图示意图 (后附彩图)

实现上述大数据地质填图, 许多矩阵优化和统计反演方法可以发挥作用, 比如：特征提取的降维技术、聚类分析、灰色关联分析、机器学习等.

1.3.5　大数据分析的几个基本点

大数据分析必备的工具就是：智能观测、智能仿真与优化反馈及智能预测. 针对上述大数据分析的几个地学案例, 我们给出以下几点说明：首先, 从反问题角度来看, 地学大数据分析就是从不完备的多类型大量数据中挖掘有价值的地下地质异常体的信息, 为指导地质资源勘探开发提供技术支撑.

有了多种、多类型数据后, 大数据分析主要任务是如下三个方面.

(1) **设定基本任务**　给定观测数据集 (X,Y), 建立 (或学习) 一个数学模型 $f(\cdot)$, 使得利用该模型能从新来的数据 X' 中预测出未知的 Y'.

(2) **建立分析策略**　获得合适的学习模型 f, 使得

$$y = f(x), \quad x \in X, \quad y \in Y.$$

(3) **给出期望**　该学习出的模型适用于其他类似的数据类型, 即

$$y' = f(x), \quad x \in X',$$

且 y' 符合用户预期.

从大数据智能分析的实现来看, 关键的方法和技术手段是数学优化 (中国科学院编, 2020). 比如用到一阶和二阶目标函数信息的随机优化方法. 目前广泛应用于实践的是带有一阶信息的随机梯度法 (SGD) 以及相关改进方法, 这也是专家学者当前所研究的热点. Robbins 和 Monro(1951) 提出的 SGD 方法对于机器学习反问题的数值优化计算是一个里程碑工作, 结合机器学习的重要理论发展反向

传播算法 (Rumelhart et al., 1986) 的提出, 为机器学习的迅猛发展提供了坚实的理论基础.

另一方面, 可以通过使用二阶信息来解决目标函数的高非线性和病态性, 如牛顿法. 但是将牛顿法的思想用于随机方法, 还需要进行很多改进. 首先考虑的是使用无黑塞 (Hessian) 矩阵的牛顿方法, 如共轭梯度 (conjugate gradient, CG) 算法及很多优良的改进方法被应用到了深度学习中. 将拟牛顿方法应用到机器学习中的随机优化方法中也是很自然的事情. 在深度学习的背景下, Becker 和 LeCun (1988) 提出了一种反向传播算法, 该方法可以有效地计算方形雅可比矩阵的对角线项并用于高斯–牛顿方法, 从而将之用于实际计算.

对于机器学习, 当目标函数涉及光滑性和稀疏性时, 需要解决带正则化的优化问题, 否则会出现欠拟合或过拟合的问题. 混合正则化技术 (Wang, Cui, Yang, 2011) 在神经网络架构搜索、训练中起着十分重要的作用 (Geng and Wang, 2020), 比如, 求解下面的超参数优化问题

$$J^{\alpha,\beta}(W) = -\sum_{c=1}^{M} y_{o,c} \cdot \log(p_{o,c}) + \alpha \|W\|_{l_1} + \beta \|W\|_{l_2} \to \min,$$

其中, W 为超参数, 等式右端第一项为交叉熵损失函数, α, β 为正则化参数. 也可以考虑用全变差函数 (total variation) 作为超参数的约束, 即 $\|W\|_{TV}$.

针对大数据分析用到的一些知识点、部分关键信息, 本书会讲到或提及. 以下内容是大数据智能分析必备的知识点.

(1) **反问题理论与方法** 主要是正则化理论, 吉洪诺夫正则化的基本思想, 以及在此基础上的各种变形.

(2) **最优化理论与方法** 零阶、一阶、二阶等优化算法的理论及算法设计.

(3) **统计分析策略** 贝叶斯推理、朴素贝叶斯 (naive Bayes)、极大似然估计、决策树 (decision tree)、偏置感知器 (perceptrons with offset)、AdaBoost、K-Means、逻辑回归 (logistic regression) 等. 这些统计分析策略数值实现上过多地用到了线性代数/高等代数的知识.

(4) **支撑向量机 (support vector machines, SVM)** SVM 是统计分类算法中应用广泛、效果不错的一类. SVM 直接用到的就是线性或非线性优化技术.

(5) **程序设计及计算机语言** 尽可能多掌握一些计算机语言, 并熟悉一些关键的数据库 (特别是开源数据库).

(6) **固体地球科学研究方法** 地学大数据往往是不完备数据 (数据量大而不全), 因此需要尽可能完善的地学专家信息 (地质、地球物理、地球化学、测井等), 才能对大数据做合适的人工智能分析.

此外, 大数据分析的一些其他关键方法和技术, 如统计分类、聚类、降维、图与网络、深度学习、学习网络架构以及分布式计算等内容, 本书暂不涉及, 读者可以参阅专门的文献, 比如 Goodfellow 等 (2016)、周志华 (2016)、欧高炎等 (2017).

1.4 分数阶反问题及应用

分数阶导数是对某一个函数进行 α 阶求导, 其中 α 为任意实数, 包括整数、非整数、正数和负数, 分数阶导数是对整数阶导数的推广和拓展, 其中当 α 为负数时, 相当于对函数做 $-\alpha$ 重积分. 分数阶微积分的概念的提出距今已有三百多年历史, 早在 1695 年, 德国数学家莱布尼茨 (Leibniz) 和法国数学家洛必达 (L'Hospital) 便在书信中讨论 1/2 阶导数的意义 (郭柏灵等, 2011). 但由于分数阶偏微分方程应用范围的局限性, 很长一段时间对它的研究仅限于理论数学领域, 因而一直发展缓慢. 分数阶微积分的研究热潮是在 20 世纪 70 年代, 主要原因是研究人员发现分形几何、幂律现象与记忆过程等相关现象或过程可以与分数阶微积分建立起密切的联系. 分数阶微积分可以作为一种很好的描述与刻画手段. 近年来, 分数阶微积分理论得到越来越多的关注和研究, 并在反常扩散、信号处理与控制、流体力学、图像处理、复杂黏弹性材料力学本构关系、生物医学和自然科学工程等诸多领域中取得重要成就.

分数阶导数与整数阶导数的不同是：整数阶导数仅取决于函数当前时刻的状态, 与函数的历史状态无关, 为局部算子, 而分数阶导数依赖于函数过去时间的状态, 能较好地体现函数发展的历史依赖过程, 为非局部算子, 反映函数的非局部性质, 这使得分数阶导数非常适合构造具有记忆、遗传等效应的数学模型. 此外, 分数阶导数模型理论与实际情况更加相符, 使用较少几个参数就可获得很好的效果, 并且在描述复杂物理力学问题时, 与非线性模型比较, 分数阶模型的物理意义更清晰, 表述更简洁.

传统的地震波数值模拟以及偏移和反演都基于完全弹性假设, 但实际的地下介质是黏弹性的, 地震波在黏弹性介质中传播会出现能量衰减和相位畸变的现象, 忽略介质的黏弹性, 会使得数值模拟和反演结果与实际存在差异, 无法得到地下真实地震波的传播情况和准确的构造位置. 研究黏弹性地震波的数值模拟方法, 有助于得到地下地震波的实际传播情况, 并且利用黏弹性波动方程进行偏移和反演, 可以有效地对成像结果进行振幅补偿, 使成像结果与实际地下地质情况更加接近 (Carcione et al., 2002).

目前, 黏弹性地震波模拟的方法有很多种. 比如在频率域中通过引入复速度实现黏弹性波场模拟, 但计算量巨大, 标准线性固体模型法 (SLS) 综合了麦克斯韦 (Maxwell) 和开尔文–沃格 (Kelvin-Voigt) 模型, 但需要大量的内存和计算时间. 除了以上整数阶的方法, 分数阶波动方程可以更好地描述地震波在黏弹性介质中的振幅衰减和相位畸变. 利用应力–应变关系, 通过引入时间分数阶导数, 可以得到能够精确描述恒定 Q 行为的波动方程, 但内存消耗巨大, 该方程具有如下形式:

$$\frac{\partial^{2-2\gamma}\sigma}{\partial t^{2-2\gamma}} = c_0^2\omega_0^{-2\gamma}\cos^2\left(\frac{\pi\gamma}{2}\right)\nabla^2\sigma.$$

为了减少内存的消耗, 可以考虑用分数阶拉普拉斯算子来模拟不规则的衰减行为 (Zhu and Harris, 2014). 此外, 也可以将振幅衰减和速度频散用独立的两个分数阶拉普拉斯来表示得到新的波动方程, 分开的振幅衰减项和频散项有利于在反问题中对衰减损失进行补偿. 比如,

$$\frac{1}{c^2}\frac{\partial^2\sigma}{\partial t^2} = \eta(-\nabla^2)^{\gamma+1}\sigma + \tau\frac{\partial}{\partial t}(-\nabla^2)^{\gamma+\frac{1}{2}}\sigma,$$

上述方程中, σ 是应力分量, c_0 是在参考频率 ω_0 下的参考速度,

$$\gamma = 1\bigg/\left(\pi\tan^{-1}\left(\frac{1}{Q}\right)\right)$$

是一个无量纲的参数,

$$c^2 = c_0^2\cos^2\left(\frac{\pi\gamma}{2}\right),\quad \eta = -c_0^{2\gamma}\omega_0^{-2\gamma}\cos(\pi\gamma),\quad \tau = -c_0^{2\gamma-1}\omega_0^{-2\gamma}\sin(\pi\gamma).$$

当 $\gamma \to \frac{1}{2} = Q \to 0$ 时, 上述方程描述了无限黏性衰减介质, 当 $\gamma \to 0 = Q \to \infty$ 时, 则是完全弹性介质行为.

由于地震波的衰减, 深部逆时偏移成像 (RTM) 往往精度差、振幅弱, 最小二乘逆时偏移 (LSRTM) 和全波形反演 (FWI) 也会由于振幅的衰减而收敛速度变慢. 此时可以考虑对分数阶拉普拉斯波动方程解耦, 并考虑基于 Q 补偿衰减的逆时偏移成像方法 (Q-RTM). 此外, 还可以考虑将解耦的分数阶拉普拉斯方程通过低秩一步波场外推并进行补偿衰减的偏移反演迭代, 从而得到振幅更准确, 成像精度更高的结果.

2018 年, 自然资源部发布了《自然资源科技创新发展规划纲要》, 其中强调了深地资源探测, 也提到了天然气水合物探测的重要性. 天然气水合物探测, 地震勘探是关键的方法和技术. 由于地震波的纵向高分辨率特性, 根据孔隙介质理论建立水合物岩石物理模型 (比如, 不同参数的水合物层状介质模型), 分析地震响

应特征, 最后根据水合物的成藏模式, 建立一个与地质情况接近的水合物成藏区的复杂模型, 用分数阶的方法对复杂模型进行正演计算, 对结果进行分析. 比如图 1.4.1 给出了理论模型下水合物储层的地震波传播过程. 进一步可以利用模拟数据进行 Q 补偿的 RTM, FWI 反演, 并最终用于实际天然气水合物地震数据的勘探.

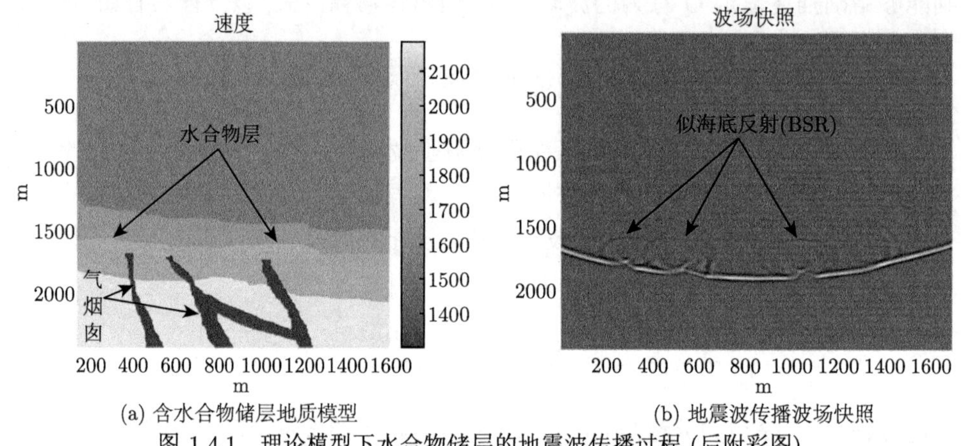

(a) 含水合物储层地质模型 (b) 地震波传播波场快照

图 1.4.1 理论模型下水合物储层的地震波传播过程 (后附彩图)

1.5 非齐次线性系统

几乎所有的反问题 (前几节描述的模型驱动与数据驱动的反问题) 在数值计算上最终都需要求解一非齐次线性系统

$$Az = u, \tag{1.5.1}$$

其中, $z \in F = R^n$, $u \in U = R^n$, 由于 $A \in R^{n\times n}$, 故它是欧氏空间中的有界线性算子, 从而是紧算子, 并且上述方程是第一类算子方程.

若 $A \in \mathbb{R}^{m\times n}$, 当 $m > n$ 时, 我们称 (1.5.1) 为超定的; 当 $m < n$ 时, 我们称 (1.5.1) 为欠定的. 在这两种情况下, 我们必须重新定义解的性质, 才能使以适当的方法加以求解. 但总可以变成 (1.5.1) 的形式, 比如超定问题的最小二乘解最后也化成形如 (1.5.1) 的方程组的求解.

由线性方程组的求解理论可以断定, 可能会出现以下几种情况, 其中 $\det(\cdot)$ 为行列式记号.

(1) 当 $\det(A) = 0$ 时, A 为奇异矩阵, 故 A^{-1} 不存在; 但此时对任意的 $u \in U$, 它有无穷多个解, 此时解的唯一性条件不成立; 故求解 (1.5.1) 是不适定的.

(2) 当 $\det(A) \neq 0$ 时, 矩阵 A 有逆算子 A^{-1}, 故上述方程组的解存在且唯一. 但是, 依据条件数 $\mathrm{cond}(A) = \|A\|\|A^{-1}\|$ 的大小不同, 又会有两种情况.

若它是良态的, 即条件数较小时, (1.5.1) 的解对于右端项 u 的扰动是稳定的; 从而问题是适定的. 若它是病态的, 即条件数很大时, 右端项 u 的微小的变化, 将会引起近似解与真解的大的偏差, 从而求解问题 (1.5.1) 是不适定的. 在数值代数中, 一般将满足存在性和唯一性条件, 但不满足数值稳定性条件的方程组称为病态方程组; 在这种意义下, 病态与不适定的含义相同.

前面描述的模型驱动的和数据驱动的反问题, 数值上最终都要求求解上述的病态问题.

由于第一类积分方程的求解是不适定的, 故由它直接导出的离散线性方程组即使可解, 也将是病态的, 并且随着离散尺寸的缩小而不断加剧. 所以本书将以第一类积分算子方程为例展开各个知识点的叙述. 所有这些不适定问题, 都需要用特殊的方法 (如本书讨论的正则化方法、最优化方法) 来处理, 才能得到稳定的近似解.

1.6 反问题的第一类算子方程表达

无论模型驱动的反问题, 还是数据驱动的反问题, 本质上都可以用第一类算子方程来表示, 即

$$Ay \equiv \int_D K(x,s)y(s)ds = f(x), \quad x,s \in D,$$

其中, A 为积分算子, 积分核为 $K(x,s)$. 上述方程同时也可以表示高维数学物理反问题的算子表达, 这只要注意到 x,s 表示高维空间的变量, D 为高维空间的区域即可.

对于微分方程描述的反问题, 也可以适当地变换, 写成上述算子方程的形式.

上述方程表示的好处是, 当定义域与值域都是希尔伯特 (Hilbert) 空间时, 可以非常容易地用代数语言表示 (Tikhonov and Arsenin, 1977; Groetsch, 1984; 张恭庆, 1990; 肖庭延等, 2003).

由于不同学科用的数学记号的习惯, 我们本书采用 $Ay=f$, $Az=u$, $Ax=b$, $\mathcal{K}f=h$, $Af=u$, $\mathcal{A}m=f$, $Lm=d$ 等表示算子方程, 读者很容易辨识, 因此没有再统一.

1.7 本书结构

在介绍了几个非平凡的问题之后, 本书将以第一类算子方程 (积分方程) 作为基本问题描述的出发点, 展开反问题的基础算法描述. 具体内容大致分为

(1) 积分方程基本理论;
(2) 求解反问题的基本方法：变分法;
(3) 不适定反问题的正则化理论;
(4) 最优化方法概述;
(5) 统计反演策略：贝叶斯统计推理;
(6) 地学反问题实例分析;
(7) 人工智能反问题求解方法.

第 2 章 积分方程

2.1 引　言

如果未知函数在积分符号下出现于方程中, 则该方程称为积分方程. 在本书中, 我们不研究一般情况下的积分方程, 而只限于研究以下类型的线性积分方程.

(1) 第二类弗雷德霍姆方程:

$$y(x)=\lambda\int_a^b K(x,s)y(s)ds+f(x),\quad x,s\in[a,b], \tag{2.1.1}$$

其中, $K(x,s)$ 为给定的连续函数, 被称为自变量集合 $[a,b]$ 上的积分方程的核; $f(x)$ 为给定的连续函数, 定义了上述方程的非齐次性 (如果 $f\equiv 0$, 那么方程称为齐次方程); λ 为实参数; $y(x)$ 为未知函数, 通常意义下认为是连续函数.

若没有预先说明的话, 所有列入积分方程的函数被认为是实函数, 并且可以看作是多维的 (这对于数学物理方法的课程是很重要的).

(2) 第一类弗雷德霍姆方程:

$$\int_a^b K(x,s)y(s)ds=f(x),\quad x,s\in[a,b], \tag{2.1.2}$$

其中, $K(x,s)$ 为如上定义的积分方程的核, 是定义在自变量集合 $[a,b]$ 上的连续函数; $f(x)$ 为已知的连续函数, 同样该函数定义了方程 (2.1.2) 的非齐次性 (如果 $f\equiv 0$, 那么方程被称为齐次方程); $y(x)$ 为已知连续函数.

(3) 第二类沃尔特雷方程:

$$y(x)=\lambda\int_a^x K(x,s)y(s)ds+f(x),\quad x,s\in[a,b], \tag{2.1.3}$$

这里我们使用与第二类弗雷德霍姆方程同样的符号, 但 $K(x,s)$ 是三角形区域 $\varDelta=(x,s:a\leqslant s\leqslant x\leqslant b)$ 的参数集上的连续函数. 如果我们在指定的三角形区域外将 $K(x,s)$ 定义为零, 则可以将第二类沃尔特雷方程视为第二类弗雷德霍姆方程的特例 (核函数有可能在线段 $x=s,\ x,s\in[a,b]$ 的某些点不连续). 然而, 沃尔特雷方程具有一系列有趣的特性, 因此我们将对其进行专门研究.

(4) 第一类沃尔特雷方程：

$$\int_a^x K(x,s)y(s)ds = f(x), \quad x,s \in [a,b], \tag{2.1.4}$$

式中使用与上述相同的符号.

微分方程有时可以转化为积分方程求解, 比如通过引入柯西 (Cauchy) 函数和格林函数来实现. 在物理问题, 比如地球物理中出现反问题时, 不能直接测量物理特征, 或者极端措施难以测量等情况的出现就引出了大量的第一类积分方程. 例如, 依据在地表或者人造卫星上的观测, 关于远程天体物理的特征分布就是典型的第一类积分方程; 类似地, 在研究地球物理时, 在地表观测各类地球物理数据, 通过反演获得深层–超深层目标地质储层特征的描述, 就是多维第一类积分方程. 再如, 进行 X 线计算机层析成像法对人脑状态实现无损检测, 就是熟知的拉东 (Radon) 变换, 一种射线积分法.

在数学课程中已经遇到过积分方程的一些实例. 例如, 积分方程

$$f(x) = \frac{1}{\sqrt{2\pi}}\int_{-\infty}^{+\infty} \exp(ixs)y(s)ds, \quad x \in (-\infty,\ +\infty).$$

这不是一个弗雷德霍姆积分方程, 借助于傅里叶积分变换求解：

$$y(s) = \frac{1}{\sqrt{2\pi}}\int_{-\infty}^{+\infty} \exp(-ixs)f(x)dx, \quad s \in (-\infty,\ +\infty).$$

本章以最简单的第一类沃尔特雷方程方程为例, 阐述积分方程研究中值得进一步关注的主要问题:

$$\int_a^x y(s)ds = f(x), \quad x,s \in [a,b].$$

式中积分核函数 $K(x,s) \equiv 1$, 我们设其解 $y(s)$ 为 $[a,b]$ 上的连续函数.

首先, 我们讨论解的存在性. 如果 $f(x)$ 为连续可微函数, 则有解, 并且 $y(x) = f'(x)$. 但连续可微性并不充分！事实上, 在 $x = a$ 时, 方程左边的积分转变为零. 因此, 对于方程的可解性需要补充额外的条件 $f(a) = 0$.

其次, 我们感兴趣的是解的唯一性. 显然, 在上述条件下, 解不仅存在, 而且是唯一的.

然后, 我们将关心解的稳定性问题, 即当非齐次性项 $f(x)$ 发生微小变化时, 解的变化是否也很小. 为了讨论关于非齐次性函数的微小变化或函数的近似, 我们必须熟悉赋范线性空间的一些基本理论.

下一节将集中介绍函数空间的一些必备的背景知识.

2.2 度量空间、赋范空间和欧几里得空间

称集合 L 为 (实) 线性空间, 如果对于任意两个元素 x, y 有新计算的元素 $x+y \in L$ (称为 x 与 y 的和), 且对于任一元素 $x \in L$ 以及任一 (实) 数 α 有新计算的元素 $\alpha x \in L$, 且需要满足以下条件:

(1) 对于任意的元素 $x, y \in L$, $x+y=y+x$ (加法交换律);

(2) 对于任意的元素 $x, y, z \in L$, $(x+y)+z=x+(y+z)$ (加法结合律);

(3) 存在元素 $0 \in L$ (称为零元素, 或者空间 L 的零元), 使得对于任一元素 $x \in L$, $x+0=x$ (存在零元素);

(4) 对于任一元素 $x \in L$, 存在元素 $(-x) \in L$ (称为 x 的反向元素), 使得 $x+(-x)=0$ (存在逆向元素);

(5) 对于任意元素 $x, y \in L$ 和任一 (实) 数 α, $\alpha(x+y)=\alpha x+\alpha y$ (元素求和与数的乘法分配律);

(6) 对于任意的实数 α 和 β 以及任一元素 $x \in L$, $(\alpha+\beta)x=\alpha x+\beta x$ (数字求和与元素的乘法分配律);

(7) 对于任意的实数 α, β 和任一元素 $x \in L$, $(\alpha\beta)x=\alpha(\beta x)$ (元素与数的乘法结合律);

(8) 对于任一元素 $x \in L$, $1x=x$ (单位特性).

线性空间的元素称为向量, 因此线性空间有时也称为向量空间.

线性空间 L 的元素 (向量) $y_1, \cdots, y_n$, 如果对于任意数值 $\alpha_1, \cdots, \alpha_n$, 而 $\alpha_1=\cdots=\alpha_n=0$ 除外, 它们的线性组合 $\alpha_1 y_1+\cdots+\alpha_n y_n \neq 0$, 则该空间被称为线性独立 (或线性无关) 空间. 向量 $y_1, \cdots, y_n$ 线性相关当且仅当其中的一个是其余的线性组合. 若空间 L 的线性独立的向量个数有最大值, 则该数值被称为空间 L 的维数, 而线性空间也被称为有限维空间. 反之, 则空间 L 为无限维的.

线性空间的一个例子是在线性代数课程中研究过的有限维向量空间 R^n. 另一个例子是区间 $[a, b]$ 上定义的 (实) 函数空间. 显然, 如果我们以通常的方式定义元素之和以及元素与实数相乘 (作为函数求和以及函数被一个数相乘) 的话, 这个空间可以被认为是线性的. 该空间的零元素是一个等于零的函数.

线性空间 L 的子集 L_1 被称为 L 的 (线性) 子空间, 如果 L_1 中元素的任一线性组合属于 L_1(就是说 L_1 本身是线性空间).

集合 M 被称为度量空间, 如果对集合中任意两个元素 $x, y \in M$ 定义实数 $\rho(x, y)$ (称为度量, 或者距离), 并满足以下条件:

(1) 对任意元素 $x, y \in M$, $\rho(x,y) \geqslant 0$, 且 $\rho(x,y) = 0$ 当且仅当 x 和 y 重合 $(x = y)$ (度量的非负性);

(2) 对任意元素 $x, y \in M$, $\rho(x,y) = \rho(y,x)$ (度量的对称性);

(3) 对任意元素 $x, y, z \in M, \rho(x,y) \leqslant \rho(x,z) + \rho(y,z)$ (三角不等式).

在度量空间中, 我们可以定义元素序列收敛性的概念. 即若当 $n \to \infty$ 时, $\rho(x_n, x_0) \to 0$, 则称元素序列 $x_n \in M, n = 1, 2, \cdots$ 收敛于元素 $x_0 \in M$ (记作 $x_n \to x_0$, 当 $n \to \infty$ 时).

需要注意的是, 度量空间不一定是线性空间.

线性空间 N 被称为赋范空间, 如果对任一元素 $x \in N$ 有一个实数 $||x||$ (称为范数), 并满足以下条件:

(1) 对于任一元素 $x \in N$, 有 $||x|| \geqslant 0$, 且 $||x|| = 0$ 当且仅当 $||x|| = 0$;

(2) 对于任一元素 $x \in N$ 以及任一实数 α, 有 $||\alpha x|| = |\alpha| \cdot ||x||$ (范数的非负均一性);

(3) 对于任何元素 $x, y \in N$, 有 $||x + y|| \leqslant ||x|| + ||y||$ (三角不等式).

如果令 $\rho(x,y) = ||x - y||$, 则赋范空间是度量空间.

在赋范空间和度量空间中, 可以引入开集和闭集的概念. 给读者留作练习, 可查阅数学分析教科书.

下面在赋范空间中引入序列收敛性的概念. 元素的序列 $x_n \in N$, $n = 1, 2, 3, \cdots$ (按照空间 N 的范数) 收敛于 $x_0 \in N$, 若 $n \to \infty$ 时, $||x_n - x_0|| \to 0$ (记作 $x_n \to x_0$, 当 $n \to \infty$ 时).

我们现在来证明范数收敛意味着序列元素的范数收敛到极限元素的范数. 反之不一定成立 (请读者给出一个例子).

引理 2.2.1 若 $x_n \to x_0$, 当 $n \to \infty$ 时, 则 $||x_n|| \to ||x_0||$.

证明 首先证明, 对于任意元素 $x, y \in N$, 有不等式 $|||x|| - ||y||| \leqslant ||x - y||$ 成立.

由 $||x|| - ||y|| \leqslant ||x - y||$ 得到三角不等式 $||x|| = ||x - y + y|| \leqslant ||x - y|| + ||y||$. 互换 x 和 y 的位置, 得到 $||y|| = ||y - x + x|| \leqslant ||y - x|| + ||x||$, 或 $||y|| - ||x|| \leqslant ||x - y||$. 由这两个不等式, 得出 $|||x|| - ||y||| \leqslant ||x - y||$.

由于当 $n \to \infty$ 时, $x_n \to x_0$, 故 $|||x_n|| - ||x_0||| \leqslant ||x_n - x_0|| \to 0$, 由此引理得证.

下面给出赋范空间的两个简单的例子:

(1) 有限维欧几里得空间 R^n (请见线性代数或高等代数课本).

(2) 在 $[a,b]$ 线段上连续的函数空间 $C[a,b]$. 空间 $C[a,b]$ 上的范数, 由下述公

式定义：$\|y\|_{C[a,b]} = \max\limits_{s\in[a,b]} |y(s)|$. 作为练习, 建议读者独立验证它是线性空间, 并证明在 $C[a,b]$ 上定义的范数的正确性.

在空间 $C[a,b]$ 上的范数收敛被称为一致收敛. 关于一致收敛的连续函数序列的性质, 我们在数学分析课上已经讨论过. 特别是证明了一致收敛的柯西准则, 即函数序列一致收敛的充分必要条件是其满足柯西收敛准则.

定义 2.2.2 赋范空间 N 的点列 x_n, $n = 1, 2, 3, \cdots$ 称为基本序列, 如果对于任一 $\varepsilon > 0$, 存在 $K > 0$, 使得对于 $n > K$ 和任一自然数 p, 有 $||x_{n+p} - x_n|| \leqslant \varepsilon$ 成立.

如果序列收敛, 那么它就是基本序列. 该证明与数学分析课上学过的类似, 请读者自己完成.

如果任意的基本序列都收敛, 则称该赋范空间为完备空间. 所谓“完备”, 就是所有基本序列的极限点都包含于其中.

定义 2.2.3 完备的赋范空间称为巴拿赫 (Banach) 空间.

在数学分析课程中, 我们证明了柯西准则不仅是一致收敛的必要条件, 而且是一致收敛的充分条件, 这就证明了空间 $C[a,b]$ 是巴拿赫空间. 显然, 空间 R^n 具有完备性 (请读者独立证明).

在下面的讨论中, 我们还需要一个定义于线段 $[a,b]$ 上的函数空间, 在该空间中函数 p 阶连续可导, 且对于所有直至 p 阶的导数其收敛性都是一致的 ($p \geqslant 0$ 为整数). 记该空间为 $C^{(p)}[a,b]$ ($C^{(0)}[a,b] = C[a,b]$). 在此空间, 可以引入不同类型的范数, 并相应地给出其收敛性. 在所有这些等价的范数中, 最方便的是下述范数公式：

$$||y||_{C^{(p)}[a,b]} = \sum_{k=0}^{p} \max_{s\in[a,b]} |y^{(k)}(s)|. \tag{2.2.1}$$

建议读者作为练习, 检验按上述公式定义的范数的合理性, 并证明空间 $C^{(p)}[a,b]$ 是巴拿赫空间.

定义 2.2.4 线性空间 E 称为欧几里得空间 (Euclidean space), 如果对于任意两个元素 x, $y \in E$, 可以定义一个实数 (x, y), 称为标量积 (又叫数量积、内积、点积 (scalar product, innter product, dot product)), 它满足以下条件:

(1) 对任意元素 x, $y \in E$, 有 $(x, y) = (y, x)$ 成立 (对称性/交换律).

(2) 对任意元素 x_1, x_2, $y \in E$, 有 $(x_1 + x_2, y) = (x_1, y) + (x_2, y)$ 成立 (第一个参数的可加性/分配律).

(3) 对任意元素 x, $y \in E$ 以及任一实数 α, 有 $(\alpha x, y) = \alpha(x, y) = (x, \alpha y)$ 成立 (第一个参数的一致性/结合律).

我们发现, 由上述条件 (1)—(3) 知, 标量积对于第一和第二个参数都具有线性性.

(4) 对任意的 $x \in E$, 不等式 $(x,x) \geqslant 0$ 成立, $(x,x)=0$ 当且仅当 $x=0$ (标量平方的非负性).

由上述标量积可以生成范数: $||x||_E = \sqrt{(x,x)}$. 请检验如此定义的范数是正确的.

在线性代数或高等代数课上, 证明了柯西–布尼亚科夫斯基 (Cauchy-Bunyakovsky) 不等式: $|(x,y)| \leqslant ||x|| \cdot ||y||$, 其中当且仅当元素 x 和 y 线性相关时, 等式成立. 类似地, 可以证明柯西–布尼亚科夫斯基不等式在任一欧几里得空间中也是成立的.

一个欧几里得空间的例子就是在线性代数或高等代数课上研究过的 n 维向量 R^n. 该空间由列向量构成, 其标量积定义为 $(x,y) = x_1y_1 + x_2y_2 + \cdots + x_ny_n$, 其中 $x_1, x_2, \cdots, x_n$ 和 $y_1, y_2, \cdots, y_n$ 分别是向量 x 和 y 的分量. 再次指明, 空间 R^n 是完备的.

欧几里得空间的另一个例子就是在数学分析课上遇到过的无限维空间. 即, 我们再次考虑区间 $[a,b]$ 上的连续函数组成的线性空间, 范数的引入通过标量积实现, 即对于区间 $[a,b]$ 上的任意连续函数 $y_1(s)$, $y_2(s)$, 按下述公式定义标量积:

$$(y_1, y_2) = \int_a^b y_1(s)y_2(s)\,ds.$$

请读者自己检验该定义的正确性, 即满足上述标量积运算的各个条件.

连续函数按上述标量积生成的范数空间, 记为 $h[a,b]$, 范数定义为

$$||y||_{h[a,b]} = \sqrt{\int_a^b y^2(s)\,ds}.$$

按上述范数 $h[a,b]$ 中的收敛称为平均收敛. 在数学分析课上证明了, 由一致收敛性可以导出平均收敛性; 但从平均收敛性未必能得出一致收敛性, 甚至逐点收敛性也不一定能得到保证 (请读者自己构造这样的例子).

显然, 欧几里得空间 $h[a,b]$ 是无穷维的 (请读者给出 $[a,b]$ 上线性无关的连续函数的无穷序列的一个例子). 遗憾的是, 这个空间不是完备空间. 事实上, 很容易构造区间 $[a,b]$ 上的连续函数序列 (例如, 分段线性函数):

$$y(x) = \begin{cases} 0, & x \in \left[a, \dfrac{a+b}{2}\right), \\ 1, & x \in \left[\dfrac{a+b}{2}, b\right]. \end{cases}$$

给定 $x_1, x_2, \cdots, x_n$, 则由上述分段线性函数组成的序列平均收敛于不连续函数.

作为练习, 证明这个函数序列是空间 $h[a,b]$ 上的基本序列, 但在 $h[a,b]$ 上没有极限.

在泛函分析课上证明过, 任一不完备的赋范空间都可以补充一些元素, 使其成为完备空间. 一个完备的无穷维欧几里得空间称为希尔伯特空间. 如果对空间 $h[a,b]$ 完备化, 则可以得到希尔伯特空间 $L_2[a,b]$. 不过, 要描述这个空间是由哪些元素组成的, 不仅需要知道黎曼 (Riemann) 积分 (见数学分析教科书), 还需要知道勒贝格 (Lebesgue) 积分. 在本书讲授的积分方程内容中, 我们将研究空间 $h[a,b]$, 并将指明该空间是不完备的. 但在这个空间中, 很容易确定什么是正交性, 因为这个空间中给出了一个标量积.

如果我们需要空间完备性, 则可以考虑空间 $C[a,b]$. 但是, 在 $C[a,b]$ 空间中不能引入由标量积生成的等价范数 (见数学分析教科书), 从而将这个空间变成希尔伯特空间, 但可以把一致收敛作为范数收敛.

思考题

1. 写出一些基本定义和定理.

(1) 写出第二类弗雷德霍姆方程; 什么样的方程称为齐次方程?

(2) 写出第二类沃尔特雷方程; 什么样的方程称为齐次方程?

(3) 写出第一类弗雷德霍姆方程; 什么样的方程称为齐次方程?

(4) 写出第一类沃尔特雷方程; 什么样的方程称为齐次方程?

(5) 给出线性空间的定义.

(6) 给出度量空间的定义.

(7) 给出赋范空间的定义.

(8) 给出欧几里得空间的定义.

(9) 给出度量空间中元素序列收敛的定义.

(10) 给出赋范空间的元素序列收敛的定义.

(11) 给出赋范空间中元素的基本序列的定义.

(12) 给出巴拿赫空间的定义.

(13) 给出空间 $C[a,b]$ 的定义; 该空间的范数收敛性是什么?

(14) 给出空间 $C^{(p)}[a,b]$ 的定义; 该空间的范数收敛性是什么?

(15) 空间 $h[a,b]$ 的标量积如何定义? 为什么该空间是无穷维欧几里得空间? 该空间的范数收敛性是什么?

(16) 写出柯西–布尼亚科夫斯基不等式.

2. 以下命题和定理, 属于理论问题, 要求会证明.

(1) 证明: 对于赋范空间 N 的任意两个元素 x, y, 有不等式 $|||x|| - ||y||| \leqslant ||x-y||$ 成立.

(2) 证明：若赋范空间的元素序列收敛, 则该序列是基本序列; 在什么样的赋范空间其反命题也成立?

(3) 证明：若赋范空间的元素序列收敛, 则该序列有界.

(4) 举例说明, 区间 $[a,b]$ 上的泛函序列平均收敛不一定能导出一致 (甚至逐点) 收敛.

(5) 证明：空间 $C[a,b]$ 是线性空间.

(6) 写出空间 $C[a,b]$ 的范数定义并证明该定义的合理性.

(7) 证明：空间 $C^{(p)}[a,b]$ 是线性空间.

(8) 写出空间 $C^{(p)}[a,b]$ 的范数定义并证明该定义的合理性.

(9) 证明：空间 $h[a,b]$ 是线性空间.

(10) 写出空间 $h[a,b]$ 的范数定义并证明该定义的合理性.

(11) 证明：空间 $h[a,b]$ 不是完备空间.

(12) 证明：空间 $h[a,b]$ 的柯西–布尼亚科夫斯基不等式成立.

2.3 线性算子理论要素

算子是从一个函数空间到另一个函数空间 (或它自身) 上的映射. 现在开始研究线性算子. 从线性空间 L_1 到线性空间 L_2 的算子 A, 若对于任意的元素 y_1 和 y_2, 以及任意的实数 α_1 和 α_2, 有等式 $A(\alpha_1 y_1+\alpha_2 y_2)=\alpha_1 Ay_1+\alpha_2 Ay_2$ 成立, 则该算子称为线性算子.

我们把算子 A 的定义域记作 $D(A)$. 为了描述简单, 我们假定 $D(A)=L_1$. 将算子 A 的值域记为 $R(A)$, 这时 $R(A)\subseteq L_2$, 称之为 L_2 空间的线性子空间.

集合 $\operatorname{Ker} A=\{x\in L_1:\ Ax=0\}$ 称为算子 A 的零空间. 显然, $\operatorname{Ker} A$ 是 L_1 的线性子空间, 且 $0\in \operatorname{Ker} A$. 若 $\operatorname{Ker} A\neq\{0\}$(可以说零空间是非平凡空间), 则算子 A 称为奇异算子 (或退化算子).

如果算子 A 是 1 对 1 的, 则可以引入定义在定义域 $D(A^{-1})=R(A)$ 和值域 $R(A^{-1})=D(A)=L_1$ 的逆算子 A^{-1}. 对于线性算子来说, 关于逆算子的存在性, 当且仅当算子非奇异时其逆算子才存在 (请读者自己证明).

作为线性算子的一个基本例子, 考虑下述的弗雷德霍姆积分算子

$$Ay\equiv\int_a^b K(x,s)y(s)ds,\quad x,s\in[a,b]. \tag{2.3.1}$$

如果核函数 $K(x,s)$ 在自变量集合上是连续的 (这也是我们本书的假设), 则根据数学分析课程中证明的关于对积分参数的连续依赖性定理, 算子 A 作用于线段 $[a,b]$ 上由连续函数形成的线性空间中, 显然, 是线性的.

在下文中, 我们将研究作用于赋范空间的线性算子. 令算子 A 为从赋范空间 N_1 到赋范空间 N_2 的映射 (为叙述的方便, 我们假定 $D(A)=N_1$).

定义 2.3.1 算子 A 称为在点 $y_0 \in D(A)$ 的连续算子, 如果对于任一 $\varepsilon > 0$, 存在 $\delta > 0$, 使得对于所有 $y \in D(A)$, 且满足不等式 $||y - y_0|| \leqslant \delta$ 时, 有不等式 $||Ay - Ay_0|| \leqslant \varepsilon$ 成立.

如同在数学分析课程中描述的那样, 我们还可以在一点上给出算子连续性的第二个定义.

定义 2.3.2 算子 A 被称为在点 $y_0 \in D(A)$ 的连续算子, 如果对任一序列 $y_n \in D(A), n = 1, 2, 3, \cdots, y_n \to y_0$, 有序列 Ay_n 收敛于 Ay_0.

这些定义是等价的, 请读者自己证明 (参见数学分析的相关教科书).

若算子 A 在集合 $D(A)$(在空间 N_1 上) 的每个点都是连续的, 则称该算子在集合 $D(A)$ 上连续. 可以证明, 当且仅当线性算子在零点连续时, 它才是连续的. 事实上, 若 $y_n \to y_0$, 则 $y_n - y_0 \to 0$, 再由算子线性特性, $Ay_n \to Ay_0$ 当且仅当 $A(y_n - y_0) \to 0$.

定义 2.3.3 算子 A 的范数如下给出

$$\|A\|_{N_1 \to N_2} = \sup_{\|y\|_{N_1} = 1} \|Ay\|_{N_2},$$

一般为了简化记号, 将其写成 $\|A\|_{N_1 \to N_2} = \|A\|$.

如果 $\|A\| < +\infty$, 那么算子 A 称为有界算子. 请读者证明: 在有限维空间, 任一线性算子都是有界的.

下面给出一个线性无界算子的例子.

例 2.3.4 考虑空间 $C[0, 1]$, 它显然是无限维空间, 且微分算子 $A = \dfrac{d}{ds}$ 定义在 $C[0, 1]$ 的连续可微函数的线性子空间上.

我们来证明 A 是一个无界线性算子. 用反证法. 取函数序列 $y_n = \cos ns$. 这时, $\|y_n\| = \max\limits_{s \in [0,\, 1]} |\cos ns| = 1$, 但当 $n \to \infty$ 时, $\|Ay_n(s)\| = \|n \cdot \sin ns\| \to \infty$, 这与有界算子的定义相矛盾.

定理 2.3.5 对于任一 $y \in N_1$, 不等式 $\|Ay\| \leqslant \|A\| \, \|y\|$ 成立, 其中 A 是从赋范空间 N_1 作用到赋范空间 N_2 的线性有界算子.

证明 (1) 对 $y = 0$ (空间的零元素), 该定理是正确的, 因为 $\|Ay\| = \|A0\| = 0 = \|A\| \cdot \|y\| = \|A\| \cdot 0$.

(2) 现在考虑 $y \neq 0$ 的情况. 取元素 $z = \dfrac{y}{\|y\|}$ (这是一个单位向量, 因为 $\|z\| = 1$). 这时有 $\|Az\| = \left\| A\dfrac{y}{\|y\|} \right\| \leqslant \|A\|$, 由此定理得证.

定理 2.3.6　线性算子 $A: N_1 \to N_2$ 是连续算子当且仅当它是有界算子.

证明　由于算子 A 是线性的, 我们只要考虑它在 0 点连续就够了.

(1) 从有界性导出连续性. 取一个 $y_n \to 0$ 的序列, 当 $n \to \infty$ 时, 则有 $\|Ay_n\| \leqslant \|A\| \cdot \|y_n\| \to 0$, 因此, 算子 A 是连续的.

(2) 从连续性导出有界性. 反证法. 假定算子 A 无界, 则存在序列 $y_n, n = 1, 2, 3, \cdots$, 使得 $\|y_n\| = 1$ 且 $\|Ay_n\| \geqslant n$. 因此, 当 $n \to \infty$ 时, 有 $\left\|\dfrac{Ay_n}{n}\right\| \geqslant 1$, 而 $\dfrac{y_n}{n} \to 0$, 与算子 A 的连续性定义矛盾.

我们现在来证明弗雷德霍姆积分算子

$$Ay \equiv \int_a^b K(x,s) \cdot y(s)\, ds, \quad x \in [a, b],$$

是从 $h[a,b]$ 到 $h[a,b]$ 的有界算子. 确实, 令

$$\|y\| = \sqrt{\int_a^b y^2(s)\, ds} = 1 \text{且 } z = Ay,$$

则

$$|z(x)|^2 = |Ay|^2 = \left|\int_a^b K(x,s)\, y(s)\, ds\right|^2.$$

由柯西–布尼亚科夫斯基不等式, 对于每个取定的 $x \in [a, b]$, 有

$$\left|\int_a^b K(x,s)\, y(s)\, ds\right|^2 \leqslant \int_a^b K^2(x,s) ds \cdot \int_a^b y^2(s)\, ds = \int_a^b K^2(x,s)\, ds$$

成立. 对 x 求积分, 我们得到

$$\|Ay\|^2 \leqslant \int_a^b \int_a^b K^2(x,s)\, dx\, ds.$$

因为不等式的右边与 y 无关, 因此

$$\|A\| \leqslant \sqrt{\int_a^b \int_a^b K^2(x,s)\, dx\, ds} < +\infty,$$

命题得证.

请读者自己证明, 定义在从 $C[a,b]$ 到 $C[a,b]$, 从 $h[a,b]$ 到 $C[a,b]$ 以及从 $C[a,b]$ 到 $h[a,b]$ 的弗雷德霍姆积分算子都是有界的. 在每种情况下, 请给出算子范数的上界 (留作练习).

接下来的讨论中, 我们还需要下面的引理.

引理 2.3.7 设线性有界算子 A 是从赋范空间 N_1 作用到赋范空间 N_2, 线性有界算子 B 从赋范空间 N_2 作用到赋范空间 N_3, 则 $||BA|| \leqslant ||B|| \cdot ||A||$.

证明 对任意元素 $y \in N_1$, 使得 $||y|| = 1$, 有下述不等式 $||BAy|| \leqslant ||B|| \cdot ||Ay|| \leqslant ||B|| \cdot ||A|| \cdot ||y|| = ||B|| \cdot ||A||$ 成立. 从该不等式以及线性算子范数的定义, 得出引理为真.

定义 2.3.8 赋范空间 N 的元素序列 $y_n, n = 1, 2, 3, \cdots$ 称为有界序列, 如果存在一个常数 C, 使得对所有的 $n = 1, 2, 3, \cdots$, 有 $||y_n|| \leqslant C$ 成立.

建议读者独立证明, 任意的收敛序列是有界的, 以及任意的基本序列同样是有界的 (留作练习).

定义 2.3.9 若一个赋范空间 N 的元素序列 $y_n, n=1, 2, 3, \cdots$ 具有如下性质: 从其任一子序列可以区分出收敛的序列, 则称该序列为紧 (致) 序列.

很容易证明, 任一紧序列是有界的. 事实上, 如果序列 $y_n, n = 1, 2, 3, \cdots$ 不是有界的, 则存在一个子序列 y_{n_k}, $\|y_{n_k}\| \geqslant k$, $k = 1, 2, \cdots$, 从这个子序列中是不可能再分出收敛子序列的.

注 2.3.10 在空间 R^1 中, 序列的紧致性标准可以通过波尔查诺–魏尔斯特拉斯 (Bolzano-Weierstrass) 定理确定: 从任一有界实数序列可以分出收敛子序列, 在空间 R^n 中有着类似的结论. 对于无限维空间, 情况并非如此.

给出几个非紧序列的例子.

(1) 实数序列 $x_n = n, n = 1, 2, 3, \cdots$ 是非紧致序列, 因为显然不能从这个序列中分出收敛子序列.

(2) 数列 1, 1, 2, 1, 3, 1, $\cdots$ 也是非紧致序列. 尽管从中可以分出一个收敛的子序列, 但不能从任意的子序列中分出收敛子序列.

再给出几个无穷维空间的有界非紧致序列的例子.

(3) 考虑空间 $h[a, b]$. 在数学分析课程上, 我们证明了在空间 $h[a, b]$ 中存在由无数个元素组成的正交系统 (例如, 三角函数系):

$$e_n, \quad n = 1, 2, \cdots, \quad \|e_j\| = 1, \quad (e_i,\ e_j) = \delta_{ij} = \begin{cases} 0, & i \neq j, \\ 1, & i = j. \end{cases}$$

可以证明, 从一个正交标准系统组成部分序列 (该序列明显是有界的), 不能分出收敛的子序列. 事实上, 如果 $i \neq j$, 则 $\|e_i - e_j\|^2 = (e_i - e_j,\ e_i - e_j) = 2$, 故 $i \neq j \Rightarrow \|e_i - e_j\| = \sqrt{2}$. 所以这个序列的任何子序列都不可能是基本序列, 因此也不可能是收敛序列.

(4) 现在我们研究序列 $e_1, c, e_2, c, e_3, c, \cdots$ (c 是空间 $h[a,b]$ 中一个给定的向量). 这个序列也不是紧致的：从该序列中可以分出收敛子序列, 但是不能从任意的子序列中分出收敛子序列.

作为练习, 请读者给出空间 $C[a,b]$ 中的元素有界但非紧致的序列.

我们现在给出从赋范空间 N_1 作用到赋范空间 N_2 的全连续算子的定义.

定义 2.3.11 线性算子 A 称为全连续算子, 如果对任意来自 N_1 的元素 y_n 形成的有界序列, 能够从 N_2 的元素序列 $z_n = Ay_n$ 的任意子序列中分出收敛子序列.

从而, 全连续算子将任一有界序列变换为紧致序列. 因而全连续算子也称作紧算子.

定理 2.3.12 全连续算子是有界的 (因此也是连续的).

证明 反证法. 假设全连续算子 A 不是有界的, 则存在这么一个序列 $y_n \in N_1, n = 1,2,3,\cdots, \|y_n\| = 1, \|Ay_n\| \geqslant n$. 但这时并不能从序列 $z_n = Ay_n$ 中分出收敛的子序列, 这与全连续算子 A 的定义相矛盾. 定理得证.

我们发现, 并不是每一个连续线性算子都是全连续的.

例 2.3.13 考虑单位算子 $I: h[a,b] \to h[a,b]$, 即对于任意的 $y \in h[a,b]$, 有 $Iy = y$. 显然, 该算子是有界的.

证明 我们来证明这不是一个全连续算子. 为了说明这一点, 只要考虑前面讨论过的第 (3) 个例子中的正交标准系统的部分元素组成的序列就够了, 并且注意到序列 $Ie_n = e_n$ 是非紧致的.

定理 2.3.14 令 A 为从 $h[a,b]$ 作用到 $h[a,b]$ 的弗雷德霍姆算子, 则 A 是一个全连续算子.

证明 首先证明 A 从 $h[a,\ b] \to C[a,\ b]$ 映射时是全连续算子.

空间 $C[a,b]$ 中的元素序列的紧性可由数学分析课程上讨论过的阿尔采拉定理来判定：如果 $C[a,b]$ 中的元素序列一致有界 (uniformly bounded) 并且等度连续 (equi-continuous), 则从该序列可以分出一致收敛的子序列.

考察序列 $y_n \in h[a,\ b], \|y_n\| \leqslant M,\ n = 1,2,3,\cdots$, 以及序列 $z_n(x) = Ay_n = \int_a^b K(x,\ s)\cdot y_n(s)\,ds$. 证明该定理成立只要检验上述序列满足阿尔采拉定理的条件就够了, 即序列 $z_n(x)$ 一致有界且等度连续.

(1) 首先证明一致有界性. 记 $K_0 = \sup\limits_{x,s\in[a,b]} |K(x,s)|$. 由于函数 $K(x,s)$ 在一个有界闭集 (正方形)$[a,b]\times[a,b]$ 的自变量 $x,\ s$ 的集合上是连续的, 故 $K_0 < +\infty$.

此外, $K_0 = \max\limits_{x,s\in[a,b]} |K(x,s)|$, 于是有

$$\begin{aligned}|z_n(x)| &= \left|\int_a^b K(x,s)\, y_n(s)\, ds\right| \\ &\leqslant \sqrt{\underbrace{\int_a^b K^2(x,s)\, ds}_{\leqslant K_0^2\cdot(b-a)} \cdot \underbrace{\int_a^b y_n^2(s)\, ds}_{\leqslant M^2}} \leqslant M\cdot K_0\cdot\sqrt{b-a}\end{aligned}$$

对于所有的 $x\in[a,b]$ 以及所有的 $n=1,2,3,\cdots$ 成立, 这就说函数序列是一致有界的.

(2) 现在证明序列 $z_n(x)$ 的等度连续性. 取任意点 $x_1, x_2\in[a,b]$, 有

$$\begin{aligned}|z_n(x_1)-z_n(x_2)| &= \left|\int_a^b [K(x_1,s)-K(x_2,s)]\cdot y_n(s)\, ds\right| \\ &\leqslant \sqrt{\int_a^b [K(x_1,s)-K(x_2,s)]^2\, ds \cdot \int_a^b y_n^2(s)\, ds}.\end{aligned}$$

我们取任意一个固定的数 $\varepsilon>0$. 函数 $K(x,s)$ 在有界闭集 $[a,b]\times[a,b]$ 的自变量 x, s 的集合上是连续的, 因此, 在该集合上是一致连续的, 从而对任意的 $\varepsilon>0$, 存在 $\delta>0$, 使得对所有的 $s\in[a,b]$, 若 $|x_1-x_2|\leqslant\delta$, 则有估计 $|K(x_1,s)-K(x_2,s)|\leqslant\dfrac{\varepsilon}{M\sqrt{b-a}}$ 成立. 从而, 对任意的 $\varepsilon>0$, 存在 $\delta>0$, 对于所有 $n=1,2,3,\cdots$ 和满足条件 $|x_1-x_2|\leqslant\delta$ 的所有 $x_1,x_2\in[a,b]$, 有 $|z_n(x_1)-z_n(x_2)|\leqslant\varepsilon$ 成立, 也即序列 $z_n(x)$ 等度连续.

因此, 区间 $[a,b]$ 上的连续函数序列 $z_n(x)$ 是一致有界且等度连续的. 根据阿尔采拉定理, 可以从序列 $z_n(x)$ 分出一致收敛的连续函数序列, 就像数学分析讲过的, 收敛于某一连续函数.

显然, 序列 $z_n(x)$ 的任一子序列都具有这些性质, 即从这些子序列的任何一个中都可以选出一个一致收敛的子序列. 因此, 算子 A: $h[a,b]\to C[a,b]$ 是全连续算子. 但是, 由于一致收敛意味着平均收敛, 因此连续函数序列一致收敛于某个连续函数, 也平均收敛于同样的函数. 这说明, 弗雷德霍姆算子 A: $h[a,b]\to h[a,b]$, 是全连续的. 定理得证.

对于在下面的讨论中遇到的沃尔特雷型积分算子, 结论类似. 建议读者独立证明, 留作练习.

令线性算子 A 为 $A: E\to E$ (E 为无穷维欧几里得空间).

定义 2.3.15 算子 $A^*:E \to E$ 称为算子 A 的共轭算子, 若对于任意的 $y_1, y_2 \in E$, 有 $(Ay_1, y_2) = (y_1, A^* y_2)$.

证明 A^* 同样是线性算子 (作为练习).

令 A 是一个有界算子. 我们来证明 $\|A\| = \|A^*\|$. 令 y 是 E 中的任意元素, 且 $\|y\| = 1$. 则有

$$\begin{aligned}\|Ay\|^2 &= (Ay, Ay) = (A^* Ay, y) \leqslant \|A^* Ay\| \cdot \|y\| \leqslant \|A^*\| \cdot \|Ay\| \\ &\leqslant \|A^*\| \cdot \|A\| \cdot \|y\| = \|A^*\| \, \|A\| \, .\end{aligned}$$

因此, 对于任意的 $y \in E$, $\|y\| = 1$, 有不等式 $\|Ay\|^2 \leqslant \|A^*\| \cdot \|A\|$ 成立. 这说明 $\|A\|^2 \leqslant \|A^*\| \cdot \|A\|$. 对算子 A^* 作类似的推演, 得到 $\|A^*\|^2 \leqslant \|A^*\| \cdot \|A\|$. 上述两个不等式表明 $\|A\| = \|A^*\|$.

定义 2.3.16 如果 $A = A^*$, 则称算子 A 为自共轭算子 (也称为自伴算子、对称算子).

考虑映射于 $E = h[a, b]$ 到 $E = h[a, b]$ 的弗雷德霍姆算子

$$Ay \equiv \int_a^b K(x, s)\, y(s)\, ds.$$

对任意的 $y_1, y_2 \in E$, 我们有

$$\begin{aligned}(Ay_1, y_2) &= \int_a^b \left(\int_a^b K(x, s) y_1(s)\, ds \right) y_2(x) dx \\ &= \int_a^b \left(\int_a^b K(x, s)\, y_2(x)\, dx \right) y_1(s)\ ds = (y_1, A^* y_2).\end{aligned}$$

同时有

$$(y_1, A^* y_2) = \int_a^b \left(\int_a^b K^*(s, x)\, y_2(x)\, dx \right) y_1(s)\, ds,$$

故 $K^*(s, x) = K(x, s)$.

因此, A^* 是核函数为 $K(x, s)$ 的弗雷德霍姆算子的共轭算子, 也是带核函数为 $K^*(x, s) = K(s, x)$ 的弗雷德霍姆算子, $x, s \in [a, b]$.

如果对于任意的 $x, s \in [a, b]$, $K(x, s) = K(s, x)$, 则称 $K(x, s)$ 为对称核. 这时, 积分算子是自伴的 (从 E 作用到 E).

请证明：如果积分算子核是非对称的, 则该算子不是自伴算子. 这里请注意, 我们所讨论的积分算子的核是自变量参数集合上的连续核.

思考题

1. 写出一些基本定义和定理.

(1) 给出线性算子的定义.

(2) 给出作用于赋范空间上的算子在某点连续的定义, 请给出两种表述方式.

(3) 给出作用于赋范空间上的线性算子范数的定义.

(4) 给出有界线性算子的定义.

(5) 给出赋范空间元素的有界序列的定义.

(6) 给出赋范空间元素的紧序列的定义.

(7) 给出全连续算子的定义.

(8) 写出有限维欧几里得空间 R^n 的向量序列紧致性的必要条件和充分条件.

(9) 写出阿尔采拉定理.

(10) 给出欧几里得空间中的线性算子的共轭算子的定义.

(11) 给出欧几里得空间中的自共轭 (对称) 算子的定义.

(12) 给出带对称核的弗雷德霍姆积分算子的定义.

2. 以下命题和定理, 属于理论问题, 要求会证明.

(1) 证明：线性算子的逆算子也是线性算子.

(2) 证明：弗雷德霍姆积分算子从线性空间 $h[a,b]$ 映射到自身, 是一个线性算子.

(3) 证明：沃尔特雷积分算子从线性空间 $h[a,b]$ 映射到自身, 是一个线性算子.

(4) 证明：作用于赋范空间上的线性算子是连续的当且仅当它在零点连续.

(5) 证明：作用于赋范空间上的线性算子是连续的当且仅当它是有界的.

(6) 证明：作用于赋范空间上的算子在某点连续的两种定义的等价性.

(7) 证明：作用于 $C^{(1)}[a,b]$ 到 $C[a,b]$ 的微分算子是有界的.

(8) 证明：定义在空间 $C[a,b]$ 上由连续可微函数组成的子空间的可微算子, 作用于 $C[a,b]$ 到 $C[a,b]$ 是无界的.

(9) 证明：如果 A 是线性有界算子, $A: N_1 \to N_2$, N_1 和 N_2 均为赋范空间, 若 $A \neq 0$, 则 $\|A\| > 0$.

(10) 证明：对于任意的 $y \in N_1$, 有不等式 $\|Ay\| \leqslant \|A\|\,\|y\|$ 成立, 其中 A 是作用于赋范空间 N_1 到赋范空间 N_2 的有界线性算子.

(11) 证明：若 $B: N_2 \to N_3$ 为一个连续算子, 算子 $A: N_1 \to N_2$ 是一个全连续算子, 则 $BA: N_1 \to N_3$ 是一个全连续算子 (N_1, N_2, N_3 均为赋范空间).

(12) 证明以下命题：有界线性算子 A 作用于赋范空间 N_1 到赋范空间 N_2, 有界线性算子 B 作用于赋范空间 N_2 到赋范空间 N_3, 则 $||BA|| \leqslant ||B|| \cdot ||A||$.

(13) 构造一个空间 $h[a,b]$ 上的无限标准正交系统的例子.

(14) 证明：空间 $h[a,b]$ 存在有界非紧序列.

(15) 证明：如果一个作用于无穷维欧几里得空间的 1 对 1 的算子 (one-to-one operator) 是全连续的, 则其逆算子是无界的.

(16) 证明：作用于空间 $h[a,b]$ 上的单位算子不是全连续算子.

(17) 证明：作用于 $C[a,b]$ 到 $C[a,b]$ 的弗雷德霍姆积分算子有界, 并找出该算子范数的一个上界.

(18) 证明：作用于 $h[a,b]$ 到 $h[a,b]$ 的弗雷德霍姆积分算子有界, 并找出该算子范数的一个上界.

(19) 证明：作用于 $h[a,b]$ 到 $C[a,b]$ 的弗雷德霍姆积分算子是全连续算子.

(20) 证明：作用于 $h[a,b]$ 到 $h[a,b]$ 的弗雷德霍姆积分算子是全连续算子.

(21) 证明：作用于 $h[a,b]$ 到 $h[a,b]$ 的带对称核的弗雷德霍姆积分算子是自伴算子.

2.4 全连续自伴算子特征值的存在性

令线性算子 A 作用于线性空间 L 上. 一个数 Λ 被称为算子 A 的特征值, 若存在元素 $y \neq 0$ 使得 $Ay = \Lambda y$. 元素 y 被称为特征向量. 相应于特征值 Λ 的特征向量的集合, 构成了空间 L 的子空间 (留作练习, 请读者证明).

若 $\Lambda \neq 0$, 则称 $\lambda = \dfrac{1}{\Lambda}$ 为算子 A 的特征数.

令算子 A 满足以下条件：

(1) A : $E \to E$ (E 为无穷维欧几里得空间, 如 $h[a,b]$);

(2) $A = A^*$;

(3) A 是全连续算子.

下面将证明, 在这些条件下, 算子 A 具有至少一个特征值.

我们预先给出一些命题, 从这些命题中将得出上述重要的结论.

引理 2.4.1 令 A 为自伴算子, e 为空间 E 的任意一个元素, 满足 $\|e\| = 1$. 则下述不等式成立

$$\|Ae\|^2 \leqslant \left\|A^2 e\right\|,$$

此外, 当且仅当 e 是算子 A^2 相应于特征值 $\Lambda = \|Ae\|^2$ 的特征向量时, 等号才成立.

证明 从柯西–布尼亚科夫斯基不等式容易得出

$$\|Ae\|^2 = (Ae, Ae) = \left(A^2 e, e\right) \leqslant \left\|A^2 e\right\| \cdot \|e\| = \left\|A^2 e\right\|,$$

此外当且仅当元素 $A^2 e$ 和 e 线性相关, 即 $A^2 e = \Lambda e$ 时, 等号成立. 因此 e 就是算子 A^2 的特征向量.

为了求出 Λ, 我们在等式 $A^2 e = \Lambda e$ 两边就像标量乘法那样同乘以 e. 这样就有 $(A^2 e, e) = (Ae, Ae) = \|Ae\|^2$ 并注意到 $\|e\| = 1$, 可得 $\Lambda = \|Ae\|^2$.

现在令 e 为算子 A^2 相应于特征值 $\Lambda=\|Ae\|^2$ 的特征向量. 则 $A^2e=\|Ae\|^2e$ 以及 $\|A^2e\|=\|Ae\|^2$. 引理 2.4.1 得证.

定义 2.4.2 元素 e 称为算子 A 的极大元素 (向量), 如果满足 $\|e\|=1$ 和 $\|Ae\|=\|A\|$.

上一节指出全连续算子是有界算子, 下面考虑自伴全连续算子的一些性质.

引理 2.4.3 自伴全连续算子 A 存在最大向量.

证明 记 $\|A\|=M$. 按照算子范数定义, 存在序列 y_n, $\|y_n\|=1$, $n=1,2,3,\cdots$, 使得 $z_n=Ay_n$ 并有 $\|z_n\|\to\|A\|=M$. 因为序列 y_n 有界, 且算子 A 是全连续的, 则可以从序列 z_n 分出收敛的子序列 $z_{n_k}\to z\in E$. 重新写出 $z_{n_k}=z_n$. 则从 $z_n\to z$ 当 $n\to\infty$ 时的收敛性, 得到 $\|z_n\|\to\|z\|=M$.

我们证明元素 $\tilde{z}=\dfrac{z}{M}$ 是算子 A 的极大向量. 考虑序列 $\tilde{z}_n=\dfrac{z_n}{M}$. 依据引理 2.4.1, 有

$$\|A\tilde{z}_n\|=\left\|\frac{Az_n}{M}\right\|=\frac{1}{M}\left\|A^2y_n\right\|\geqslant\frac{1}{M}\left\|Ay_n\right\|^2=\frac{1}{M}\left\|z_n\right\|^2;$$

另一方面又有

$$\|A\tilde{z}_n\|\leqslant\|A\|\,\|\tilde{z}_n\|=\|A\|\left\|\frac{z_n}{M}\right\|=\|z_n\|,$$

由这两个不等式得到

$$\frac{\|z_n\|^2}{M}\leqslant\|A\tilde{z}_n\|\leqslant\|z_n\|.$$

由于 $\tilde{z}_n\to\tilde{z}$ 以及 $\|z_n\|\to M$, 则在最后一个关系式中当 $n\to\infty$ 时, 得到 $M\leqslant\|A\tilde{z}\|\leqslant M$, 或 $\|A\tilde{z}\|=M$, 也即 $\tilde{z}=\dfrac{z}{M}$ 是算子 A 的极大向量.

引理 2.4.4 如果 z 是自伴算子 A 的极大向量, 则 z 是算子 A^2 的特征向量, 对应的特征值为 $\Lambda=\|A\|^2=M^2$.

证明 由极大向量的定义得到

$$M^2=\|A\|^2=\|Az\|^2\leqslant\left\|A^2z\right\|\leqslant\left\|A^2\right\|\,\|z\|=\left\|A^2\right\|\leqslant\|A\|^2=M^2,$$

即 $\|Az\|^2=\|A^2z\|$. 由此关系以及引理 2.4.1, 得出 z 是算子 A^2 的特征向量, 其对应的特征值为 $\Lambda=\|Az\|^2=\|A\|^2=M^2$, 引理得证.

引理 2.4.5 若算子 A^2 有着对应于特征值 M^2 的特征向量 z, 则算子 A 有着对应于特征值 M 或者 $-M$ 的特征向量.

证明 因为 z 是算子 A^2 的特征向量, 因此 $z\neq0$ 以及 $A^2z=M^2z$. 该等式重新写作 $(A^2-M^2I)\,z=0$, 式中 I 是单位算子, 或写成 $(A-MI)(A+MI)\,z=0$.

可能存在下面两种情况.

首先令 $u=(A+MI)z\neq 0$, 则有 $(A-MI)u=0$ 或 $Au=Mu$, 此即 u 为对应于特征值 M 的算子 A 的特征向量;

若 $u=(A+MI)z=0$, 则立刻得到 z 为对应于特征值 $-M$ 的算子 A 的特征向量.

定理 2.4.6 无穷维欧几里得空间上的自共伴全连续算子 A, 有着对应于特征值 Λ 的特征向量, 且 $|\Lambda|=\|A\|$.

证明 根据引理 2.4.3, 算子 A 有极大向量 z. 引理 2.4.4 指出, 该向量 z 是对应于特征值 $\|A\|^2$ 的算子 A^2 的特征向量, 从而由引理 2.4.5, 得出结论：算子 A 有着对应于特征值 $\|A\|$ 或 $-\|A\|$ 的特征向量, 即 $|\Lambda|=\|A\|$. 定理得证.

注 2.4.7 若算子不具备自伴条件或全连续条件, 则该定理一般情况下不成立.

例 2.4.8 一个无特征值的全连续算子是一个具有连续核的非退化沃尔特雷算子. 我们稍后会给出这个结果.

例 2.4.9 考虑算子被 x 相乘, 即对于 $h[a,b]$ 的任意元素 y (连续函数 $y(x)$), $Ay=x\cdot y(x)$. 该算子 A 是自伴的, 因为对于 $h[a,b]$ 的任意 $y_1(x),y_2(x)$, 有

$$(Ay_1,\,y_2)=\int_a^b xy_1(x)y_2(x)\,dx=\int_a^b y_1(x)\,x\,y_2(x)\,dx=(y_1,Ay_2).$$

该算子 A 没有特征值, 因为若 Λ 是它的特征值, 则 $x\cdot y(x)=\Lambda y(x)$, 由此得出当 $x\in[a,b]$ 时, $y(x)\equiv 0$, 而这与特征向量的定义相矛盾.

现在研究作用于 $h[a,b]\to h[a,b]$ 的弗雷德霍姆算子 $Ay=\displaystyle\int_a^b K(x,s)\,y(s)\,ds$. 令该算子的核 $K(x,s)$ 满足以下条件：

(1) 实数;

(2) 按照自变量 (x,s) 的集合是连续的;

(3) 不恒等于零;

(4) 对称性.

定理 2.4.10 令条件 (1)—(4) 对于弗雷德霍姆积分算子 $A:\ h[a,b]\to h[a,b]$ 成立. 则该算子具有特征值 Λ, $\Lambda\neq 0$, 满足：$Ay=\Lambda y$, $y\neq 0$, $y\in h[a,b]$.

注 2.4.11 在积分方程理论研究中, 有时使用特征数更为方便, 即 $\lambda=\dfrac{1}{\Lambda}$, $\Lambda\neq 0$. 这时, 定理应当写作 $\lambda Ay=y$.

证明 已经证明过, 在核的对称性以及算子的自伴性条件下, 弗雷德霍姆算子是全连续的. 因此, 根据上述定理, 弗雷德霍姆算子至少有一个特征值. 为了验证给定的特征值不等于零, 只要证明下面的命题 2.4.12 就可以了 (建议读者独立完成, 留为作业).

命题 2.4.12 令 A 为一个有界线性算子, $A{:}N_1 \to N_2$, 其中 N_1 和 N_2 均为赋范空间, 且 $A \neq 0$. 则 $\|A\| > 0$.

2.5 全连续自伴算子特征值和特征向量序列的构造

令 A 为作用于无穷维欧几里得空间 $h[a,b]$ 上的全连续自伴算子. 上一节我们证明了, 该算子具有特征值 Λ: $Az = \Lambda z$, $|\Lambda| = \|A\|$.

显然, 该特征值在绝对值上是最大的. 事实上, 令 $\tilde{\Lambda}$ 是另一个特征值, 即 $A\tilde{z} = \tilde{\Lambda}\tilde{z}$. 假定 $\|\tilde{z}\| = 1$ (否则只要对 $\tilde{z}$ 作归一化即可), 则有 $\left|\tilde{\Lambda}\right| = \|A\tilde{z}\| \leqslant \|A\|\,\|\tilde{z}\| = \|A\| = |\Lambda|$. 因此, 任意其他的特征值都不超过 $\|A\|$.

下面考虑全连续算子 A 的特征值和特征向量序列的构建过程.

上一节我们证明了存在特征值 Λ_1, 使得 $|\Lambda_1| = \|A\|$. 设特征值 Λ_1 的特征向量为 φ_1, 并假定 $\|\varphi_1\| = 1$. 记 $H_1 = h[a,b]$ 为整个原无穷维欧几里得空间. 令算子 $A \neq 0$ (显然, 零算子有且只有零特征值).

考虑向量 y 的集合 H_2, 使得 $(y,\varphi_1) = 0$, $y \in H_1$ (即 φ_1 是 H_2 的一个正交补). 我们有以下性质.

性质 2.5.1 在上述条件下, 我们有:

(1) H_2 是线性空间. 事实上, 对于任意的实数 α_1, α_2 以及任意的元素 y_1 和 y_2, 使得 $(y_1,\varphi_1) = 0$ 和 $(y_2,\varphi_1) = 0$ 成立, 则 $(\alpha_1 y_1 + \alpha_2 y_2, \varphi_1) = 0$ 为真.

(2) H_2 是闭空间. 若序列 $y_n \underset{n\to\infty}{\longrightarrow} y$ 且 $(y_n,\varphi_1) = 0$, 则 $(y,\varphi_1) = 0$ (由 $y_n \in H_2$ 和 $y_n \underset{n\to\infty}{\longrightarrow} y$ 得到 $y \in H_2$).

(3) H_2 是相对于算子 A 的不变子空间, 即 $AH_2 \subseteq H_2$ (由 $y \in H_2$ 得出 $z = Ay \in H_2$).

证明 采用柯西–布尼亚科夫斯基不等式, 得到

$$|(y_n,\varphi_1) - (y,\varphi_1)| = |(y_n - y,\varphi_1)| \leqslant \underbrace{\|y_n - y\|}_{\to 0}\,\|\varphi_1\| \Rightarrow |(y_n,\varphi_1) - (y,\varphi_1)| \to 0.$$

由于 $(y_n,\varphi_1) = 0$, 故 $(y,\varphi_1) = 0$.

关于性质 (3), 注意到下述等式即可：

$$(z,\varphi_1)=(Ay,\varphi_1)=(y,A\varphi_1)=(y,\varLambda_1\varphi_1)=\varLambda_1(y,\varphi_1)=0.$$

上述性质表明：

(1) H_2 是线性无穷维欧几里得空间. 下面我们将考虑算子 $A:H_2\to H_2$.

(2) 显然, 算子 A 是全连续自伴算子, 则 $\|A\|_{H_2\to H_2}\leqslant\|A\|_{H_1\to H_1}=\|A\|$. 根据上一节的定理, 作用于 $H_2\to H_2$ 的算子 A 有着对应于特征向量 φ_2 的特征值 $\varLambda_2$, 且 $|\varLambda_2|=\|A\|_{H_2\to H_2}=\sup\limits_{\substack{y:\|y\|=1\\(y,\varphi_1)=0}}\|Ay\|$. 我们假定 $\|\varphi_2\|=1$.

若 $\varLambda_2$=0, 则特征值的构建过程就结束了. 否则, 引入由向量 y 组成的集合 H_3, 使得 $(y,\varphi_1)=0$, $(y,\varphi_2)=0$. 重复上面的推演过程, 可以证明由 $H_3\to H_3$ 映射的算子 A 是全连续自伴算子. 由上一节的定理可知, 该算子的特征值满足

$$|\varLambda_3|=\|A\|_{H_3\to H_3}=\sup_{\substack{y:\,\|y\|=1\\(y,\varphi_1)=0\\(y,\varphi_2)=0}}\|Ay\|,$$

对应地, 其特征向量为 φ_3, 我们假定 $\|\varphi_3\|=1$.

若 $\varLambda_3=0$, 则特征值的构建过程就结束了. 否则, 引入空间 H_4, 等等, 以此类推.

可能存在以下两种情况：

(1) 对于任意的 $n=1,2,\cdots$, 有 $\|A\|_{H_n\to H_n}\neq 0$. 这时, 我们得到无穷序列 $\varLambda_n$ 和 φ_n.

(2) 对于某个 n, $H_{n+1}\neq 0$, 但 $\|A\|_{H_{n+1}\to H_{n+1}}=0$, 即对于某个 n, 限制在空间 H_{n+1} 上的算子 A 变为零算子. 这时 $\varLambda_{n+1}=0$, 特征值的构建过程结束.

注 2.5.2　显然, 有下述不等式成立：$|\varLambda_3|\leqslant|\varLambda_2|\leqslant|\varLambda_1|$.

注 2.5.3　对于弗雷德霍姆算子, 满足 $|\lambda_1|\leqslant|\lambda_2|\leqslant\cdots$ 的特征数序列是很重要的. 这时, 我们可以考虑以下两种情况：

(1) λ_n 是无穷的;

(2) λ_n 是有限的.

定理 2.5.4　自伴算子 A 对应于不同特征值的特征向量是正交的.

证明　我们有 $A\varphi_1=\varLambda_1\varphi_1$, $A\varphi_2=\varLambda_2\varphi_2$, $\varLambda_1\neq\varLambda_2$, φ_1 和 φ_2 为对应的特征向量. 则由

$$0=(A\varphi_1,\varphi_2)-(A\varphi_2,\varphi_1)=\underbrace{(\varLambda_1-\varLambda_2)}_{\neq 0}(\varphi_1,\varphi_2),$$

得到 $(\varphi_1, \varphi_2) = 0$.

定理 2.5.5 全连续自伴算子 A 的不同特征值满足条件 $\|A\| \geqslant |\Lambda| \geqslant \delta > 0$, 其中 δ 为一个给定的正数.

证明 假定有无穷多这样的特征值. 我们选择一个 (不同) 特征值的序列 $\Lambda_1, \Lambda_2, \cdots, \Lambda_n, \cdots$, 并对每个特征值, 选择特征向量 $\varphi_1, \varphi_2, \cdots, \varphi_n, \cdots$ ($\|\varphi_n\| = 1, \forall n = 1, 2, \cdots$), 由前面的引理, 它们构成了标准正交系统.

算子 A 是全连续的. 因此, 从序列 $A\varphi_n = \Lambda_n \varphi_n$ 可以分出收敛子列. 我们证明这种情况并不成立. 取任意的自然数 i 和 j, $i \neq j$, 则有

$$\begin{aligned}\|A\varphi_i - A\varphi_j\|^2 &= \|\Lambda_i \varphi_i - \Lambda_j \varphi_j\|^2 \\ &= (\Lambda_i \varphi_i - \Lambda_j \varphi_j, \Lambda_i \varphi_i - \Lambda_j \varphi_j) = \Lambda_i^2 + \Lambda_j^2 \geqslant 2\delta^2 > 0,\end{aligned}$$

这说明序列 $A\varphi_n = \Lambda_n \varphi_n$ 的任何子序列都不是基本列, 因此任意的子序列都是不收敛的, 导出矛盾. 这说明, 全连续自伴算子 A 的不同特征值只有有限个.

定义 2.5.6 对应于特征值的线性无关的特征向量值的个数, 被称为特征值的重数.

定理 2.5.7 只有有限个线性无关的特征向量对应于全连续算子 A 的非零特征值.

证明 令 $\Lambda \neq 0$, 假定 Λ 对应于无穷多的线性无关特征向量 $\varphi_1, \varphi_2, \cdots, \varphi_n, \cdots$. 采用线性代数课程中熟知的格拉姆–施密特 (Gram-Schmidt) 法则, 我们可以将 $\varphi_1, \varphi_2, \cdots, \varphi_n, \cdots$ 变成正交标准系统. 记 $|\Lambda| = \delta > 0$, 则该定理的证明与上述定理的证明过程类似. 也即, 由于 $\|\varphi_n\| = 1$, $(\varphi_i, \varphi_j) = 0, i \neq j$, 且 $A\varphi_n = \Lambda \varphi_n$, 则从 $A\varphi_n$ 序列中不能找出收敛的子列, 这是因为在 $i \neq j$ 时, $\|A\varphi_i - A\varphi_j\|^2 = 2|\Lambda|^2 > 0$. 该结论与算子 A 是全连续算子的假定相矛盾. 定理得证.

注 2.5.8 有限或无限个线性无关的特征向量都可以对应于零特征值.

如果存在线性无关的特征向量序列 $\varphi_1, \varphi_2, \cdots, \varphi_n, \cdots$, 则应用格拉姆–施密特法则可以将该序列变为正交标准系统.

回顾格拉姆–施密特正交化过程的公式. 给定向量序列 $\varphi_1, \varphi_2, \cdots, \varphi_n, \cdots$, 按以下公式构造序列 $\psi_1, \psi_2, \cdots, \psi_n, \cdots$ 和 $e_1, e_2, \cdots, e_n, \cdots$:

第 1 步: $\psi_1 = \varphi_1$, $e_1 = \dfrac{\psi_1}{\|\psi_1\|}$;

$$\vdots$$

第 n 步：$\psi_n = \varphi_n - \sum\limits_{k=1}^{n-1}(\varphi_n, e_k)\, e_k$, $e_n = \dfrac{\psi_n}{\|\psi_n\|}$.

我们现在给出按绝对值非递增顺序排列的特征值序列构造的主要结果:$|\varLambda_1| \geqslant |\varLambda_2| \geqslant \cdots \geqslant |\varLambda_n| \geqslant \cdots$. 每个特征值在此序列中的重复次数是其重数.

每个特征向量都对应于一个特征值, 也可以选择特征向量使其构成正交标准系统. 事实上, 对应于不同特征值的特征向量是正交的, 并且对应于相同特征值的特征向量可以使用格拉姆–施密特过程进行正交化.

如果有无穷多的非零特征值, 则 $|\varLambda_n| \underset{n\to\infty}{\longrightarrow} 0$. 实际上, 序列 $|\varLambda_n|$ 是单调非增的且下有界 (下界为零), 因此这是一个有极限的序列. 如果这个极限大于零, 则得出与上面证明过的命题相矛盾的结果, 即, 特征值个数其模量超过任何一个固定的正数都是有限的.

思考题

1. 写出一些基本定义和定理.

(1) 给出线性算子特征值的定义.

(2) 给出线性算子特征向量的定义.

(3) 给出线性算子极大向量的定义.

(4) 给出线性算子不变式子空间的定义.

(5) 给出线性算子特征值重数的定义.

(6) 给出弗雷德霍姆积分算子核的特征函数的定义.

(7) 给出退化的 (或奇异的) 线性算子的定义.

2. 以下命题和定理, 属于理论问题, 要求会证明.

(1) 证明以下命题：令 A 为作用于欧几里得空间 E 上的自伴算子, e 为 E 的任一向量, $\|e\| = 1$. 则有不等式 $\|Ae\|^2 \leqslant \|A^2 e\|$ 成立, 且等号成立当且仅当 e 是算子 A^2 对应于特征值 $\varLambda = \|Ae\|^2$ 的特征向量.

(2) 证明以下命题：作用于欧几里得空间 E 的自伴全连续算子 A 有极大向量.

(3) 证明以下命题：如果 z 是作用于欧几里得空间 E 上的自伴算子 A 的极大向量, 则 z 是算子 A^2 的对应于特征值 $\varLambda = \|A\|^2 = M^2$ 的特征向量.

(4) 证明以下命题：令算子 A 作用于欧几里得空间 E 上, 算子 A^2 有着对应于特征值 M^2 的特征向量 z. 则算子 A 有着对应于特征值 M 或 $-M$ 的特征向量.

(5) 给出如下定理的依据：作用于无穷维欧几里得空间上的自伴全连续算子 A, 有着对应于特征值 $\varLambda$ 的特征向量：$|\varLambda| = \|A\|$.

(6) 证明定理：在自变量参数集合上不恒等于零的带有实对称核的弗雷德霍姆算子, 其特征值为 $\varLambda$, $\varLambda \neq 0$, 满足：$Ay = \varLambda y$, $y \neq 0$, $y \in h[a, b]$.

(7) 证明：使得线性算子 A 满足 $|\varLambda| = \|A\|$ 的特征值 $\varLambda$, 其绝对值是极大的.

(8) 证明：作用于无穷维欧几里得空间上的全连续自伴算子 A 的满足条件 $|\varLambda| \geqslant \delta > 0$ 特征值的个数是有限的.

(9) 证明：在无穷维欧几里得空间中, 只有有限个线性无关的特征向量对应于全连续算子 A 的非零特征值.

(10) 证明：若一个作用于无穷维欧几里得空间上的自伴全连续算子 A 存在一个特征值为 Λ_n 的无穷序列, $n=1,2,3,\cdots$, 则当 $n\to\infty$ 时, $|\Lambda_n|\to 0$.

(11) 阐明作用于无穷维欧几里得空间上的全连续自伴算子 A 的特征值和特征函数的构造过程.

(12) 令 φ 为作用于欧几里得空间上的自伴算子 A 的特征向量. 证明与 φ 正交的向量集在算子 A 下形成一个闭的线性不变子空间.

(13) 证明：当具有连续对称实核的 $K(x,s)$ 的弗雷德霍姆积分算子作用于复空间 $h^C[a,b]$ (空间 $h[a,b]$ 的复扩张) 时, 则该算子只能有实特征值.

(14) 举出一个作用于空间 $h[a,b]$ 上无特征值的自伴算子的例子.

(15) 举出一个作用于空间 $h[a,b]$ 上无特征值的全连续算子的例子.

(16) 证明：对应于不同特征值的自伴算子 A 的特征向量是正交的.

(17) 证明：对应于不同特征值的自伴算子 A 的特征向量是线性无关的.

2.6 对称连续核弗雷德霍姆积分算子的特征数和特征函数

我们把上一节中得到的一些结果总结成下面的定理.

定理 2.6.1 令 A 是从 $h[a,b]$ 到 $h[a,b]$ 的算子, 并且是全连续的和自伴的. 考虑下面算子 A 的特征值和特征向量序列的构建过程：

(1) $H_1=h[a,b]$, $|\Lambda_1|=\|A\|_{H_1\to H_1}\leftrightarrow\varphi_1$;

(2) $H_2=\{y\in h[a,b]:\ (y,\varphi_1)=0\}$, $|\Lambda_2|=\|A\|_{H_2\to H_2}\leftrightarrow\varphi_2$;

$\cdots\cdots$

(n) $H_n=\{y\in h[a,b]:\ (y,\varphi_1)=0,\cdots,(y,\varphi_{n-1})=0\}$, $|\Lambda_n|=\|A\|_{H_n\to H_n}\leftrightarrow\varphi_n$;

$\cdots\cdots$

此外, 我们不妨假定特征向量 $\varphi_1,\varphi_2,\cdots,\varphi_n,\cdots$ 构成了标准正交系统.

该程序可得到如下两个可能的结论. 上述过程若以 $\|A\|_{H_{n+1}\to H_{n+1}}=0$ 作为停止的准则, 则可断言:

(1) $|\Lambda_1|\geqslant|\Lambda_2|\geqslant\cdots\geqslant|\Lambda_n|>|\Lambda_{n+1}|=0$ 为特征值的一个有限序列;

(2) $|\Lambda_1|\geqslant|\Lambda_2|\geqslant\cdots\geqslant|\Lambda_n|\geqslant\cdots$ 为特征值的一个无穷序列, $|\Lambda_n|\underset{n\to\infty}{\longrightarrow}0$.

此外, 在特征值序列中, 特征值按照其重数可以多次重复. 该过程可以找到除零特征值外的所有特征值 (上述第 (2) 种情况).

推论 2.6.2 由上述定理可得出以下推论:

(1) 全连续自伴算子的特征数可如下构成:

(a) $|\lambda_1|\leqslant|\lambda_2|\leqslant\cdots\leqslant|\lambda_n|$ 为有限序列;

(b) $|\lambda_1| \leqslant |\lambda_2| \leqslant \cdots \leqslant |\lambda_n| \leqslant \cdots$ 为无穷序列, 这时 $\lim\limits_{n \leftarrow \infty} |\lambda_n| = \infty$.

每个特征数 λ_n 都与一个特征向量 φ_n 相关, 这些向量构成了正交标准系统.

(2) 所有得出的结果, 对于带不恒等于零的连续对称核积分算子都是成立的. 在这种情况下, 特征向量就可以说成是积分算子的特征函数或者核 $K(x,s)$ 的特征函数.

考虑向量集合 $y \in h[a,b]$, 使得 $Ay = 0$. 可以证明, 由此定义的集合构成了空间 $h[a,b]$ 的闭线性空间 (留作练习). 回想一下, 该集合被称为 (详见 2.2 节) 算子 A 的零空间并记作 $\operatorname{Ker} A = \{y : Ay = 0\}$. 显然, 当且仅当算子 A 有零特征值时, 该零空间是非平凡的 (即, 包含零元素). 这时 (详见 2.2 节) 算子 A 也称作是奇异的 (或退化的).

定义 2.6.3　如果一个积分算子是非奇异的, 则积分算子核 $K(x,s)$ 称为闭核.

令 A 为全连续自伴随算子, 其特征数序列为 $|\lambda_1| \leqslant |\lambda_2| \leqslant \cdots \leqslant |\lambda_n| \leqslant \cdots$, 该序列与特征向量的标准正交序列 $\varphi_1, \varphi_2, \cdots, \varphi_n, \cdots$ 相对应.

定理 2.6.4　向量 y 属于算子 A 的零空间 ($y \in \operatorname{Ker} A$) 当且仅当 $(y, \varphi_k) = 0, k = 1, 2, \cdots (\varphi_k$ 为有穷或者无穷序列).

证明　(1) 必要性. 算子 A 的零空间是对应于零特征值的向量集合, 即 $Ay = 0 \cdot y$. 令 $\varphi_1, \varphi_2, \cdots, \varphi_n, \cdots$ 为对应于特征数 (非零特征值) 的向量序列. 我们在 2.5 节证明了, 对应于自伴算子 A 的不同特征值的向量是正交的, 因此 $(y, \varphi_k) = 0,\ k = 1, 2, \cdots$.

(2) 充分性. 考虑由向量 y 组成的集合 $P \subset h[a,b]$, 使得 $(y, \varphi_k) = 0,\ k = 1, 2, \cdots$. 显然, P 是一个线性空间 (请证明, 留作练习). 此外, P 还是一个闭的线性子空间. 事实上, 对于任意序列 $y_n \in P,\ n = 1, 2, 3, \cdots, (y_n, \varphi_k) = 0, k = 1, 2, 3, \cdots$ 为真; 若 $y_n \to y_0$, 则由标量积的连续性, 得到 $(y_0, \varphi_k) = 0, k = 1, 2, \cdots$, 也即 y_0 是空间 P 的一个元素.

进一步来说, P 还是算子 A 的不变子空间, 因为若 $y \in P$, 则

$$(Ay, \varphi_k) = (y, A\varphi_k) = \left(y, \frac{\varphi_k}{\lambda_k}\right) = \frac{1}{\lambda_k}(y, \varphi_k) = 0, \quad k = 1, 2, \cdots.$$

因而, 由 $y \in P$ 得到 $Ay \in P$, 即 P 是不变子空间.

现在证明 P 是算子 A 的零空间, 即 $AP = 0$. 反证法. 假定存在向量 $\tilde{y} \in P$, 使得 $A\tilde{y} \neq 0, \|\tilde{y}\| = 1$. 因此 $\|A\|_{P \to P} = \sup\limits_{y \in P,\ \|y\|=1} \|Ay\| \geqslant \|A\tilde{y}\| > 0$, 如前一节证明过的, 算子 A 具有非零特征值, 因此特征数 $|\tilde{\lambda}| > 0$. 这说明与该特征值 (特征数) 对应的特征向量不属于序列 φ_n (否则该向量将与其自身正交). 这将得出矛

盾的结论, 即在特征数序列中, 所有的特征数都是考虑了重数的. 于是定理得证.

我们现在来研究带对称连续核 $K(x,s)$ 的积分算子 A 的下述过程.

令特征数按不递减的模量形式排好次序, 即

$$|\lambda_1| \leqslant |\lambda_2| \leqslant \cdots \leqslant |\lambda_n| \leqslant \cdots,$$

它们对应于特征函数 $\varphi_1, \varphi_2, \cdots, \varphi_n, \cdots$ 的正交标准系统.

(1) 记 $K^{(1)}(x,s) = K(x,s)$.

(2) 定义 $K^{(2)}(x,s) = K(x,s) - \dfrac{\varphi_1(x)\,\varphi_1(s)}{\lambda_1}$, 考虑带积分核为 $K^{(2)}(x,s)$ 的积分算子 $A^{(2)}$. 所有函数 $\varphi_2, \cdots, \varphi_n, \cdots$ 都是算子 $A^{(2)}$ 的特征函数, 对应于特征数 $|\lambda_2| \leqslant \cdots \leqslant |\lambda_n| \leqslant \cdots$. 由于

$$\begin{aligned}\int_a^b K^{(2)}(x,s)\,\varphi_k(s)\,ds &= \int_a^b K(x,s)\,\varphi_k(s)\,ds - \int_a^b \frac{\varphi_1(x)\,\varphi_1(s)}{\lambda_1}\,\varphi_k(s)\,ds \\ &= \frac{1}{\lambda_k}\,\varphi_k(x) - 0 = \frac{1}{\lambda_k}\,\varphi_k(x), \quad k = 2, 3, \cdots,\end{aligned}$$

且函数 φ_1 同样是算子 $A^{(2)}$ 的特征函数, 但对应于核 $K^{(2)}(x,s)$ 的零特征值. 所以在算子 $A^{(2)}$ 的特征数序列中没有 λ_1. 请读者自己证明, 除了上述特征数外, 算子 $A^{(2)}$ 没有其他的特征数 (留作练习).

继续这个过程, 在第 $n+1$ 步有

$$K^{(n+1)}(x,s) = K(x,s) - \sum_{i=1}^{n} \frac{\varphi_i(x)\,\varphi_i(s)}{\lambda_i}.$$

带有核函数 $K^{(n+1)}(x,s)$ 的算子 $A^{(n+1)}$ 有着与算子 A 一样的特征数和特征函数, 除了前 n 个特征数外.

- 如果特征数是无穷的, 则可以得到无穷级数 (其收敛性不再考虑).
- 如果特征数是有限的, 则 $K^{(n+1)}(x,s) \equiv 0$ 且 $K(x,s) = \sum\limits_{i=1}^{n} \dfrac{\varphi_i(x)\,\varphi_i(s)}{\lambda_i}$, 即积分方程的核函数是一个有限和.

定义 2.6.5 核 $K(x,s)$ 被称为奇退化核 (或退化核), 若它可以写成 $K(x,s) = \sum\limits_{j=1}^{n} a_j(x)\,b_j(s)$ 的形式, 其中函数 $a_j(x)$, $b_j(s)$ 都是自变量 $x, s \in [a,b]$ 上的连续函数. 显然, 我们可以假定 $a_1(x), \cdots, a_n(x)$ 是线性无关的函数, 以及 $b_1(s), \cdots, b_n(s)$ 也是线性无关的. 若非如此, 则求和的项数减少就行了 (请读者独立证明, 留作练习).

带退化核的积分算子显然是退化的, 也就是说, 该算子总存在零特征值, 且零值的重数等于 ∞.

为找到其他特征值, 我们研究如下带退化核的积分算子的特征值和特征函数问题:

$$\Lambda y(x)=\int_a^b\sum_{j=1}^n a_j(x)b_j(s)y(s)ds.$$

记 $\int_a^b y(s)\,b_j(s)\,ds=c_j$. 将上式左右两边都乘以 $b_i(x)$ 并从 a 到 b 求积分, 有

$$\Lambda\,c_i=\sum_{j=1} c_j\underbrace{\int_a^b a_j(x)\,b_i(x)\,dx}_{k_{ij}},\quad i=1,2,\cdots,n.$$

令

$$C=\begin{pmatrix}c_1\\ \vdots\\ c_n\end{pmatrix},\quad K=\{k_{ij}\}_{i,j=1}^n,$$

我们得到矩阵 K 的特征值和特征向量问题: $K\cdot C=\Lambda\cdot C$. 众所周知, 矩阵 K 的特征值容易求得, 比如, 解特征方程 $\det(K-\Lambda I)=0$ 即可.

若算子 $A:h[a,b]\to h[a,b]$, 即作用于实的线性空间 $h[a,b]$, 根据定义, 该算子只能有实特征值. 但在解特征方程时, 还是可能得出复数根. 这是什么意思呢? 这些根可以当作复特征值吗?

事实上, 在由实变量 x 的复函数构成的连续复函数空间 $h^C[a,b]$ 中, 我们可以考虑相同的算子, 即 $y(x)=u(x)+i\,v(x), x\in[a,b]$, 其中函数 $u(x),v(x)$ 为定义在 $[a,b]$ 上的连续实函数.

在这个空间可以引入标量积: $(y_1,y_2)=\int_a^b y_1^*(x)\,y_2(x)\,dx$ (这里 $*$ 表示复共轭符号). 作为练习, 请读者阐明该标量积的性质 (它们与实的情况下的标量积性质有所不同, 特别是 $(y_1,y_2)=(y_2,y_1)^*$), 并证明该标量积可以生成范数.

如果积分算子 A 具有对称连续实核, 则当作用于空间 $h^C[a,b]$ 时, 它只有实特征值.

定理 2.6.6 令带连续对称实核 $K(x,s)$ 的积分算子作用于复空间 $h^C[a,b]$, 则该算子只有实特征值.

证明 令 Λ 实算子 A 的特征值, $y(x) \neq 0$ 为相应的特征函数. 则

$$\Lambda\, y(x) = \int_a^b K(x,s)\, y(s)\, ds.$$

对上式两边作复共轭运算, 则有

$$\Lambda^*\, y^*(x) = \int_a^b K(x,s)\, y^*(s)\, ds,$$

即 Λ^* 为算子 A 的特征值, 且 y^* 为对应的特征函数.

对第一个等式乘以 $y^*(x)$, 对第二个等式乘以 $y(x)$, 并从 a 到 b 求积分, 则

$$\Lambda \int_a^b |y(x)|^2\, dx = \int_a^b y^*(x) \left(\int_a^b K(x,s)\, y(s)\, ds \right) dx,$$

$$\Lambda^* \int_a^b |y(x)|^2\, dx = \int_a^b y(x) \left(\int_a^b K(x,s)\, y^*(s)\, ds \right) dx.$$

从第一个等式减去第二个, 并考虑到核 $K(x,s)$ 的对称性, 得到

$$(\Lambda - \Lambda^*) \underbrace{\int_a^b |y(x)|^2\, dx}_{\neq 0} = 0,$$

由此得到 $\Lambda = \Lambda^*$, 即 Λ 是一个实数. 定理得证.

接下来的讨论中, 我们将考虑作用于连续实函数空间上的带实核的积分算子. 我们给出几个有益于理解积分算子的例子.

定理 2.6.7 令 $[a,b] = [0,\pi]$ 并考虑空间 $h[0,\pi]$.

在数学分析课程中学过, 在该空间, 函数 $\varphi_n(s) = \sin ns$, $n = 1,2,3,\cdots$ 形成了一个正交标准系统 (为了得到正交标准系统, 每个函数必须乘以 $\sqrt{\dfrac{2}{\pi}}$). 该标准系统是闭的, 即由于连续函数 $y(s)$ 与所有的函数 $\varphi_n(s) = \sin ns$, $n = 1,2,3,\cdots$ 正交, 则 $y(s) \equiv 0$. 该标准系统还是完备的, 即在 $[0,\pi]$ 上连续的任意函数 $f(x)$ 都可以在指定函数的傅里叶级数中展开, 且傅里叶级数平均收敛于 $f(x)$.

(1) 我们在 $[0,\pi] \times [0,\pi]$ 上构造一个核 $K(x,s) = \dfrac{2}{\pi} \sum\limits_{n=1}^{\infty} \dfrac{\sin nx\, \sin ns}{n^2}$. 根据魏尔斯特拉斯 (Weierstrass) 准则, 被记录的级数是一致收敛的, 因为该级数每项的模量都极大化到 $\dfrac{1}{n^2}$. 从级数的一致收敛性得出函数 $K(x,s)$ 按其自变量参

数集合的连续性. 显然, 核 $K(x,s)$ 是对称的. 它的特征函数为 $\sin ns$, 特征数为 $\lambda_n = n^2$, $n=1,2,3,\cdots$ (若还存在一个不同的特征数, 则与其对应的特征函数将与所有的 $\sin ns$ 正交, 但不存在这样的 $\sin ns$ 函数, 因为它们已经形成了一个闭的标准系统). 由于 $\sin ns$ 形成的标准系统是闭的, 因此核 $K(x,s)$ 就定义了一个非退化的积分算子, 因此该算子也是闭的.

(2) 现在考虑核 $K(x,s)=\dfrac{2}{\pi}\sum\limits_{n=2}^{\infty}\dfrac{\sin nx \sin ns}{n^2}$. 我们发现重数等于 1 的特征值 $\Lambda_0 = 0$, 其对应的特征函数为 $\sin s$. 带这种核的积分算子是退化算子, 但它的核是非退化的, 且该算子也不是闭的.

(3) 现在考虑核 $K(x,s)=\dfrac{2}{\pi}\sum\limits_{n=1}^{\infty}\dfrac{\sin 2nx \sin 2ns}{(2n)^2}$. 带这种核的积分算子其特征值 $\Lambda_0 = 0$ 的重数是无穷的 (相应的特征函数为 $\sin s$, $\sin 3s$, $\cdots$). 该积分是退化的, 其零空间是无穷维的, 而它的核是非退化的, 且该算子也不是闭的.

思考题

1. 写出一些基本定义和定理.

(1) 给出弗雷德霍姆积分算子闭核的定义.

(2) 给出弗雷德霍姆积分算子的奇退化核的定义.

(3) 给出复扩张空间 $h[a,b]$ 上的标量积的定义.

2. 以下命题和定理, 属于理论问题, 要求会证明.

(1) 阐明作用于无穷维欧几里得空间 $h[a,b]$ 上的带连续对称核的弗雷德尔姆积分算子的特征值和特征函数的构造过程.

(2) 拟定并证明向量 φ 属于作用在无穷维欧几里得空间上的全连续自伴算子 A 的零空间的充要条件.

(3) 证明:若带连续对称核的弗雷德霍姆积分算子的特征数有限, 则该算子核等于 $K(x,s)=\sum\limits_{i=1}^{n}\dfrac{\varphi_i(x)\,\varphi_i(s)}{\lambda_i}$ (λ_i 为特征数, φ_i 为对应的特征函数).

(4) 举一个弗雷德霍姆积分算子的例子, 该算子的零特征值具有无限多重性.

(5) 举一个弗雷德霍姆积分算子的例子, 该算子的零特征值具有有限多重性.

(6) 证明: 作用于空间 $h[0,\pi]$ 上的核为 $K(x,s)=\dfrac{2}{\pi}\sum\limits_{n=1}^{\infty}\dfrac{\sin nx\ \sin ns}{n^2}$ 的弗雷德霍姆积分算子是非退化算子.

(7) 证明: 零是作用于空间 $h[0,\pi]$ 上的核为 $K(x,s)=\dfrac{2}{\pi}\sum\limits_{n=2}^{\infty}\dfrac{\sin nx\ \sin ns}{n^2}$ 的弗雷德霍姆积分算子的简单特征值.

(8) 证明: 作用于空间 $h[0,\pi]$ 上的核为 $K(x,s)=\dfrac{2}{\pi}\sum\limits_{n=1}^{\infty}\dfrac{\sin 2nx\ \sin 2ns}{(2n)^2}$ 的弗雷德霍姆积分算子的 0 特征值的重数是无穷的.

(9) 举出一个带非退化核的退化弗雷德霍姆积分算子的例子.

(10) 举出一个具有重数为 5 的零特征值的弗雷德霍姆积分算子的例子.

2.7 希尔伯特–施密特定理

考虑一个积分算子 A, 它的核 $K(x,s)$ 满足以下条件: $K(x,s)$ 是其自变量集合 $[a,b]\times[a,b]$ 上的对称连续核且 $K(x,s)\not\equiv 0$. 根据上一节的结论, 该算子的特征数序列可以是有限的或无穷的, 满足 $|\lambda_1|\leqslant|\lambda_2|\leqslant\cdots\leqslant|\lambda_n|\leqslant\cdots$, 对应着方程 $\varphi(x)=\lambda\int_a^b K(x,s)\,\varphi(s)\,ds$ 的特征函数 $\varphi_1,\varphi_2,\cdots,\varphi_n,\cdots$ 组成的正交标准系统.

定义 2.7.1 函数 $f(x)$ 被称为带核 $K(x,s)$ 的有源可表示函数, 若存在连续函数 $g(s)$, 使得 $f(x)=\int_a^b K(x,s)\,g(s)\,ds$ 或者说, $f=Ag$ (即 $f\in R(A)$, $R(A)$ 为作用于 $h[a,b]\to h[a,b]$ 上的算子 A 的值域).

任意函数 $f(x)\in h[a,b]$ 都可以按照函数系 $\varphi_k(x)$ 与其傅里叶级数联系起来, 即 $f(x)\sim\sum\limits_{k=1}^{\infty}f_k\,\varphi_k(x)$.

定理 2.7.2 (希尔伯特–施密特定理) 如果连续对称核 $K(x,s)$ 函数 $f(x)$ 是有源可表示的, 则它可能分解为下列级数

$$f(x)=\sum_{k=1}^{\infty}f_k\,\varphi_k(x),\quad 其中 f_k=(f,\varphi_k)=\int_a^b f(s)\,\varphi_k(s)\,ds,$$

且这个级数在线段 $[a,b]$ 上是绝对一致收敛的.

证明 (1) 我们来证明级数 $\sum\limits_{k=1}^{\infty}f_k\,\varphi_k(x)$ 在 $[a,b]$ 上绝对一致收敛. 只考虑无穷多特征数的情况 (否则级数显然是收敛的).

注意到 $f_k=(f,\varphi_k)=(Ag,\varphi_k)=(g,A\varphi_k)=\left(g,\dfrac{\varphi_k}{\lambda_k}\right)=\dfrac{g_k}{\lambda_k}$. 因此我们需要证明级数 $\sum\limits_{k=1}^{\infty}g_k\dfrac{\varphi_k(x)}{\lambda_k}$ 的一致和绝对收敛性.

下面用一致收敛性的柯西准则来证明. 我们感兴趣的是下述不等式:

$$\sum_{k=n+1}^{k=n+p}\left|g_k\frac{\varphi_k(x)}{\lambda_k}\right|\leqslant\sqrt{\sum_{k=n+1}^{n+p}g_k^2\sum_{k=n+1}^{n+p}\frac{\varphi_k^2(x)}{\lambda_k^2}},$$

其中 n 和 p 是任意的自然数 (此处我们用到了柯西–布尼亚科夫斯基不等式用于实数求和).

(a) 由贝塞尔 (Bessel) 不等式 $\sum\limits_{k=1}^{\infty} g_k^2 \leqslant \int_a^b g^2(s)\,ds$ 可以得出级数 $\sum\limits_{k=1}^{\infty} g_k^2$ 收敛, 因为它由非负数组成且所有部分求和是有界的.

(b) 注意到 $\dfrac{\varphi_k(x)}{\lambda_k} = \int_a^b K(x,s)\varphi_k(s)\,ds$, 这是因为 $\varphi_k(x)$ 是对应于特征数 λ_k 的特征函数. 若固定 $x \in [a,b]$, 则 $\dfrac{\varphi_k(x)}{\lambda_k}$ 就是核 $K(x,s)$ 的傅里叶级数系数, 于是可以写出关于核 $K(x,s)$ 的贝塞尔不等式

$$\sum_{k=n+1}^{n+p}\left(\frac{\varphi_k(x)}{\lambda_k}\right)^2 \leqslant \sum_{k=1}^{\infty}\left(\frac{\varphi_k(x)}{\lambda_k}\right)^2 \leqslant \int_a^b K^2(x,s)\,ds \leqslant K_o^2\,(b-a),$$

其中 $K_o = \max\limits_{x,s\in[a,b]} |K(x,s)|$. 同时, 从函数 $g(x)$ 的贝塞尔不等式可以得到数列 $\sum\limits_{k=1}^{\infty} g_k^2$ 收敛, 且作为收敛性必要条件的柯西准则是满足的, 即 $\forall\varepsilon > 0, \exists N, \forall n \geqslant N, \forall p \geqslant 1, \sum\limits_{k=n+1}^{n+p} g_k^2 \leqslant \dfrac{\varepsilon^2}{K_o^2(b-a)}$. 但接着, 对同样的 ε, N, n, p 有估计式

$$\sum_{k=n+1}^{n+p}\left|g_k\frac{\varphi_k(x)}{\lambda_k}\right| \leqslant \varepsilon,$$

即作为函数项级数 $\sum\limits_{k=1}^{\infty}\left|g_k\dfrac{\varphi_k(x)}{\lambda_k}\right|$ 一致收敛充分条件的柯西准则也得到了满足.

这就证明了傅里叶级数的绝对一致收敛性.

(2) 现在来证明傅里叶级数 $\sum\limits_{k=1}^{\infty} f_k\,\varphi_k(x)$ 收敛于函数 $f(x)$. 因为级数是由连续函数组成的, 并且在 $[a,b]$ 上一致收敛, 那么它的和是 $[a,b]$ 上的连续函数. 记 $\omega(x) = f(x) - \sum\limits_{k=1}^{\infty} f_k\,\varphi_k(x)$, 我需要证明 $\omega(x) \equiv 0$.

我们来证明 $\omega(x)$ 正交于所有特征函数 $\varphi_i(x)$. 事实上

$$\begin{aligned}(\omega,\varphi_i) &= \int_a^b \omega(x)\,\varphi_i(x)\,dx = \int_a^b f(x)\,\varphi_i(x)\,dx - \int_a^b \sum_{k=1}^{\infty} f_k\,\varphi_k(x)\,\varphi_i(x)\,dx\\ &= f_i - \sum_{k=1}^{\infty} f_k \int_a^b \varphi_k(x)\,\varphi_i(x)\,dx = f_i - f_i = 0, \quad \forall i = 1,2,\cdots.\end{aligned}$$

(由级数的一致收敛性可以更改积分和求和顺序.)

因为函数 $\omega(x)$ 正交于所有的特征函数 $\varphi_i(x)$, 则 $\omega(x)$ 属于算子 A 的零空间(详见上一节), 即 $A\omega=0$. 此外,

$$\int_a^b \omega^2(x)dx = \int_a^b \left[f(x)-\sum_{k=1}^{\infty} f_k\varphi_k(x)\right]\omega(x)dx$$
$$= \int_a^b f(x)\omega(x)dx = (f,\omega) = (Ag,\omega) = (g,A\omega) = 0.$$

由前面证明了的傅里叶级数的一致收敛性, 上述积分和求和顺序是可以更改的. 因为 $\omega(x)$ 是连续函数, 则 $\omega(x)\equiv 0$. 定理得证.

在这一节的最后, 无需论证, 我们对某些取得的结果做个总结.

我们可以把上述问题放在多维情况下来考虑. 令 Ω 为 $\Omega\subseteq\mathbb{R}^n$ 上的有界闭域, 在该区域上可以定义下述的积分. 引入在区域 Ω 内的连续函数组成的空间 $h[\Omega]$, 其标量积定义作 $(y_1,y_2)=\displaystyle\int_\Omega y_1(x)\,y_2(x)\,dx, dx=dx_1dx_2\cdots dx_n$. 考虑核为 $K(x,s)$ 的多维第二类弗雷德霍姆积分方程

$$y(x)=\lambda\int_\Omega K(x,s)y(s)ds+f(x),\quad x,s\in\Omega.$$

如果核函数对于自变量 x,s 是连续对称的, 则上面得出的所有结论在多维情况下是全部成立的.

在数学物理方法课程中研究过核 $K(x,s)=\dfrac{\Phi(x,s)}{|x-s|^{\alpha}}$, 其中 $\Phi(x,s)$ 为 Ω 上关于自变量参数集的连续对称函数, $|x-s|=r_{xs}$ 为空间 $\mathbb{R}^n$ 上点 x 和 s 之间的距离.

若 $\alpha<n$, 其中 $n=\dim\mathbb{R}^n$, 则核 $K(x,s)$ 被称为极性核. 对这样的核, 可以证明积分算子 A: $h[\Omega]\to h[\Omega]$ 是全连续的. 因而对于带极性核的积分算子, 有关存在至少一个特征值的定理以及关于构造特征值序列的定理都是成立的.

若 $\alpha<\dfrac{n}{2}$ $(n=\dim\mathbb{R}^n)$, 则核 $K(x,s)$ 被称为弱极性核. 对这样的核, 希尔伯特–施密特定理同样是成立的.

前述所有的结论都可以移植到复空间 $h[a,b]$ 和 $h[\Omega]$ 的情形, 这时对于核的对称性, 由于考虑的是复数核, 则要求对于 Ω 内的任何参数 x,s 有 $K(x,s)=K^*(s,x)$, 其中 $*$ 为复共轭符号.

2.8　带对称连续核的第二类弗雷德霍姆非齐次方程

考虑下述的第二类弗雷德霍姆积分方程:

$$y(x) = \lambda \int_a^b K(x,s)\, y(s)\, ds + f(x) \equiv \lambda A y + f. \tag{2.8.1}$$

其中核 $K(x,s)$ 按变量集合是连续对称的, 且 $K(x,s) \not\equiv 0$; $\lambda \neq 0$ 为一个实数 (否则方程的解是平凡的); $f(x)$ 为给定的连续函数; $|\lambda_1| \leqslant |\lambda_2| \leqslant \cdots \leqslant |\lambda_n| \leqslant \cdots$ 是对应于特征函数 $\varphi_1, \varphi_2, \cdots, \varphi_n, \cdots$ 构成的正交标准系统的积分算子特征数序列.

假定方程有解, 我们把待求的解变换成可以源态表征的函数. 为此, 我们考虑形式为 $y(x) = f(x) + g(x)$ 的解. 代入原方程, 得到

$$f(x) + g(x) = \lambda \int_a^b K(x,s)\ (f(s) + g(s))\ ds + f(x).$$

消去 $f(x)$, 我们得到关于 $g(x)$ 的方程, 写成算子方程的形式为

$$g = \lambda A(g + f).$$

如果该方程有解, 则它的解就是可以源表示的. 因此, 按照希尔伯特–施密特定理, 函数 $g(x)$ 可以由核 $K(x,s)$ 的特征函数展开为一致绝对收敛傅里叶级数:

$$g(x) = \sum_{k=1}^{\infty} g_k \varphi_k(x).$$

计算函数 g 和 $\lambda A(g+f)$ 的傅里叶系数, 得到

$$\begin{aligned} g_k &= \lambda\,(A(g+f), \varphi_k) = \lambda\,(g + f, A\varphi_k) \\ &= \lambda\left(g + f, \frac{\varphi_k}{\lambda_k}\right) = \frac{\lambda}{\lambda_k}\,(g_k + f_k)\,, \quad k = 1, 2, \cdots, \end{aligned}$$

为了算出 g_k 需求解方程组

$$g_k(\lambda_k - \lambda) = \lambda f_k, \quad k = 1, 2, \cdots.$$

这可能有两种情况.

(1) $\lambda \neq \lambda_k, k = 1, 2, \cdots$.

这时有 $g_k = \dfrac{\lambda}{\lambda_k - \lambda} f_k$, 我们可以把傅里叶级数正式写为

$$g(x) = \sum_{k=1}^{\infty} \frac{\lambda}{\lambda_k - \lambda} f_k \varphi_k(x), \quad y(x) = f(x) + \sum_{k=1}^{\infty} \frac{\lambda}{\lambda_k - \lambda} f_k \varphi_k(x)$$

的形式. 为使后面的傅里叶级数成为问题的解, 只要证明该级数在区间 $[a,b]$ 上一致收敛就够了.

注意到 $|\lambda_k| \to \infty$, 因此对任意的 λ, 从某个序号 k 开始, 有下述估计

$$\left|\frac{\lambda}{\lambda_k - \lambda}\right| = \left|\frac{\lambda}{\lambda_k}\right| \cdot \frac{1}{\left|1 - \dfrac{\lambda}{\lambda_k}\right|} \leqslant 5 \left|\frac{\lambda}{\lambda_k}\right|.$$

当 n 足够大时, 对任意的自然 p, 我们有

$$\sum_{n+1}^{n+p} \left|f_k \frac{\lambda}{\lambda_k - \lambda} \varphi_k(x)\right| \leqslant 5 |\lambda| \sum_{n+1}^{n+p} \left|\frac{f_k \varphi_k(x)}{\lambda_k}\right|.$$

此外, 如前一节所述, 我们证明了柯西准则是一致收敛性的充分条件, 即傅里叶级数一致收敛.

注 2.8.1 上述方程的解具有下述形式:

$$y(x) = f(x) + \lambda \sum_{k=1}^{\infty} \frac{\displaystyle\int_a^b f(s) \varphi_k(s)\, ds}{\lambda_k - \lambda} \varphi_k(x).$$

假定可以互换求和与积分的位置, 则有

$$y(x) = f(x) + \lambda \int_a^b \underbrace{\left(\sum_{k=1}^{\infty} \frac{\varphi_k(x) \varphi_k(s)}{\lambda_k - \lambda}\right)}_{R(x,s,\lambda)} f(s)\, ds,$$

或 $y(x) = f(x) + \lambda \displaystyle\int_a^b R(x, s, \lambda) f(s)\, ds$.

写成算子方程的形式, 第二类弗雷德霍姆方程的形式为 $y = \lambda Ay + f$ 或 $(I - \lambda A)y = f$. 由于方程有解且解唯一, 故 $y = (I - \lambda A)^{-1} f = f + \lambda R_\lambda f$, 其中 R_λ 是核为 $R(x, s, \lambda)$ 的积分算子. 写成算子表达的形式, 问题的解可由 $(I - \lambda A)^{-1} = I + \lambda R_\lambda$ 生成.

定义 2.8.2 核 $R(x, s, \lambda)$ 被称为预解式 (resolvent).

现在考虑第二种情况.

(2) $\lambda = \lambda_n$.

首先令 λ_n 为简单的特征数——素数. 则对于 $k \neq n$, $(\lambda_k - \lambda) g_k = \lambda f_k$, $k = 1, 2, \cdots$; 因此对于 $k \neq n$ 情况, 有 $g_k = \dfrac{\lambda f_k}{\lambda_k - \lambda}$.

当 $k = n$ 时, 有 $0 \cdot g_n = \lambda \cdot f_n$, 其中 $\lambda \neq 0$. 若 $f_n \neq 0, f_n = (f, \varphi_n)$, 则最后的那个方程无解, 因此原方程没有解; 若 $f_n = 0$, 则得到 $g_n = c_n$, 其中 c_n 为任意常数, 即方程有无穷多解.

最后, 令 λ_n 为特征数, 其重数为 r. 在该情况下, 我们得到如下的方程组:

$$\begin{cases} 0 \cdot g_n = \lambda f_n, \\ 0 \cdot g_{n+1} = \lambda f_{n+1}, \\ \cdots\cdots \\ 0 \cdot g_{n+r-1} = \lambda f_{n+r-1}, \end{cases}$$

该方程组有解当且仅当所有的傅里叶系数 $f_n, f_{n+1}, \cdots, f_{n+r-1}$ 等于零. 如果至少有一个傅里叶系数不为零, 则方程组无解, 因此原方程就无解. 换言之, 问题可解性的条件是函数 $f(x)$ 与所有对应于特征数 λ_n 的特征函数的正交性. 在这种情况下, 解不是唯一的, 并可以用下述公式写出

$$y(x) = f(x) + \sum_{\substack{k=1 \\ k \neq n \\ \cdots \\ k \neq n+r-1}}^{\infty} \frac{\lambda f_k}{\lambda_k - \lambda} \varphi_k(x) + c_n \varphi_n(x) + \cdots + c_{n+r-1} \varphi_{n+r-1}(x),$$

其中 $c_n, \cdots, c_{n+r-1}$ 为任意常数. 如此表示的级数是绝对均匀收敛的.

通过上述研究, 我们证明了以下两条定理.

定理 2.8.3 若一个带连续对称核的第二类弗雷德霍姆齐次方程只有平凡解 (即 $\lambda \neq \lambda_k, k = 1, 2, \cdots$), 则对于任意的连续函数 $f(x)$, 非齐次方程都有唯一解.

若齐次方程对于某个 k 有非平凡解, 即 $\lambda = \lambda_k$, 则非齐次方程是可解的当且仅当该非齐次连续函数 $f(x)$ 与所有对应于 λ (即对应于齐次方程的所有解) 的特征函数正交.

对于后一种情况, 如果有解, 则解不是唯一的.

定理 2.8.4 (带对称核第二类弗雷德霍姆积分方程的弗雷德霍姆选择) 对于任意的连续函数 $f(x)$, 或者非齐次方程有解, 或者齐次方程有非平凡解.

思考题

1. 写出一些基本定义和定理.

(1) 写出一个函数可以利用积分算子核进行有源表示的定义.

(2) 写出希尔伯特–施密特定理.

(3) 给出带极性核的积分算子的定义.

(4) 给出带弱极性核的积分算子的定义.

(5) 写积分算子的预解式.

(6) 给出带连续对称核的第二类弗雷德霍姆积分方程的弗雷德霍姆选择.

(7) 在什么样的条件下, 带连续对称核的第二类弗雷德霍姆非齐次方程对任意的连续函数 $f(x)$ 都具有唯一解—方程的非齐次性?

(8) 对于带连续对称核的第二类弗雷德霍姆非齐次方程, 当其齐次方程有非平凡解时, 请写出可解性条件. 如果非齐次方程是有解的, 那么有几种解?

2. 以下命题和定理, 属于理论问题, 要求会证明.

(1) 证明希尔伯特–施密特定理.

(2) 对于具有对称连续核的第二类弗雷德霍姆积分方程, 把它的解通过积分核特征函数的傅里叶级数展开构造出来, 并证明其弗雷德霍姆选择.

2.9 压缩映射原理：不动点定理

令 D 为一个算子, 一般来说是非线性的, 作用于巴拿赫空间 B 到其自身.

定义 2.9.1 作用于巴拿赫空间 B 到其自身的算子 D, 被称为压缩算子 (或压缩映射), 若存在常数 q, 使得 $0 \leqslant q < 1$ 且对于任意的 $y_1, y_2 \in B$ 有不等式 $\|Dy_1 - Dy_2\| \leqslant q \cdot \|y_1 - y_2\|$ 成立.

不难证明, 压缩算子是连续的 (留作练习).

定义 2.9.2 元素 y 被称为算子 D 的定点 (或不动点), 若 $Dy = y$.

下面我们证明在巴拿赫空间的压缩算子有唯一不动点. 我们回想一下, 巴拿赫空间是完备的赋范空间, 因此在证明时, 我们将利用空间 B 的完备性.

先证明一个辅助命题. 将空间 B 的元素无穷求和指的是

$$z_1 + z_2 + \cdots + z_n + \cdots = \sum_{n=1}^{\infty} z_n, \quad \text{其中} z_n \in B, \quad n = 1, 2, \cdots,$$

而 $S_N = \sum\limits_{n=1}^{N} z_n$ 为它的部分求和. 与往常一样, 我们把级数的收敛定义为它的部分和序列的收敛, 即若 $S_N \underset{N\to\infty}{\longrightarrow} S$, 其中 S, S_N, $z_n \in B$, 则称级数是收敛的, 并把元素 S 称为它的和.

由于空间 B 是完备的, 则上述级数收敛的充要条件是满足柯西准则：$\forall \varepsilon > 0, \exists N, \forall n \geqslant N, \forall p \geqslant 1, \left\|\sum\limits_{k=n+1}^{n+p} z_k\right\| \leqslant \varepsilon$.

定理 2.9.3 (级数收敛的魏尔斯特拉斯准则) 令 $\|z_n\| \leqslant a_n, a_n \geqslant 0, n = 1, 2, \cdots$ (a_n 为非负数序列). 则级数 $\sum\limits_{n=1}^{\infty} z_n$ 的收敛性可由数列 $\sum\limits_{n=1}^{\infty} a_n$ 的收敛性得出.

证明 由三角不等式和定理条件, 有

$$\left\|\sum_{k=n+1}^{n+p} z_k\right\| \leqslant \sum_{k=n+1}^{n+p} \|z_k\| \leqslant \sum_{k=n+1}^{n+p} a_k.$$

数列 $\sum_{n=1}^{\infty} a_n$ 收敛的必要条件可以写成下述柯西准则的形式, 即对于 $\forall \varepsilon > 0, \exists N, \forall n \geqslant N, \forall p \geqslant 1$, $\sum_{k=n+1}^{n+p} a_k \leqslant \varepsilon$. 从该不等式和上面开始证明定理时得出的不等式, 得到 $\left\| \sum_{k=n+1}^{n+p} z_k \right\| \leqslant \varepsilon$, 即柯西准则就是巴拿赫空间 B 中级数收敛的充分条件.

定理 2.9.4 (不动点定理) 令 D 为压缩算子. 则存在唯一一个点 $y \in B$ 使得 $Dy = y$. 这个点可由逐次逼近法 (简单迭代法) 得到: $y_{n+1} = Dy_n, n = 0, 1, 2, \cdots$, 其中 $y_0 \in B$ 是空间 B 的任意一个定点 (初始近似), 且 $y_n \to y : Dy = y$.

证明 (1) 唯一性. 反证法. 设存在两个这样的定点 y_1 和 y_2, 使得 $Dy_1 = y_1$, $Dy_2 = y_2$, $y_1 \neq y_2$. 则有 $0 < \|y_1 - y_2\| = \|Dy_1 - Dy_2\| \leqslant q \|y_1 - y_2\| < \|y_1 - y_2\|$, 导出矛盾. 唯一性得证.

(2) 由逐次逼近法证明解的存在性. 给定一个任意初始近似值 $y_0 \in B$ 并考虑序列 $y_{n+1} = Dy_n$, $n = 0, 1, 2, \cdots$, 我们将证明其收敛性.

注意到, 序列 y_n 的收敛性与下述级数收敛性是等价的, 即:

$$y_{n+1} = \underbrace{(y_{n+1} - y_n)}_{\text{级数的一般元素}} + (y_n - y_{n-1}) + \cdots + (y_1 - y_0) + y_0.$$

由于

$$\|y_{n+1} - y_n\| = \|Dy_n - Dy_{n-1}\| \leqslant q \|y_n - y_{n-1}\| \leqslant \cdots \leqslant q^n \underbrace{\|y_1 - y_0\|}_{=\text{const}}, 0 \leqslant q < 1,$$

则级数的一般项被无穷递减的几何级数项所控制, 因此根据魏尔斯特拉斯准则, 序列 y_n 是收敛的, 即 $y_n \to y, y \in B$.

下面证明 $Dy = y$, 即 y 是算子的不动点. 假设结论不成立, 即 $Dy = \tilde{y}, \tilde{y} \neq y$. 则对任意的自然 n 有 $0 < \|y - \tilde{y}\| \leqslant \|\tilde{y} - y_{n+1}\| + \|y_{n+1} - y\| = \|Dy - Dy_n\| + \|y_{n+1} - y\| \leqslant q \|y - y_n\| + \|y_{n+1} - y\| \underset{n \to \infty}{\longrightarrow} 0$, 由此得出 $\|y - \tilde{y}\| = 0$, 或 $y = \tilde{y}$. 定理得证.

定理 2.9.5 令 D 为作用于巴拿赫空间 B 到其自身的算子, 且存在一个自然数 k 使得 D^k 为压缩算子. 则算子 D 存在唯一不动点 (使得 $Dy = y$ 的点), 且 y 可以用逐次逼近法得到: 即对于任意 $y_0 \in B$, $y_{n+1} = D y_n$, $n = 0, 1, \cdots$, $y_n \to y$.

证明 (1) 取任意元素 y_0 且我们得到序列

$$
\begin{array}{ccccccccc}
y_0 & y_1 & \cdots & y_{k-1} & y_k & y_{k+1} & \cdots & y_{2k-1} & y_{2k}, & \cdots \\
 & \uparrow & & \uparrow & \uparrow & \uparrow & & \uparrow & \uparrow & \\
 & Dy_0 & & D^{k-1}y_0 & D^k y_0 & D^{k+1}y_0 & \cdots & D^{2k-1}y_0 & D^{2k}y_0 & \cdots
\end{array}
$$

考虑子序列

y_0, $y_k = D^k y_0$, $y_{2k} = D^k(D^k y_0), \cdots \to y$ (因为 D^k 是压缩算子);

y_1, $y_{k+1} = D^k y_1$, $y_{2k+1} = D^k(D^k y_1), \cdots \to y$ (y 相同, 因为 D^k 是压收缩的, 它的不动点与逐次逼近法初始近似值的选择无关);

......

y_{k-1}, $y_{2k-1} = D^k y_{k-1}$, $y_{3k-1} = D^k(D^k y_{k-1}), \cdots \to y$.

回到初始序列, 注意到它由 k 个子列组成, 其中每个子列都收敛于 y. 由此容易看出, 整个序列收敛于 y. 显然, 所示的元素 y 是算子 D^k 的不动点.

(2) 算子 D 和 D^k 具有相同的不动点.

令 y 为算子 D 的不动点, 即 $y = Dy$. 在该方程中, 我们对其左右两边用算子 D 作用 $k-1$ 次, 得到 $y = D^k y$, 此即说明算子 D 的不动点就是算子 D^k 的不动点. 由于 D^k 是压缩算子, 因此其不动点只有一个, 算子 D 的不动点也是唯一的(如果存在的话).

反过来也成立. 令 y 是算子 D^k 的不动点, 即 $y = D^k y$, 则 $Dy = D(D^k)^n y = D^{nk}(Dy) \underset{n\to\infty}{\longrightarrow} y$, 这是由于简单迭代法收敛于不动点且与初始近似值无关. 因此 $y = Dy$, 即 y 是算子 D 的不动点. 定理得证.

2.10 带“小参数 λ”的第二类弗雷德霍姆方程

我们考虑积分算子 $A: Ay \equiv \int_a^b K(x,s)\,y(s)\,ds$, 其中核函数 $K(x,s)$ 是自变量 x, s 集合上的连续函数, 且通常不假定它是对称的.

定义算子 D: $Dy = \lambda Ay + f = \lambda \int_a^b K(x,s)\,y(s)\,ds + f(x)$, 其中 $f(x)$ 是给定的连续函数.

第二类弗雷德霍姆积分方程可以写成算子的形式: $y(x) = \lambda Ay + f$ 或 $y = Dy$.

为了运用上一节证明过的不动点定理, 算子 D 不能定义在空间 $h[a,b]$ 上, 因为该空间不完备. 我们考虑算子 D: $C[a,b] \to C[a,b]$ ($C[a,b]$ 是巴拿赫空间, 即完备赋范空间). 显然, D 连续, 一般来说是非线性的, 积分方程的解就是它的不动点.

我们导出算子 D 是压缩算子的充分条件. 取任意的 $y_1, y_2 \in C[a,b]$, 定义

$$z_1 = \lambda A y_1 + f = D y_1, \quad z_2 = \lambda A y_2 + f = D y_2.$$

记 $\max\limits_{x,s\in[a,b]} |K(x,s)| = M$, 且对于任意 $x \in [a,b]$, 我们有下述估计:

$$\begin{aligned}
|z_1(x) - z_2(x)| &= \left|\lambda \int_a^b K(x,s)\,(y_1(s) - y_2(s))\,ds\right| \\
&\leqslant |\lambda|\; M \left(\max_{s\in[a,b]} |y_1(s) - y_2(s)|\right) (b-a) \\
&= |\lambda|\; M\,(b-a)\; \|y_1 - y_2\|_{C[a,b]},
\end{aligned}$$

由此得到

$$\|z_1 - z_2\|_{C[a,b]} = \|Dy_1 - Dy_2\|_{C[a,b]} \leqslant |\lambda|\; M\,(b-a)\; \|y_1 - y_2\|_{C[a,b]}.$$

记 $q = |\lambda|\; M\,(b-a)$, 我们要求其满足条件 $q < 1$. 在这种情况下, 作用于巴拿赫空间 $C[a,b]$ 上的算子 D 是压缩算子, 因此, 上一节证明过的不动点定理此处也成立.

定理 2.10.1 若 $|\lambda| < \dfrac{1}{M(b-a)}$ (称这样的 λ 为 "小的"), 则非齐次第二类弗雷德霍姆方程对任意的连续函数 $f(x) \in C[a,b]$ 都有唯一解, 且该解可以由逐次逼近法得到.

推论 2.10.2 若 $|\lambda| < \dfrac{1}{M(b-a)}$, 则齐次方程只有平凡解.

推论 2.10.3 在区间 $0 < |\lambda| < \dfrac{1}{M(b-a)}$ 上不存在积分算子 A 的特征数. 若算子 A 有特征数, 则 $|\lambda_{\min}| \geqslant \dfrac{1}{M(b-a)}$.

考虑该情况下的逐次逼近法. 令 $y_0 \equiv 0$, $y_{n+1} = \lambda A y_n + f$, $n = 0, 1, 2, \cdots$, 则

(1) $y_1 = \lambda \displaystyle\int_a^b K(x,s) \cdot 0 \cdot ds + f(x) = f(x)$;

(2) $y_2 = \lambda \displaystyle\int_a^b K(x,s)\, f(s)\, ds + f(x)$;

(3)
$$\begin{aligned}
y_3 &= \lambda^2 \int_a^b K(x,\xi) \left(\int_a^b K(\xi,s)\, f(s)\, ds\right) d\xi + \lambda \int_a^b K(x,s) f(s) ds + f(x) \\
&= \lambda^2 \int_a^b \underbrace{\left(\int_a^b K(x,\xi) K(\xi,s) d\xi\right)}_{K_2(x,s)} f(s) ds + \lambda \int_a^b K(x,s) f(s) ds + f(x),
\end{aligned}$$

其中 $K_2(x,s)$ 是一个重复的 (迭代的) 核.

继续上面的过程, 得到 $y_{n+1} = f + \lambda Af + \lambda^2 A^2 f + \cdots + \lambda^{n-1}A^{n-1}f + \lambda^n A^n f$, 其中 A^n 是带重复核的积分算子, 记作 $K_n(x,s) = \int_a^b K(x,\xi)\, K_{n-1}(\xi,s)\, d\xi$, $n = 2,3,\cdots$, 且 $K_1(x,s) \equiv K(x,s)$.

我们业已证明序列 y_n 有极限 y, 它是积分方程的解, 且 y 可以由诺依曼级数 (Neumann series) 表示, 即

$$y = f + \lambda Af + \lambda^2 A^2 f + \cdots + \lambda^n A^n f + \cdots.$$

该结果可以写成算子的形式. 对于“小参数” λ, 积分方程的解存在且唯一. 如果将方程 $y = \lambda Ay + f$ 改写为 $(I - \lambda A)y = f$ 的形式, 则由上可得出在整个空间 $C[a,b]$ 上定义的逆算子存在: $y = (I - \lambda A)^{-1} f$. 我们证明该表达式可以写成 $y = f + \lambda R_\lambda f$, 其中 R_λ 是一个带核函数为 $R(x,s,\lambda)$ (称之为预解式) 的积分算子, 它在自变量集合 x, s 上连续, 即 $y = f + \lambda \int_a^b R(x,s,\lambda)\, f(s)\, ds$ 或 $(I - \lambda A)^{-1} = I + \lambda R_\lambda$.

我们来证明级数 $\underbrace{K_1(x,s)}_{=K(x,s)} + \lambda K_2(x,s) + \cdots + \lambda^{n-1}K_n(x,s) + \cdots$ 关于 $x, s \in [a,b]$ 一致收敛. 容易得到下述估计式:

(1) $|K_1(x,s)| = |K(x,s)| \leqslant M$;

(2) $|K_2(x,s)| \leqslant \int_a^b |K(x,\xi)|\, |K(\xi,s)|\, d\xi \leqslant M^2(b-a)$;

……

(n) $|K_n(x,s)| \leqslant M^n (b-a)^{n-1}$;

……

因此 $|\lambda^{n-1} K_n(x,s)| \leqslant \underbrace{(|\lambda|\, M(b-a))^{n-1}}_{q^{n-1}} M$, 其中 $0 \leqslant q = |\lambda|\, M\,(b-a) < 1$.

根据魏尔斯特拉斯准则, 泛函级数 $\sum\limits_{n=1}^{\infty} \lambda^{n-1} K_n(x,s)$ 一致收敛, 这是因为该级数的一般项被无穷递减的几何级数项控制, 记 $K(x,s) + \lambda K_2(x,s) + \cdots = R(x,s,\lambda)$.

由预解式的一致收敛性得出 $R(x,s,\lambda)$ 在自变量参数集合 (x,s) 上是连续的. 对几何级数求和, 我们得到下述估计式 $|R| \leqslant \dfrac{M}{1 - |\lambda| M\,(b-a)}$.

由于上述泛函级数的一致收敛性, 我们可以互换积分和求和顺序, 并将第二类弗雷德霍姆积分方程的解写为

$$y(x) = f(x) + \lambda \int_a^b R(x, s, \lambda)\, f(s)\, ds.$$

在空间 $C[a, b]$ 上考虑雷德尔姆方程 $y = \lambda Ay + f$, 对于"小参数" λ, 我们给出求解该方程的"正确问题"的数学提法.

需要回答下述三个问题:

(1) 解的存在性. 我们业已证明了对于任意的连续函数 $f(x)$, 方程有解.

(2) 解的唯一性. 我们证明了解是唯一的.

(3) 稳定性 (空间 $C[a, b]$ 的解连续依赖于非齐次项 $f(x)$ 的变化).

我们来证明稳定性. 给定"精确的"非齐次函数 f 以及"扰动的"项 $\tilde{f} = f + \delta f$ (这里给出了误差或扰动量). 根据前面的证明过程, 对于"精确的"或"扰动的"非齐次函数, 方程 $y = \lambda Ay + f$ 和 $\tilde{y} = \lambda A\tilde{y} + \tilde{f}$ 有解, 且可以通过预解式算子表示. 将它们作差, 有

$$\tilde{y} - y = \tilde{f} - f + \lambda \int_a^b R(x, s, \lambda)\, (\tilde{f} - f)\, ds.$$

其次, $\|\tilde{y} - y\|_{C[a,b]} \leqslant \left\|\tilde{f} - f\right\|_{C[a,b]} (1 + |\lambda|\ M_R\, (b - a))$, 式中

$$|R| \leqslant \frac{M}{1 - |\lambda|\ M\, (b - a)} = M_R.$$

若 $\|\delta f\| \to 0$, 则 $\|\delta y\| = \|\tilde{y} - y\|_{C[a,b]} \to 0$, 即我们已经证明了在空间 $C[a, b]$ 上问题的解按范数对误差/异质性 (heterogeneity) 的连续依赖性. 此外, 如果非齐次函数的误差/异质性已知, 则从我们得出的不等式可以得到解的误差估计.

因此, 满足该方程解的正确性的上述三个要求全部达到, 从而在空间 $C[a, b]$ 上求带"小参数" λ 的第二类弗雷德霍姆方程的解是正确的 (提法是正确的).

请证明, 在同样的条件下, 该问题的提法在空间 $h[a, b]$ 上也是成立的.

2.11 第二类沃尔特雷线性方程

以算子的形式写出第二类沃尔特雷方程: $y = \lambda Ay + f$, 其中算子 A 的形式为

$$Ay = \int_a^x K(x, s)\, y(s)\, ds, \quad x, s \in [a, b]. \tag{2.11.1}$$

核函数 $K(x,s)$ 在定义为三角域 $\Delta=\{x,s:a\leqslant s\leqslant x\leqslant b\}$ 的自变量集合上是连续的, 且不恒等于零, $f(x)$ 是 $[a,b]$ 上的连续函数.

请读者独立证明以下命题 (类似于前面证明弗雷德霍姆算子的有关性质一样, 留作练习):

(1) 如果 $y(s)$ 是 $[a,b]$ 上的连续函数, 则 $z(x)=\int_a^x K(x,s)\,y(s)\,ds$ 也是 $[a,b]$ 上的连续函数, 即我们可以把算子 A 看成是作用于空间 $C[a,b]\to C[a,b]$ 或 $h[a,b]\to h[a,b]$ 上来研究.

(2) 沃尔特雷积分算子是作用于 $h[a,b]\to C[a,b], h[a,b]\to h[a,b]$ 上的全连续算子.

我们来证明：对任意 λ, 第二类沃尔特雷积分方程可以通过逐次逼近法来求解, 即对任意的 $f(x)\in C[a,b]$, $y_{n+1}=\lambda Ay_n+f$, $y_0\in C[a,b]$.

可用以下方式来定义算子 D：$C[a,b]\to C[a,b]$：即对任意的 $y\in C[a,b]$, $Dy\equiv\lambda Ay+f$. 我们证明算子 D (一般说来, 是非压缩的) 在某种程度上具有如同算子 D^k 那样的性质, 算子 D^k 是压缩算子 (正整数 k 取决于 λ, 但不依赖于 f).

定理 2.11.1 对任意 λ, 存在自然数 k, 使得 D^k 为压缩算子.

证明 取两个连续函数 $y_1(x)$ 和 $y_2(x)$, 定义 $z_j=Dy_j, j=1,2$, 则

$$|z_1(x)-z_2(x)|=|Dy_1-Dy_2|=|\lambda|\,|Ay_1-Ay_2|\,.$$

记 $\max\limits_{x,s\in\Delta}|K(x,s)|=M$, 存在下述不等式

$$|Ay_1-Ay_2|=\left|\int_a^x K(x,s)\;(y_1(s)-y_2(s))\,ds\right|\leqslant M\,(x-a)\;\|y_1-y_2\|_{C[a,b]}\,,$$

由此得到

$$\|Ay_1-Ay_2\|_{C[a,b]}\leqslant M\,(b-a)\;\|y_1-y_2\|_{C[a,b]}$$

和

$$\|Dy_1-Dy_2\|_{C[a,b]}\leqslant|\lambda\,|\,M\,(b-a)\;\|y_1-y_2\|_{C[a,b]}\,.$$

此外, 由于

$$\begin{aligned}|D^2y_1-D^2y_2|&\leqslant\left|\lambda^2\int_a^x K(x,s)\;(Ay_1-Ay_2)\;ds\right|\\&\leqslant|\lambda|^2\,\frac{M^2}{2!}(x-a)^2\,\|y_1-y_2\|_{C[a,b]}\\&\leqslant|\lambda|^2\,\frac{M^2}{2!}(b-a)^2\,\|y_1-y_2\|_{C[a,b]}\end{aligned}$$

因而,

$$\left\|D^2y_1 - D^2y_2\right\|_{C[a,b]} \leqslant |\lambda|^2 \frac{M^2}{2!}(b-a)^2 \left\|y_1 - y_2\right\|_{C[a,b]},$$

$$\cdots\cdots$$

$$\left\|D^ny_1 - D^ny_2\right\|_{C[a,b]} \leqslant \underbrace{|\lambda|^n \frac{M^n}{n!}(b-a)^n}_{(q_n)} \left\|y_1 - y_2\right\|_{C[a,b]}.$$

记 $q_n = |\lambda|^n \dfrac{M^n}{n!}(b-a)^n$. 显然, 对于任意的 λ 当 $n \to \infty$ 时, $q_n \to 0$. 故当 n 足够大时, 不等式 $q_n < 1$ 成立. 取最小的正整数 n 作为 k, 使得

$$|\lambda|^n \frac{M^n}{n!}(b-a)^n < 1,$$

则 D^k 为压缩算子. 定理得证.

根据 2.9 节末尾证明的不动点定理, 可以得出以下推论.

推论 2.11.2 对任意的 λ, 第二类沃尔特雷齐次方程只有平凡解.

推论 2.11.3 沃尔特雷算子没有特征数.

因此, 沃尔特雷算子是不具有单一特征数的全连续算子的一个例子 (不难证明从 $h[a,b]$ 到 $h[a,b]$ 的沃尔特雷算子是全连续的, 但不是自伴的).

推论 2.11.4 第二类沃尔特雷方程的解可以由逐次逼近法求得, 这种方法被称为是皮卡法 (Picard method). 对于任意的初始近似值 $y_0 \in C[a,b]$, 有

$$y_{n+1} = \lambda \int_a^x K(x,s)y_n(s)\,ds + f(x), \quad n = 0,1,2,\cdots, \text{ 或 } y_{n+1} = \lambda A y_n + f.$$

若 $y_0 = 0$, 则得到诺依曼级数: $y = f + \lambda Af + \lambda^2 A^2 f + \cdots + \lambda^n A^n f + \cdots$.

思考题

1. 写出一些基本定义和定理.

(1) 给出压缩算子的定义.

(2) 给出算子不动点的定义.

(3) 写出压缩算子存在不动点的定理. 如何得出不动点?

(4) 写出带 “小参数 λ” 的第二类弗雷德霍姆积分方程解的逐次逼近法.

(5) 给出弗雷德霍姆积分算子的重复 (迭代) 核的定义. 这是一个什么样的积分算子核?

(6) 写出第二类沃尔特雷积分方程可解性定理.

2. 以下命题和定理, 属于理论问题, 要求会证明.

(1) 证明关于存在压缩算子不动点的定理.

(2) 证明若一个算子的自然级数是压缩算子, 则该算子存在不动点.

(3) 证明压缩算子是连续算子.

(4) 证若存在 "小参数 λ", 则第二类弗雷德霍姆非齐次方程对任意的连续函数 $f(x) \in C[a,b]$ 都有唯一解, 且这个解可以用逐次逼近法求得.

(5) 证明若存在 "小参数 λ", 则第二类弗雷德霍姆齐次方程只有平凡解.

(6) 证明求解带 "小参数 λ" 的第二类弗雷德霍姆积分方程的诺伊曼级数的收敛性, 并给出预解式的表达式.

(7) 证明沃尔特雷型积分方程对于任意的连续函数 $f(x)$ 有唯一解.

(8) 证明沃尔特雷型齐次积分方程只有平凡解.

(9) 证明作用在 $C[a,b]$ 上的弗雷德霍姆积分算子, 乘以 "小参数"λ 时是压缩算子.

(10) 定义算子 D: $C[a,b] \to C[a,b]$ 如下: 对于任意 $y \in C[a,b]$, $Dy \equiv \lambda Ay + f$, 其中 A 为带连续核的沃尔特雷 (Voterra) 积分算子, $f(x)$ 是 $[a,b]$ 上的连续函数. 证明, 对于任意 λ 存在自然数 k, 使得 D^k 是压缩算子.

(11) 证明: 若算子 D 作用于完备的赋范空间, 且算子 D^k (k 为正整数) 是压缩算子, 则算子 D 和 D^k 的不动点重合, 从而算子 D 有唯一的不动点.

(12) 证明: 作用于 $C[a,b]$ 上的弗雷德霍姆积分算子在区间 $\left(0, \dfrac{1}{M(b-a)}\right)$ 上没有特征数, 其中 $M = \max\limits_{x,s\in[a,b]} |K(x,s)|$.

(13) 证明: 作用于 $h[a,b]$ 上的弗雷德霍姆积分算子, 在区间 $\left(0, \dfrac{1}{M(b-a)}\right)$ 上没有特征数, 其中 $M = \max\limits_{x,s\in[a,b]} |K(x,s)|$.

(14) 证明: 作用于 $C[a,b]$ 上的弗雷德霍姆积分算子的极小模量的特征数满足不等式 $|\lambda_{\min}| \geqslant \dfrac{1}{M(b-a)}$, 其中 $M = \max\limits_{x,s\in[a,b]} |K(x,s)|$.

(15) 证明: 作用于 $h[a,b]$ 上的弗雷德霍姆积分算子的极小模量的特征数满足不等式 $|\lambda_{\min}| \geqslant \dfrac{1}{M(b-a)}$, 其中 $M = \max\limits_{x,s\in[a,b]} |K(x,s)|$.

(16) 证明: 作用在空间 $C[a,b]$ 上的沃尔特雷积分算子不存在特征数.

(17) 证明: 作用在 $h[a,b]$ 上的沃尔特雷积分算子不存在特征数.

2.12 带退化核的第二类弗雷德霍姆方程

我们所考虑问题的特点是, 积分方程的解归结为于线性代数系统的解, 且可以很容易利用线性代数课程中的方法得到.

考虑下述的第二类弗雷德霍姆方程

$$y(x) = \lambda \int_a^b K(x,s)y(s)ds + f(x), \quad x,s \in [a,b], \tag{2.12.1}$$

其中核函数 $K(x,s)$ 的形式为 $K(x,s)=\sum\limits_{j=1}^{n} a_j(x)\,b_j(s)$. 回想一下, 这种形式的核被称为退化核.

设函数 $a_j(x)$, $b_j(s)$ 分别是线段 $[a,b]$ 上关于它们自变量的连续函数; $a_1(x), \cdots, a_n(x)$ 是线性无关的; $b_1(s), \cdots, b_n(s)$ 也是线性无关的 (这些假设不失一般性), 且 $f(x)$ 为给定的连续函数.

下面来证明弗雷德霍姆积分方程的解可以归结为求线性代数方程组的解. 记 $c_j=\int_a^b b_j(s)\,y(s)\,ds$, 其中 c_j 迄今为止还是未知数, 我们把原积分方程重新写成

$$y(x)=\lambda\sum_{j=1}^{n} c_j a_j(x)+f(x). \tag{2.12.2}$$

此外, 对上述等式的两端分别乘以 $b_i(x)$, $i=1,\cdots,n$, 并从 a 到 b 求积分, 有

$$c_i=\int_a^b y(x)\;b_i(x)\;dx=\lambda\;\sum_{j=1}^{n} c_j\underbrace{\int_a^b a_j(x)\;b_i(x)\;dx}_{k_{ij}}+\underbrace{\int_a^b f(x)\;b_i(x)\;dx}_{f_i}. \tag{2.12.3}$$

于是得到线性代数方程组

$$c_i-\lambda\sum_{j=1}^{n} k_{ij}\,c_j=f_i, \quad i=1,\cdots,n. \tag{2.12.4}$$

请证明求解线性代数方程组解的问题 (SLAE) 与求解带退化核的第二类非齐次弗雷德尔姆方程解的问题是等价的 (留作练习).

考虑线性代数方程组的行列式:

$$D(\lambda)=\begin{vmatrix} 1-\lambda k_{11} & -\lambda k_{12} & \cdots & -\lambda k_{1n} \\ -\lambda k_{21} & 1-\lambda k_{22} & \cdots & -\lambda k_{2n} \\ \vdots & \vdots & & \vdots \\ -\lambda k_{n1} & -\lambda k_{n2} & \cdots & 1-\lambda k_{nn} \end{vmatrix}.$$

行列式 $D(\lambda)$ 不恒等于零, 因为 $D(0)=1$, 且 $D(\lambda)$ 是参数 λ 的 n 次多项式, 它的根数不超过 n. 多项式 $D(\lambda)$ 的实根就是带退化核积分算子的特征数.

对于每个给定的参数 λ, 存在两种情况: (1) $D(\lambda)\neq 0$; (2) $D(\lambda)=0$.

首先考虑第一种情况, $D(\lambda)\neq 0$.

定理 2.12.1 如果 λ 不是特征数 (即 $D(\lambda)\neq 0$), 则第二类弗雷德霍姆积分方程对于任意的连续函数 $f(x)$ 都有唯一解.

问题的解可以由克拉默 (Cramer) 公式得到：$c_i = \frac{1}{D(\lambda)}\sum\limits_{k=1}^{n} D_{ki}(\lambda)f_k$，其中 $D_{ki}(\lambda)$ 是行列式 $D(\lambda)$ 第 i 列的代数余子式. 因而

$$y(x) = f(x) + \lambda \sum_{i=1}^{n} \frac{1}{D(\lambda)} \sum_{k=1}^{n} D_{ki}(\lambda) a_j(x) \int_a^b f(s) b_k(s) ds.$$

由于在上述关于 $y(x)$ 表达式中的求和是有限的, 则可以交换加法运算和积分运算的顺序. 于是得到解的积分表达式为

$$y(x) = f(x) + \lambda \int_a^b R(x,s,\lambda) f(s) ds,$$

其中 $R(x,s,\lambda) = \frac{1}{D(\lambda)} \sum\limits_{i=1}^{n}\sum\limits_{k=1}^{n} D_{ki}(\lambda) a_i(x) b_k(x)$，而 $D(\lambda)$ 和 $D_{ki}(\lambda)$ 被称为弗雷德霍姆行列式.

注 2.12.2 公式 $R(x,s,\lambda) = \frac{1}{D(\lambda)} \sum\limits_{i=1}^{n}\sum\limits_{k=1}^{n} D_{ki}(\lambda) a_i(x) b_k(x)$ 给出了连续退化核的情况下, 弗雷德霍姆算子的预解式. 关于这个核 $K(x,s)$ 在其他假设条件下预解式的表达, 我们前面章节已经做过讨论.

下面考虑第二种情况, 即 $D(\lambda) = 0$.

首先考虑齐次方程, 即令 $f(x) \equiv 0$. 应用上面用到的符号, 我们得到 $y(x) = \lambda \sum\limits_{j=1}^{n} c_j a_j(x)$ 以及关于未知数 c_j 的齐次 SLAE: $c_i - \lambda \sum\limits_{j=1}^{n} k_{ij} c_j = 0,\ i,j = \overline{1,\cdots,n}$.

由于 λ 是特征数, 于是齐次方程组有非平凡解 (一般来说, 可能有几个线性无关解). 设有 p 个对应于 λ 的线性无关解, 其中 $1 \leqslant p \leqslant n$ (线性无关解的个数就是特征数的重数), 且 $p = n - r$, r 是矩阵 $I - \lambda K$ 的秩, 其中 $K = \{k_{ij}\}$, $i,j = 1,\cdots,n$.

令 $(c_1^{(l)},\cdots,c_n^{(l)})$, $l = 1,2,\cdots,p$ 为齐次 SLAE 的非平凡解. 则第二类弗雷德霍姆齐次方程的非平凡解可以写成

$$\varphi_l(x) = \lambda \sum_{i=1}^{n} c_i^{(l)} a_i(x), \quad l = 1,2,\cdots,p.$$

因为向量 $(c_1^{(l)},\cdots,c_n^{(l)})$, $l = 1,2,\cdots,p$ 是线性无关的, 且函数 $a_1(x),\cdots,a_n(x)$ 同样是线性无关的, 则第二类弗雷德霍姆齐次方程有 p 个线性无关解, 它的通解可以写成以 $y(x) = \sum\limits_{l=1}^{p} \alpha_l \varphi_l(x)$ 的形式表达, 其中 α_l 为任意的实数.

利用线性代数的一些概念, 我们列出线性代数方程组:

$$BX = F, \quad X = \begin{pmatrix} x_1 \\ \vdots \\ x_n \end{pmatrix} \in \mathbb{R}^n, \quad F = \begin{pmatrix} f_1 \\ \vdots \\ f_n \end{pmatrix} \in \mathbb{R}^n,$$

其中 B 是线性算子：$\mathbb{R}^n \to \mathbb{R}^n$, 它的秩记为 $r(B)$, 与 $R(B)$ 的维数相等. 齐次方程 $BX = 0$ 有 $n - r$ 个线性无关解.

现在我们来考虑 SLAE：$B^*X = G$, 其中 B^* 是转置矩阵. 在线性代数教材中, 我们曾经证明过, 秩 B 等于秩 $B^*(r(B) = r(B^*))$. 因此, 带矩阵 B 的齐次方程 $BX = 0$ 和带矩阵 B^* 的齐次方程 $B^*X = 0$ 有相同数量的线性无关解.

定义 2.12.3 具有核函数 $K^*(x, s) = K(s, x)$ 的积分方程被称为共轭积分方程 (也称为是联合的或相伴的或伴随的).

与方程 $y(x) = \lambda \int_a^b K(x, s)\, y(s)\, ds + f(x)$ 一起, 或者写成算子表达的形式 $y = \lambda Ay + f$, 我们研究与其相伴的积分方程

$$\psi(x) = \lambda \int_a^b K^*(x, s)\, \psi(s)\, ds + g(x) \quad (g(x) \text{ 为一个连续函数}),$$

或者写成算子表达的形式 $\psi = \lambda A^*\psi + g$. 把核的表达式 (见 (2.12.1)) 代入最后一个关系式, 我们得到

$$\psi(x) = \lambda \int_a^b \sum_{j=1}^n a_j(s) b_j(x) \psi(s) ds + g(x) \text{ 或 } \psi(x) = \lambda \sum_{j=1}^n \tilde{c}_j b_j(x) + g(x),$$

其中

$$\tilde{c}_j = \int_a^b \psi(s) a_j(s) ds.$$

于是可以写出 SLAE, 该方程组与其相伴的积分方程等价：

$$\tilde{c}_i - \lambda \sum_{j=1}^n k_{ji}\, \tilde{c}_j = g_i \text{ 或 } (I - \lambda K^*)\tilde{C} = G,$$

其中 $K^* = \{k_{ij}^*\}$, $k_{ij}^* = \int_a^b a_i(s)\, b_j(s)\, ds = k_{ji}$, $i, j = 1, 2, \cdots, n$; $\tilde{C} = \begin{pmatrix} \tilde{c}_1 \\ \vdots \\ \tilde{c}_n \end{pmatrix}$,

$G = \begin{pmatrix} g_1 \\ \vdots \\ g_n \end{pmatrix}$, $g_i = \int_a^b g(s)\, a_i(s)\, ds, i = 1, \cdots, n.$

容易看出我们得到的是转置矩阵的线性代数方程组 (SLAE), 即初始齐次方程对应于 SLAE: $(I-\lambda K)C=0$, 而齐次相伴方程对应于 SLAE: $(I-\lambda K^*)\tilde{C}=0$.

考虑齐次系统 $(I-\lambda K^*)\tilde{C}=0$, 它的行列式 $D(\lambda)=0$; 它的线性无关解为 $\left(\tilde{c}_1^{(l)},\cdots,\tilde{c}_n^{(l)}\right), l=1,2,\cdots,p$, 与原始方程组的解相同, 即有 p 个解. 此外, 齐次相伴的弗雷德霍姆积分方程的解的形式为 $\psi_l(x)=\lambda\sum\limits_{j=1}^{n}\tilde{c}_j^{(l)}\,b_j(x),\ l=1,2,\cdots,p$.

定理 2.12.4 对于任意 λ, 第二类弗雷德霍姆齐次积分方程和与之相伴的齐次方程的线性无关解的个数相同.

现在我们来研究在 $D(\lambda)=0$ 时的非齐次方程. 需要解决如下问题：行列式为零的非齐次 SLAE 何时可解?

考虑下述的 SLAE

$$BX=F,\quad B:\mathbb{R}^n\to\mathbb{R}^n,\quad F=\begin{pmatrix}f_1\\ \vdots\\ f_n\end{pmatrix},\quad X=\begin{pmatrix}x_1\\ \vdots\\ x_n\end{pmatrix}.$$

引理 2.12.5 (关于空间 $\mathbb{R}^n$ 的分解) $\mathbb{R}^n=R(B)\oplus\operatorname{Ker}B^*$.

在证明引理以前, 先来弄清楚如何解决关于方程 $BX=F$ 可解性的问题. 回答非常简单：可解性的判别条件就是 $F\in R(B)$. 因而, 为了证明解的存在性, 必须依照引理证明 $F\perp\operatorname{Ker}B^*$. 为此, 只要找到空间 $\operatorname{Ker}B^*$ 的基, 并验证 $\operatorname{Ker}B^*$ 的基向量与 F 正交就够了.

证明 注意到 $R(B)=\overline{R(B)}$ 和 $\operatorname{Ker}B^*=\overline{\operatorname{Ker}B^*}$ 为 $\mathbb{R}^n$ 闭的线性子空间, "$\bar{\cdot}$" 表示闭集 (请分别证明它们的闭性, 留作练习).

(1) 我们来证明, 由 $Y\in R(B)$ 可得 $Y\perp\operatorname{Ker}B^*$. 因为 $Y\in R(B)$, 则存在一个元素 $X\in\mathbb{R}^n$ 使得 $Y=BX$. 则对任意的向量 $\psi\in\operatorname{Ker}B^*$, 有 $(Y,\psi)=(BX,\psi)=(X,B^*\psi)=0$, 也就是 $Y\perp\operatorname{Ker}B^*$.

(2) 下面证明, 若 $\psi\perp R(B)$, 则 $\psi\in\operatorname{Ker}B^*$. 事实上, $\psi\perp R(B)$ 意味着 $0=(\psi,BX)=(B^*\psi,X)$, $\forall X\in\mathbb{R}^n$. 故 $B^*\psi=0$ 或 $\psi\in\operatorname{Ker}B^*$. 引理得证.

令 $BX=F$, 怎样判定该方程是否有解呢? 我们必须找出方程 $B^*\psi=0$ 的所有非平凡线性无关解. 若 F 与所有这些解正交, 则非齐次方程组有解; 若 F 并不正交于方程 $B^*\psi=0$ 的所有非平凡解, 则方程 $BX=F$ 无解.

当 $D(\lambda)=0$ 时, 我们得出以下第二类弗雷德霍姆方程对应的 SLAE 的可解性条件, 即

$$\begin{pmatrix} f_1 \\ \vdots \\ f_n \end{pmatrix} \perp \begin{pmatrix} \tilde{c}_1^{(l)} \\ \vdots \\ \tilde{c}_n^{(l)} \end{pmatrix}, \quad l = 1, \cdots, p.$$

带退化核的第二类弗雷德霍姆非齐次方程的 SLAE 是有解的, 其充要条件就是右边向量正交于齐次相伴方程的 SLAE 的所有线性无关解, 即

$$\sum_{i=1}^{n} f_i \, \tilde{c}_i^{(l)} = 0, \, l = 1, \cdots, p \quad 或 \quad \int_a^b f(x) \underbrace{\sum_{i=1}^{n} \tilde{c}_i^{(l)} b_i(x) dx}_{\psi_l(x)} = 0,$$

其中 $\psi_l(x)$ 为弗雷德霍姆齐次相伴方程的解. 因而 $\int_a^b f(x)\, \psi_l(x)\, dx = 0, \ l = 1, \cdots, p$, 并得到以下两个定理.

定理 2.12.6　带退化核的第二类弗雷德霍姆非齐次方程有解的充要条件是非齐次函数 $f(x)$ 与齐次相伴方程的所有线性无关解正交.

定理 2.12.7　对于任意非齐次函数 $f(x)$, 带退化核的第二类弗雷德霍姆非齐次方程有解的充要条件是齐次方程只有一个平凡解.

2.13　带任意连续核的第二类弗雷德霍姆方程：弗雷德霍姆定理

现在我们考虑一般情况的连续 (非对称) 核的形式. 我们将发现, 对于每个固定的 λ, 带非退化核的第二类弗雷德霍姆非齐次方程可以用一个等价的带退化核的积分方程来代替.

定理 2.13.1　带非退化核的第二类积分方程 $y = \lambda A y + f$ 在固定的 λ 下, 可以等价地被一个带退化核的积分方程代替.

证明　对于任意 $\varepsilon > 0$, 积分方程的核可以写成两项核求和的形式, 即 $K(x,s) = K_\varepsilon(x,s) + K_\varepsilon(x,s)$ 的形式, 其中 $K_\varepsilon(x,s) = \sum_{k=1}^{N(\varepsilon)} a_k(x)\, b_k(s)$ 为退化核, $K_\varepsilon(x,s)$ 为非退化核, 并使得

$$\max_{x,s\in[a,b]} |K_\varepsilon(x,s)| = \max_{x,s\in[a,b]} |K(x,s) - K_\varepsilon(x,s)| \leqslant \varepsilon.$$

我们可以以任意给定的精度去逼近一个退化核, 这是因为在二维情况下, 在正方形区域 $[a,b] \times [a,b]$ 上有关一致逼近连续函数的魏尔斯特拉斯定理是成立的,

即定义在正方形区域自变量集合上的一个连续函数可以由双变量多项式逼近：

$$P_N(x,s)=\sum_{\substack{n+k\leqslant N\\ n,k=\overline{0,N}}} a_{nk}x^n s^k.$$

回到积分方程并写成 $y=\lambda T_\varepsilon y+\lambda S_\varepsilon y+f$ 的形式，其中 T_ε 为带退化核 $K_\varepsilon(x,s)$ 的积分算子，S_ε 为带非退化核 $K_\varepsilon(x,s)$ 的积分算子. 假定 λ 是固定的，并且将积分方程重新写成 $(I-\lambda S_\varepsilon)\,y=\lambda T_\varepsilon y+f$ 的形式.

若按给定的 λ，选取 $\varepsilon>0$ 使得 $|\lambda|<\dfrac{1}{\varepsilon\,(b-a)}$，则对于算子 S_ε，λ 就是"小参数"，且算子 $(I-\lambda S_\varepsilon)$ 可逆：$(I-\lambda S_\varepsilon)^{-1}=I+\lambda R_\varepsilon$，其中 R_ε 是核为 $R_\varepsilon(x,s,\lambda)$ 的积分算子. 我们引入一个新的函数：$(I-\lambda S_\varepsilon)\,y=Y$.

由于算子 $(I-\lambda S_\varepsilon)$ 的可逆性，因此存在一个一一对应关系：$y\Leftrightarrow Y$. 因此 $Y=\lambda(T_\varepsilon+\lambda T_\varepsilon R_\varepsilon)Y+f$.

我们发现关于 Y 的方程是一个带退化核的方程. 由于算子 T_ε 的核是退化的，因此积分算子 $T_\varepsilon+\lambda T_\varepsilon R_\varepsilon$ 的核也是退化的，且有

$$\int_a^b\sum_{k=1}^{N(\varepsilon)} a_k(x)b_k(\xi)R_\varepsilon(\xi,s,\lambda)d\xi=\sum_{k=1}^{N(\varepsilon)} a_k(x)\tilde{b}_k(s,\lambda),$$

其中

$$\tilde{b}_k(s,\lambda)=\int_a^b b_k(\xi)R_\varepsilon(\xi,s,\lambda)d\xi.$$

因此，我们证明了任何带非退化核的积分方程都与某个带退化核的积分方程等价. 据此，还可以得出与上述关于退化核方程类似的结果.

现在我们给出 4 个弗雷德霍姆定理.

定理 2.13.2　齐次方程

$$\varphi(x)-\lambda\int_a^b K(x,s)\,\varphi(s)\,ds=0 \tag{2.13.1}$$

和与其相伴的齐次方程

$$\psi(x)-\lambda\int_a^b K^*(x,s)\,\psi(s)\,ds=0,\quad K^*(x,s)=K(s,x) \tag{2.13.2}$$

对任意固定的 λ，或者只有平凡解，或者具有相同的有限个线性无关解，分别记为 $\varphi_1,\cdots,\varphi_n$ 和 $\psi_1,\cdots,\psi_n$.

我们已经证明了带对称退化核积分方程的定理. 在一般情况下, 可以通过将带非退化核的积分方程归结为带退化核的积分方程的方式进行证明. 此外, 也证明了任何特征数都具有有限重数.

定理 2.13.3 非齐次方程

$$\varphi(x) - \lambda \int_a^b K(x,s)\,\varphi(s)\,ds = f(x) \tag{2.13.3}$$

有解的充要条件是非齐次函数 $f(x)$ 正交于齐次相伴方程 (2.13.2) 的所有线性无关解 ($f(x) \perp \psi_1, \psi_2, \cdots, \psi_p$, 若 λ 是特征数).

对于对称退化核的情形, 该定理已经得到证明. 在一般情况下, 可以通过将带非退化核的积分方程归结为带退化核的积分方程的方式进行证明.

定理 2.13.4 (弗雷德霍姆选择定理) 要么非齐次方程 (2.13.3) 对于任意的非齐次函数 $f(x)$ 有解, 要么齐次方程 (2.13.1) 只有一个非平凡解.

对于对称退化核的情形, 该定理已经得到证明. 在一般情况下, 可以通过将带非退化核的积分方程归结为带退化核的积分方程的方式进行证明.

定理 2.13.5 齐次方程 (2.13.1) 的特征数集合不可数, 唯一可能的极限点就是 ∞.

该结论对于任意的全连续算子都是正确的. 由于对于全连续自伴算子我们有该结果, 因而对于对称核的情况也是成立的. 对于带退化核的积分算子, 其结果就是平凡解.

注 2.13.6 当 $K(x,s)$ 是 $[a,b]\times[a,b]$ 区域上全变量集合的连续函数, $f(x)$ 和 $y(x)$ 在 $[a,b]$ 上连续, $K(x,s)$, $f(x)$, $y(x)$ 均为实函数, 则上述定理均可以得到证明.

思考题

1. 写出一些基本定义和定理.

(1) 写出带退化核的第二类弗雷德霍姆积分方程.

(2) 给出相伴积分方程的定义.

(3) 给出非齐次线性代数方程组的可解性条件.

(4) 写出关于第二类弗雷德霍姆齐次方程线性无关解个数的定理 (弗雷德霍姆第一定理). 在什么样的积分算子核的条件下, 该定理得到证明?

(5) 写出关于第二类弗雷德霍姆非齐次方程有解的充要条件 (弗雷德尔姆第二定理). 在什么样的积分算子核的条件下, 该定理得到证明?

(6) 写出弗雷德霍姆选择定理 (弗雷德霍姆第三定理). 在什么样的积分算子核的条件下, 该定理得到证明?

(7) 写出关于弗雷德霍姆积分算子的特征数定理 (弗雷德霍姆第四定理). 在什么样的积分算子核的条件下, 该定理得到证明?

2. 以下命题和定理, 属于理论问题, 要求会证明.

(1) 证明: 若 λ 不是特征数, 则带退化核的第二类弗雷德霍姆积分方程对任意的连续函数 $f(x)$ 都有唯一解.

(2) 证明: 对于任意 λ, 带退化核的第二类弗雷德霍姆齐次积分方程以及其伴随齐次方程的线性无关解的个数相同.

(3) 证明: 带退化核第二类弗雷德霍姆非齐次方程有解的充要条件是非齐次函数 $f(x)$ 正交于其齐次伴随方程的所有线性无关解.

(4) 证明: 带退化核第二类弗雷德霍姆非齐次方程对任意的非齐次连续函数 $f(x)$ 有解的充要条件是其对应的齐次方程只有平凡解.

(5) 证明: 求解一个线性代数方程组的问题与求解一个带退化核的第二类弗雷德尔姆非齐次方程解的问题等价.

(6) 列出一个用于找到带退化核弗雷德霍姆积分算子的特征数的方程.

(7) 在 λ 不是特征数的条件下, 利用弗雷德霍姆行列式, 得到一个带退化核的第二类弗雷德霍姆非齐次方程解的积分表达式.

(8) 证明: 当 λ 固定时, 任意带退化核的第二类弗雷德霍姆积分方程 $y = \lambda Ay + f$ 都可以用一个带退化核的积分方程等价代替.

2.14 施图姆–刘维尔问题

考虑一个描述横向微小振动弦的二阶偏微分方程的初边值问题. 这根弦被认为是一根具有柔韧弹性性质的线. 若没有振动, 则这根弦占据 x 轴的整个 $[0,l]$ 线段. 在平面 (x,u) 发生振动的弦可以用函数 $u = u(x,t)$ 来表示, $t \geqslant 0$ 为时间. 在没有外力的情况下, 函数有以下形式 (称为齐次波动方程):

$$\rho(x)u_{tt} = C_0 u_{xx}, \tag{2.14.1}$$

其中 u_{tt} 和 u_{xx} 分别为对应于 t 和 x 的二阶偏导数.

上述这个方程的导出过程可以参见数学物理方程教材. 此处 $\rho(x)$ 是线密度, C_0 为线的张力, 在微小振动过程中常假定为常数.

为确定方程的唯一解, 需要设定初始条件

$$u(x,0) = \varphi(x), \quad u_t(x,0) = \psi(x), \tag{2.14.2}$$

这里 $\varphi(x)$ 为初始位移, $\psi(x)$ 初始速度, 边界条件设定为

$$u(0,t) = 0, \quad u(l,t) = 0. \tag{2.14.3}$$

上述条件被称为第一类齐次边界条件.

可用变量分离法求解上述的初边值问题. 我们将寻找齐次波动方程的所有解, 这些解不全等于零并满足齐次边界条件, 且解可以写成乘积的形式 $u = X(x)T(t)$. 把这个乘积代入原方程, 得到

$$\rho(x)X(x)T''(t) = C_0X''(x)T(t)$$

并分离变量, 得到

$$\frac{X''(x)}{\rho(x)X(x)} = \frac{T''(t)}{C_0T(t)}.$$

上面这个等式当

$$\frac{X''(x)}{\rho(x)X(x)} = \frac{T''(t)}{C_0T(t)} = -\lambda$$

时可能成立, 其中 λ 为一个常数. 因此对于函数 $X(x)$, 我们得出方程

$$X''(x) + \lambda\rho(x)X(x) = 0.$$

将乘积 $X(x)T(t)$ 代入边界条件, 进一步得到求解 $X(x)$ 的补充条件：$X(0) = 0$, $X(l) = 0$.

由于我们要求非平凡解, 因此有必要求解特征值和特征方程问题, 即找到所有的参数值 λ, 在存在这些值的情况下, 存在下述方程的非平凡解

$$X''(x) + \lambda\rho(x)X(x) = 0,$$

并满足第一类齐次边界条件

$$X(0) = 0, \quad X(l) = 0.$$

该问题是施图姆–刘维尔 (Sturm-Liouville) 问题的特殊情况, 我们将研究这个特殊问题. 现在, 在最简单的 $\rho(x) = \rho_0 = \text{const}$ 的情况下, 写出问题的解. 记 $\dfrac{C_0}{\rho_0} = a^2$, 分离变量后得到下面的方程

$$\frac{X''(x)}{X(x)} = \frac{T''(t)}{a^2T(t)} = -\lambda,$$

以及关于 $X(x)$ 的特征值和特征函数的边界值问题

$$X''(x) + \lambda X(x) = 0, \quad X(0) = 0, \quad X(l) = 0.$$

接下来我们假定 $X(x)$ 是实函数. 可以证明 (详见下面), 特征值只能是实数, 即使 $X(x)$ 是复值函数. 容易证明, 若 λ 为负数或为零, 则相对于 $X(x)$ 的边界值问题只有一个平凡解. 关于这种情况, 请读者自己练习即可.

因此, 我们只在正的 λ 值时寻找特征值. 这时方程通解的形式为 $X(x) = C_1\sin(x\sqrt{\lambda}) + C_2\cos(x\sqrt{\lambda})$. 将该表达式代入第一个边界条件, 得到 $C_2 = 0$. 将其代入第二个边界条件, 并约去 C_1 (注意到 $C_1 \neq 0$, 因为我们要找的是非平凡解), 我们得到特征值方程：$\sin(l\sqrt{\lambda}) = 0$. 因此特征值 $\lambda_n = \left(\frac{\pi n}{l}\right)^2$, $n = 1, 2, \cdots$, 特征函数为 $X_n(x) = \sin\frac{\pi n}{l}x$.

学过数学分析这门课之后, 这些函数很好理解. 我们曾证明了该函数系在空间 $h[0,l]$ 上是闭的. 注意到 $\|X_n\|^2 = \frac{l}{2}$. 我们同样注意到该问题是一维拉普拉斯 (Laplace) 算子的特征值和特征函数问题 (取负号即可), 这是由于 $X''(x) \equiv \Delta_1 X(x)$, 这里 Δ_1 为一维拉普拉斯算子.

对于时间分量, 我们可得到方程 $T_n'' + a^2\lambda_n T_n = 0$. 由此 $T_n = A_n\cos\frac{\pi n}{l}at + B_n\sin\frac{\pi n}{l}at$, 其中 A_n, B_n 为任意的常数.

现在以下述形式写出初–边值问题的解

$$u(x,t) = \sum_{n=1}^{\infty} T_n(t)\cdot X_n(x) = \sum_{n=1}^{\infty}\left(A_n\cos\frac{\pi n}{l}at + B_n\sin\frac{\pi n}{l}at\right)\cdot\sin\frac{\pi n}{l}x,$$

即以傅里叶级数的形式写出, 其中 $X_n(x)$ 为特征函数, $T_n(t)$ 为对应的傅里叶系数 (所以变量分离法也称为傅里叶法). 级数每一项都满足方程式及其第一类齐次边界条件, 并且是驻波. 因此, 如果微分和求和位置互换, 则所写的级数既满足方程又满足边界条件.

现在尝试令其满足初始条件. 代入 $t = 0$, 得到 $u(x,0) = \sum\limits_{n=1}^{\infty} A_n\sin\frac{\pi n}{l}x = \varphi(x)$, 其中 $A_n = \frac{2}{l}\int_0^l \varphi(x)\sin\frac{\pi n}{l}x\,dx$ 是函数 $\varphi(x)$ 的傅里叶系数.

关于 t 求导, 并令 $t = 0$, 则有 $u_t(x,0) = \sum\limits_{n=1}^{\infty}\frac{\pi n}{l}a\cdot B_n\cdot\sin\frac{\pi n}{l}x$, 其中 $B_n = \frac{2}{l}\frac{l}{\pi na}\int_0^l \psi(x)\sin\frac{\pi n}{l}x\,dx$ 是函数 $\psi(x)$ 的傅里叶系数.

由于解的性态是由系数 A_n 和 B_n 决定的, 因此微分与求和能否交换是由函数 $\varphi(x)$ 和 $\psi(x)$ 的属性决定的. 这个问题在数学物理方法这门数学课上有过详细的研究.

我们所考虑的特征值和特征函数问题是一般施图姆–刘维尔问题的特殊情况, 下面我们来讨论一下.

考虑施图姆–刘维尔算子特征值和特征函数的第一边界值问题 (简称为斯图尔姆–刘维尔问题):

$$\begin{cases} Ly + \lambda\rho(x)y = 0, \\ y(a) = y(b) = 0, \end{cases}$$

其中算子 L 的形式为 $Ly = \dfrac{d}{dx}\left(p(x)\dfrac{dy}{dx}\right) - q(x)y$, 函数 $p(x)$, $q(x)$, $\rho(x)$ 满足以下条件: $p(x)$ 连续可微, 而 $q(x)$ 和 $\rho(x)$ 在 $[a,b]$ 上连续, 且 $\rho(x), p(x) > 0$, 并当 $x \in [a,b]$ 时, $q(x) \geqslant 0$.

需要指出的是, 也可能存在其他类型的边界条件, 这依赖于实际问题.

我们来证明, 在空间 $h[a,b]$ 的满足第一类齐次边界条件的二次连续可微函数组成的子空间上, 算子 L 是对称的. 从该结果立刻得到, 当研究施图姆–刘维尔问题时, 我们只要限制在 λ 为实数就够了.

取满足边界条件 $y(a) = y(b) = z(a) = z(b) = 0$ 的任意二次连续可微函数 $y(x)$ 和 $z(x)$. 我们来证明 $(Ly, z) = (y, Lz)$, 这里标量积是定义在空间 $h[a,b]$ 上的. 易见

$$\begin{aligned} \int_a^b \frac{d}{dx}\left(p(x)\frac{dy}{dx}\right) z(x)dx &= p(x)\frac{dy}{dx}z(x)\bigg|_a^b - \int_a^b \frac{dy}{dx}\cdot\left(p(x)\frac{dz}{dx}\right)dx \\ &= -yp\frac{dz}{dx}\bigg|_a^b + \int_a^b y\ \frac{d}{dx}\left(p(x)\frac{dz}{dx}\right)dx. \end{aligned}$$

利用边界条件将替代式转换为零, 由此立即得出算子 L 的对称性.

现在考虑边界值问题

$$\begin{cases} Ly = f(x), \\ y(a) = y(b) = 0. \end{cases}$$

若存在一个格林函数, 则对于给定的连续函数 $f(x)$ 的问题的解, 可以写成 $y(x) = \displaystyle\int_a^b G(x,\xi)f(\xi)d\xi$ 的形式, 其中 $G(x,\xi)$ 是格林函数, 对于全体变量连续且对称, 即对任意的 $x, \xi \in [a,b]$, 有 $G(x,\xi) = G(\xi,x)$.

在常微分方程这门课已经证明过, 要证明存在格林函数, 只要证明齐次边界

值问题

$$\begin{cases} Ly = 0, \\ y(a) = y(b) = 0 \end{cases}$$

只有平凡解即可.

用反证法. 假设不是这样的话, 不失一般性, 我们可以认为在某个点 $x_0 \in (a,b)$ 问题的解取极大的正值 $y(x_0) > 0$ 且 $y'(x_0) = 0$ (如果解不为正, 乘以 -1 即可). 由于 $y(b) = 0$, 则存在点 $x_1 \in (a,b)$, $x_0 < x_1$, 使得对任意的 $x \in [x_0, x_1]$, 有 $y(x) > 0$ 且 $y'(x_1) < 0$.

我们以 $\dfrac{d}{dx}\left(p(x)\dfrac{dy}{dx}\right) = q(x)y$ 的形式写出齐次方程, 并从 x_0 到 x_1 范围内积分. 注意到函数 $p(x)$ 和 $q(x)$ 的符号, 从而有 $0 > py'|_{x_0}^{x_1} = \displaystyle\int_{x_0}^{x_1} q(x)y(x)dx \geqslant 0$, 矛盾.

因此格林函数存在. 对施图姆–刘维尔问题中的方程预先乘以格林函数, 并从 a 到 b 求积分, 有

$$\begin{cases} Ly = -\lambda\rho(x)y \\ y(a) = y(b) = 0 \end{cases} \quad \Leftrightarrow \quad y(x) = -\lambda\int_a^b G(x,\xi)\,\rho(\xi)\,y(\xi)\,d\xi.$$

作为练习, 请读者证明施图姆–刘维尔问题与下述积分方程

$$y(x) = -\lambda\int_a^b G(x,\xi)\rho(\xi)y(\xi)\ d\xi$$

的特征数和特征函数问题等价, 其中积分算子带连续核 $G(x,\xi)\rho(\xi)$.

显然, 如果 $\rho(\xi) \neq 1$, 则积分算子的核是不对称的. 我们来使其对称. 为此, 在上面方程式的左右两边同乘以 $\sqrt{p(x)}$ 并引入一个新的函数 $\varphi(x) = y(x)\sqrt{\rho(x)}$ 和一个新的核函数 $K(x,\xi) = \sqrt{\rho(x)}\,G(x,\xi)\,\sqrt{\rho(\xi)}$, 则它是连续对称的.

于是我们得到下述带连续对称核积分算子的特征数和特征函数问题

$$\varphi(x) = -\lambda\int_a^b K(x,\xi)\varphi(\xi)\,d\xi.$$

我们来证明核 $K(x,\xi)$ 是闭核. 为此, 只要证明由等式 $\displaystyle\int_a^b K(x,\xi)\,z(\xi)\,d\xi = 0$ 得出 $z(\xi) \equiv 0$ 就够了. 注意到, 上述等式同时可以写成下述形式

$$\int_a^b \sqrt{\rho(x)}\,G(x,\xi)\sqrt{\rho(\xi)}\,z(\xi)\,d\xi = 0 \text{ 或 } \int_a^b G(x,\xi)\,\sqrt{\rho(\xi)}\,z(\xi)\,d\xi = 0.$$

把算子 L 作用于上述等式左右两边, 我们得到对所有的 x, 有 $\sqrt{\rho(x)}z(x)=0$, 命题得证.

因此, 我们得到以下定理.

定理 2.14.1 施图姆–刘维尔问题与带连续对称闭核的积分算子的特征数和特征函数问题等价.

利用施图姆–刘维尔问题与带连续对称且不恒等于零核的积分算子的特征数和特征函数问题的等价性, 我们可以证明以下定理.

定理 2.14.2 施图姆–刘维尔问题存在无穷多特征数 λ_n.

证明 利用 2.4 节的结论, 对于带对称连续且不恒等于零核的积分算子, 存在至少一个特征数 λ_n. 假定特征数是有限的, 则如 2.6 节所言, 核函数写成 $K(x,s)=-\sum\limits_{n=1}^{N}\dfrac{\varphi_n(x)\,\varphi_n(s)}{\lambda_n}$ 的形式, 其中 $\varphi_n(x)$ 为标准正交的特征函数. 因此核是退化的, 所以是非闭的. 定理得证.

定理 2.14.3 施图姆–刘维尔问题的每个特征值的重数为 1.

证明 注意到重数 1 的特征值称之为简单特征值. 我们来证明每个特征值都是简单的. 反证法. 假设这样的结论不成立, 则对某个特征值 λ 就对应着两个线性无关的特征函数 $y_1(x)$ 和 $y_2(x)$. 由于施图姆–刘维尔问题中的微分方程是二阶线性方程, 那么 $y_1(x)$ 和 $y_2(x)$ 就构成了一个基础解系. 因此微分方程 $Ly+\lambda\rho(x)y=0$ 的任意解都可以以 $y(x)=C_1y_1(x)+C_2y_2(x)$ 的形式来表示. 由于函数 $y_1(x)$ 和 $y_2(x)$ 在 a 和 b 点变为零, 则任意其他的解也拥有同样的性质. 但这与柯西条件下方程 $Ly+\lambda\rho(x)y=0$ 的柯西问题解的存在性定理相矛盾, 这里柯西条件可以为 $y(a)=1,\ y'(a)=0$. 定理得证.

定理 2.14.4 施图姆–刘维尔问题的特征函数与权函数 $\rho(x)$ 正交.

证明 根据 2.5 节证明过的, 特征函数 $\varphi_n(x)$ 是正交的. 并且可以选取它们构成标准正交系, 即

$$\int_a^b \varphi_k(x)\,\varphi_n(x)\,dx=\begin{cases}1, & k=n,\\ 0, & k\neq n.\end{cases}$$

给定 $\varphi_n(x)=y_n(x)\sqrt{\rho(x)}$, 得到

$$\int_a^b y_k(x)y_n(x)\rho(x)dx=\begin{cases}1, & k=n,\\ 0, & k\neq n.\end{cases}$$

定理得证.

定理 2.14.5　施图姆–刘维尔问题的特征值是正的.

证明　我们写出施图姆–刘维尔问题中的方程, 令特征函数 $y_n(x)$ 满足该方程, 并假定 $y_n(x)$ 可以用权函数 $\rho(x)$ 归一化, 即 $\int_a^b y_n^2(x)\,\rho(x)\,dx = 1$.

现在对方程两边乘以 $y_n(x)$ 并从 a 到 b 求积分, 考虑到边界条件, 我们得到

$$
\begin{aligned}
& Ly_n + \lambda_n \rho y_n = 0 \\
& \Rightarrow \int_a^b y_n\,(Ly_n + \lambda_n\,\rho\,y_n)\,dx \\
& = \int_a^b y_n \frac{d}{dx}\left(p\frac{dy_n}{dx}\right) dx - \int_a^b q\,y_n^2\,dx + \lambda_n \int_a^b \rho y_n^2 dx \\
& = -\int_a^b p\left(\frac{dy_n}{dx}\right)^2 dx - \int_a^b q y_n^2 dx + \lambda_n = 0.
\end{aligned}
$$

因此, $\lambda_n = \displaystyle\int_a^b \left[q y_n^2 + p\left(\frac{dy_n}{dx}\right)^2\right] dx.$

由于 $q(x) \geqslant 0$, $p(x) > 0$, 而 $y_n(x)$ 不等于常数, 因此特征值 λ_n 严格为正. 定理得证.

推论 2.14.6　最小特征值存在下界如下 ($\tilde{x} \in [a,b]$):

$$
\begin{aligned}
\lambda_1 &= \int_a^b \left[q y_1^2 + p\left(\frac{dy_1}{dx}\right)^2\right] dx \geqslant \int_a^b \frac{q(x)}{\rho(x)}\rho(x) y_1^2(x) dx \\
&\geqslant \frac{q(\tilde{x})}{\rho(\tilde{x})} \int_a^b \rho(x) y_1^2(x) dx = \frac{q(\tilde{x})}{\rho(\tilde{x})} \\
&\geqslant \min_{x\in[a,b]} \frac{q(x)}{\rho(x)} \geqslant 0.
\end{aligned}
$$

下面这个定理在微分方程理论中有着特别重要的意义.

定理 2.14.7 (斯捷克洛夫 (Steklov) 定理)　任意在线段 $[a,b]$ 上二次连续可微且在端点为 0 的函数 $f(x)$, 可以分解为绝对一致收敛的傅里叶级数, 该傅里叶级数对应着被权函数 $\rho(x)$ 正交归一化施图姆–刘维尔问题的特征函数, 写成 $f(x) = \sum\limits_{n=1}^{\infty} f_n y_n(x)$, 其中傅里叶系数由公式 $f_n = \displaystyle\int_a^b f(x)\rho(x)y_n(x)dx$ 计算.

证明　算子 L 作用于函数 $f(x)$, 得到连续函数 $h(x)$. 函数 $f(x)$ 是下述边界值问题的解:

$$
\begin{cases}
Lf(x) = h(x), \\
f(a) = f(b) = 0.
\end{cases}
$$

利用格林函数, 我们有

$$f(x)=\int_a^b G(x,s)h(s)ds=\int_a^b K(x,s)\frac{h(s)}{\sqrt{\rho(x)}\sqrt{\rho(s)}}ds.$$

引入两个新的函数 $f(x)\sqrt{\rho(x)}=F(x)$ 和 $\dfrac{h(s)}{\sqrt{\rho(s)}}=H(s)$. 显然, 这两个函数在区间 $[a,b]$ 上连续, 且函数 $F(x)$ 可以通过对称连续核 $K(x,s)$ 写成有源表示的形式: $F(x)=\int_a^b K(x,s)H(s)ds$.

按照希尔伯特–施密特定理, $F(x)$ 可以展开成绝对一致收敛级数的形式, 该级数是由核函数为 $K(x,s)$ 的积分算子的特征函数标准正交系生成的, 即 $F(x)=\sum\limits_{n=1}^{\infty}F_n\varphi_n(x)$, 且傅里叶系数由公式 $F_n=\int_a^b F(x)\varphi_n(x)dx$ 计算.

由于 $\varphi_n(x)=y_n(x)\sqrt{\rho(x)}$, 因此 $\sqrt{\rho(x)}f(x)=\sum\limits_{n=1}^{\infty}F_ny_n(x)\sqrt{\rho(x)}$, 在约分 $\rho(x)$ 后, 我们得到 $f(x)=\sum\limits_{n=1}^{\infty}F_ny_n(x)$. 请证明, 即使是约分之后, 该级数也是由于 $\rho(x)$ 的性质而绝对一致收敛的 (留作练习).

对于傅里叶系数, 我们有

$$F_n=\int_a^b f(x)\sqrt{\rho(x)}y_n(x)\sqrt{\rho(x)}dx=\int_a^b f(x)y_n(x)\rho(x)dx=f_n.$$

于是斯捷克洛夫定理得证.

在本节的最后, 我们指出前面得出的结论, 对于第二类边界值问题 (即边界条件为 $y'(a)=0,\ y'(b)=0$ 的形式), 第三类边界值问题 (即边界条件为 $y'(a)-h_1y(a)=0,\ y'(b)+h_2y(b)=0$ 的形式, 其中 $h_1,\ h_2$ 为正常数), 以及对于在左端给出了一类条件, 而右端给出了另一类条件的混合边值问题, 都是成立的. 唯一需要记住的是, 对于第二类边界值问题, 当 $q(x)\equiv 0$ 时, 存在零特征值.

思考题

1. 写出一些基本定义和定理.

(1) 写出施图姆–刘维尔算子.

(2) 给出第一类齐次边界条件下施图姆–刘维尔问题的定义.

(3) 描述第一类齐次边界条件下施图姆–刘维尔问题的特征值和特征函数的性质.

(4) 写出斯捷克洛夫定理.

2. 以下命题和定理, 属于理论问题, 要求会证明.

(1) 证明：如果以在线段 $[a,b]$ 端点为 0 的二次连续可微函数形成的子空间作为定义域, 则施图姆–刘维尔算子是在空间 $h[a,b]$ 上是对称的.

(2) 证明：带第一类齐次边界条件的施图姆–刘维尔问题等价于带连续对称闭核的积分算子的特征数和特征函数问题.

(3) 证明：带第一类齐次边界条件的施图姆–刘维尔问题有无穷多特征值.

(4) 证明：带第一类齐次边界条件的施图姆–刘维尔问题的特征值是简单的 (重数为 1).

(5) 证明：带第一类齐次边界条件的施图姆–刘维尔问题的特征函数带权函数 $\rho(x)$ 正交.

(6) 证明：带第一类齐次边界条件的施图姆–刘维尔问题的特征值是正值.

(7) 证明：斯捷克洛夫定理.

(8) 证明：对于带第一类齐次边界条件的施图姆–刘维尔问题的最小特征值, 满足不等式

$$\lambda_1 \geqslant \min_{x\in[a,b]} \frac{q(x)}{\rho(x)} \geqslant 0.$$

第 3 章　变　分　法

3.1　引　　言

在这一章中，我们将研究如何寻找泛函的极值 (最大值或者最小值). 我们立即发现，这现代数学中最重要的问题之一，并且在许多数学课程中都有研究，例如，“极值问题”“最优控制”“线性规划”“凸规划” 及某些其他的课程. 变分法是经典的数学分支，其基础理论早在 17—18 世纪就已经奠定. 在变分法中将主要研究泛函问题.

泛函是一个算子，其定义域是一个函数集，而值域是实数集或者实数集的一个子集. 也就是说，它是从函数空间 (向量空间) 到数域 (标量) 的映射. 我们将只研究实泛函，实泛函值的集合由实数构成. 在接下来行文中，我们将实泛函简单地说成泛函.

最简单的泛函示例是积分 $\int_a^b y(x)dx$. 在区间 $[a,b]$ 上的每一个黎曼可积函数 $y(x)$ 都与一个数字–积分的值相对应. 狄多问题 (Dido problem) 是变分法的典型实例：在长度固定的所有闭合平面曲线中，找到一个限制最大面积的曲线. 这是一个圆.

3.2　泛函变分的概念

我们将研究定义于赋范空间 Y 到实数空间 $\mathbb{R}^1$ 的泛函. 我们将考虑以下几种空间 Y：

(1) $C[a,b]$ 是定义在 $[a,b]$ 上的连续函数空间，范数定义作

$$\|y\|_{C[a,b]} = \max_{x\in[a,b]} |y(x)|.$$

记住，按这个空间上的范数收敛被称为在 $[a,b]$ 一致收敛.

(2) $C^{(1)}[a,b]$ 是定义在 $[a,b]$ 上的连续及其一阶可导的函数组成的函数空间. 该空间的范数定义作

$$\|y\|_{C^{(1)}[a,b]} = \max_{x\in[a,b]} |y(x)| + \max_{x\in[a,b]} |y'(x)|.$$

该空间范数的等效范数为

$$\|y\|_{C^{(1)}[a,b]} = \max\{\|y\|_{C[a,b]}, \|y'\|_{C[a,b]}\},$$

对于上述两个范数, 泛函序列的收敛性是相同的, 在 $[a,b]$ 上的泛函序列及其一阶导数序列都是一致收敛的. 接下来的叙述中, 我们将只使用第一种范数.

(3) $C^{(p)}[a,b]$ 是定义在 $[a,b]$ 上的连续及其 p 阶可导的函数组成的函数空间. 该空间的范数定义作

$$\|y\|_{C^{(p)}[a,b]} = \sum_{k=0}^{p} \max_{x\in[a,b]} \left|y^{(k)}(x)\right|.$$

函数序列在 $[a,b]$ 上按该空间的范数是一致收敛的, 并且与导数直至 p 阶 (含) 都是收敛的.

因此, 对于泛函 $V[y]: Y \to \mathbb{R}^1$, 我们只考虑上面定义的函数空间或其子空间 $Y' \subseteq Y$, 即 $V: Y' \to \mathbb{R}^1$.

试举一例: $V[y] = \displaystyle\int_a^b \sqrt{1+(y'(x))^2}dx$ 是函数 $y(x)$ 所描述的曲线的长度, 很明显, $V: C^{(1)}[a,b] \to R^1$.

定义 3.2.1 泛函 $V[y]$ 被称为在点 $y_0 \in Y$ 的连续泛函, 如果对 $\forall\varepsilon > 0$, $\exists\delta > 0$, 使得当 $\forall y \in Y: \|y - y_0\| \leqslant \delta$ 时, 有不等式 $|V[y] - V[y_0]| \leqslant \varepsilon$ 成立.

类似地, 不难定义该泛函 $V[y]$ 在整个空间 Y 或其子空间 Y' 上的连续性. 如果某个泛函在空间 Y (集合 Y') 上的每个点连续, 则称该泛函在整个空间 Y (集合 Y') 上是连续的.

定义 3.2.2 我们将球中心在点 y_0, 半径 $r > 0$ 的点的集合称为闭球, 满足:

$$\overline{S_r}(y_0) = \{y \in Y: \|y - y_0\| \leqslant r\}.$$

定义 3.2.3 称点 y_0 是泛函 $V[y]$ 的局部极小值 (极大值) 点 , 如果存在 $r > 0$, 使得 $V[y] \geqslant V[y_0]$ ($V[y] \leqslant V[y_0]$) 对于任意的 $y \in \overline{S_r}(y_0)$ (或者 $y \in \overline{S_r}(y_0) \cap Y'$, 如果我们讨论的是关于在集合 Y' 上的局部最小值). 接下来, 我们只讨论局部极小值或者极大值 (局部极值), 并略去 "局部" 二字.

令 $y_0 \in Y$ 为任意固定点, $h \in Y$ 为 Y 的任意元素, 接下来考虑关于实变量 t 的函数 $\varPhi(t) \equiv V[y_0 + th]$.

定义 3.2.4 如果对于任意的 $h \in Y$ 都存在导数 $\varPhi'(t)|_{t=0} = \dfrac{d}{dt}V[y_0 + th]\Big|_{t=0}$, 那么该导数称为在点 y_0 的泛函 $V[y]$ 的变分, 并记作 $\delta V(y_0, h)$. 显然

$$V[y_0 + th] - V[y_0] = t\delta V(y_0, h) + o(|t|).$$

为了弄清上述引入概念的含义, 我们回想数学分析并考虑 $V:\mathbb{R}^n\to\mathbb{R}^1$ 的情况 (多变量函数). 这时 $\Phi'(t)|_{t=0}=\left.\dfrac{d}{dt}V[y_0+th]\right|_{t=0}$ 被称为沿着方向 h 函数 V 的导数.

现在我们来定义什么是可微泛函. 泛函 $V[y]$ 称为在点 y_0 可微, 如果对于任意的 $h\in Y$, 都有 $V[y_0+h]-V[y_0]=dV(y_0,h)+o(||h||)$, 其中 $dV(y_0,h)$ 是沿 h 的线性连续泛函, 有时也称为在点 y_0 的强变分 (不同于泛函 $\delta V(y_0,h)$ (自变量为 h), 这种情况下称之为在点 y_0 的弱变分).

我们发现, 可微性的定义在多变量函数 $V:\mathbb{R}^n\to\mathbb{R}^1$ 的数学分析课上引入过. 事实上, 如果在点 y_0 多变量函数是可微的, 那么在该点存在沿着所有方向的导数. 反之, 通常是不正确的. 上述命题在变分情况下同样成立：如果存在强变分, 那么也存在弱变分. 反之不一定.

接下来我们将使用以下变分

$$\delta V(y_0,h)=\frac{d}{dt}V[y_0+th]_{t=0}. \tag{3.2.1}$$

定理 3.2.5 (极值的必要条件) 若 $y_0\in Y$ 为泛函 $V[y]$ 的极值点, 且对于任意的 $h\in Y$ $\delta V(y_0,h)$ 存在, 则 $\delta V(y_0,h)=0$.

证明 设 y_0 为泛函 $V[y]$ 的极小值点 (对于极大值点, 证明方法类似). 这时存在球 $\overline{S_r}(y_0)$, 半径 $r>0$, 使得于任意 $y\in\overline{S_r}(y_0)$, 有 $V[y]\geqslant V[y_0]$. 若 $|t|\leqslant\dfrac{r}{||h||}$, 则有 $y_0+th\in\overline{S_r}(y_0)$ 和 $V[y_0+th]\geqslant V[y_0]$ 成立.

考察函数 $\Phi(t)=V[y_0+th]$. 我们发现, 对于同样的 t 有不等式 $\Phi(t)\geqslant\Phi(0)$ 成立. 根据定理的假定条件：$\Phi(t)$ 在点 $t=0$ 可微, 因此, $\Phi'(t)|_{t=0}=0$; 从而 $\delta V(y_0,h)=0$, 定理得到证明.

该定理对于定义在集合 $Y'\subseteq Y$ 上的泛函也是正确的, 但对于这样的 $h\in Y$, 按极值条件, 要求对于足够小的 t 有 $y_0+th\in Y'$. 在这种情况下, 变分的定义也要相应地改变.

3.3 固定端点问题：极值的必要条件

考虑函数集合 $Y'\subseteq Y=C^{(1)}[a,b]$, 使得

$$Y'=\{y\in C^{(1)}[a,b],\ y(a)=A,\ y(b)=B\},$$

其中 A 和 B 为给定数值, 即定义在 $[a,b]$ 的连续可微函数, 该函数在线段端的值已知 (端点是固定的).

考虑如下泛函：

$$V[y]=\int_a^b F(x,y,y')dx. \tag{3.3.1}$$

最简单的变分法问题 (端点问题): 找到该泛函在集合 Y' 的极值.

我们将采用以下术语: 称泛函 $V[y]$ 在函数 $y_0(x)$ 上达到强极小值, 如果 $V[y]\geqslant V[y_0]$ 对任意的 $y\in Y'$ 成立, 其中 y 属于空间 $C[a,b]$ 上 y_0 的某个邻域, 使得 $\max\limits_{x\in[a,b]}|y(x)-y_0(x)|\leqslant r$, $r>0$ (即中心在 y_0 半径为 r 的球).

同理可给出弱极小值的定义, 但在度量 $C^{(1)}[a,b]$ 上的邻域取为

$$\max_{x\in[a,b]}|y(x)-y_0(x)|+\max_{x\in[a,b]}|y'(x)-y_0'(x)|\leqslant r,\quad r>0.$$

在第一种情况下, 要求函数 $y(x)$ 一致逼近于函数 $y_0(x)$, 而在第二种情况下, 还额外要求一致逼近一阶导数. 显然, 如果泛函在点 $y_0(x)$ 具有强极小值, 那么它在这个点也具有弱极小值. 反之不一定不正确.

弱极大值和强极大值的定义也可以类似地给出.

在前面得出的极值的必要条件 $\delta V(y_0,h)=0$, 对于弱极值, 以及强极值都成立. 下面给出带端点问题的必要条件. 为此, 考虑变分

$$\delta V(y_0,h)=\frac{d}{dt}V[y+th]\bigg|_{t=0}.$$

首先来计算导数

$$\frac{d}{dt}V[y+th]=\frac{d}{dt}\int_a^b F(x,y+th,y'+th')dx,$$

假设函数 F 具有所有的连续偏导数. 对于 $h(x)\in C^{(1)}[a,b]$, 我们要求 $y(x)+th(x)\in Y'$, 也即 $h(a)=0$, $h(b)=0$. 因此,

$$\frac{d}{dt}V[y+th]=\int_a^b[F_y(x,y+th,y'+th')h+F_{y'}(x,y+th,y'+th')h']dx.$$

令 $t=0$, 并令上述变分等于零, 我们可以得出, 泛函 V 在函数 $y(t)$ 达到极值, 则须满足

$$\delta V(y,h)=\int_a^b[F_y(x,y,y')h+F_{y'}(x,y,y')h']dx=0.$$

将上述积分分为两部分, 并对第二部分求积分：

$$\int_a^b F_{y'}h'dx=\underbrace{F_{y'}\,h\big|_a^b}_{=0}-\int_a^b\frac{d}{dx}F_{y'}hdx.$$

因为 $h(a) = h(b) = 0$, 因此 $F_{y'}\ h|_a^b = 0$. 将两个积分合并成一个, 得到

$$\int_a^b \left(F_y - \frac{d}{dx}F_{y'}\right) h\,dx = 0.$$

下面我们给出, 对任意的函数 $h(x) \in C^{(1)}[a,b]$ 满足在端点 $h(a) = h(b) = 0$, 若该积分等于零, 则只要上述积分的括号中包含一个连续函数时, 就有 $F_y - \dfrac{d}{dx}F_{y'} \equiv 0$. 因此, 作为端点问题极值的必要条件, 我们得出欧拉方程的边界值问题如下:

$$\begin{cases} F_y - \dfrac{d}{dx}F_{y'} = 0, \\ y(a) = A,\ y(b) = B. \end{cases} \tag{3.3.2}$$

定理 3.3.1 (固定端点问题极值的必要条件)　(1) 令 $y(x)$ 为固定端点问题的极值 (强极值或弱极值) 以及二阶可微;

(2) 函数 $F(x, y, y')$ 是连续的且具有直到二阶 (包括二阶) 的偏导数,
则 $y(x)$ 是下述欧拉方程的边界值问题

$$\begin{cases} F_y - \dfrac{d}{dx}F_{y'} = 0, \\ y(a) = A,\ y(b) = B \end{cases}$$

的解, 或

$$F_y - F_{y'x} - F_{y'y}y' - F_{y'y'}y'' = 0, \quad y(a) = A, \quad y(b) = B. \tag{3.3.3}$$

如上讨论, 该定理已经得到证明.

定理 3.3.2 (变分法基本引理)　取 $\varphi(x)$ 为区间 $[a,b]$ 段的固定连续函数, 并且对任意连续可微的函数 $h(x)$ 满足 $h(a) = h(b) = 0$, 若有 $\displaystyle\int_a^b \varphi(x)h(x)dx = 0$, 则 $\varphi(x) \equiv 0$.

证明　反证法. 假定 $\varphi(x)$ 不恒等于零. 不失一般性, 假定该函数取正值 (如果 $\varphi(x) \leqslant 0$ 对于所有的 $x \in [a,b]$, 那么将 $\varphi(x)$ 换成 $-\varphi(x)$ 即可). 这时由 $\varphi(x)$ 的连续性, 存在点 $x_0 \in (a,\ b)$ 使得 $\varphi(x_0) > 0$, 以及存在区间 $[x_0 - \delta,\ x_0 + \delta] \subseteq (a, b)$, $\delta > 0$ 使得对于任意的 $x \in [x_0 - \delta, x_0 + \delta]$ 都有 $\varphi(x) \geqslant \dfrac{\varphi(x_0)}{2}$. 现在令 $h(x)$ 为连续可微函数, 而且

$$\begin{cases} h(x) \equiv 0, & x \notin (x_0 - \delta,\ x_0 + \delta), \\ h(x) > 0, & x \in (x_0 - \delta,\ x_0 + \delta), \end{cases}$$

则有

$$\int_a^b \varphi(x)h(x)dx = \int_{x_0-\delta}^{x_0+\delta} \varphi(x)h(x)dx \geqslant \frac{\varphi(x_0)}{2}\int_{x_0-\delta}^{x_0+\delta} h(x)dx > 0,$$

这导致与定理条件相矛盾. 引理得证.

作为满足上面所述条件一个例子, 可以取函数 $h(x)$ 满足

$$h(x) = \begin{cases} (x-(x_0-\delta))^2(x-(\,x_0+\delta))^2, & x \in (x_0-\delta,\ x_0+\delta), \\ 0, & x \notin (x_0-\delta,\ x_0+\delta). \end{cases}$$

下面再举一些简单的例子.

例 3.3.3 考虑泛函 $V[y] = \int_0^\pi y^2\,dx$, 并给出不同的边界条件.

(1) 令 $y(0)=0,\ y(\pi)=0$. 在这种情况下, 欧拉方程的形式为 $2y=0$, 并且满足边界条件的解为 $y(x)\equiv 0$. 显然在该解处, 上述泛函达到极小值.

(2) 令 $y(0)=0,\ y(\pi)=1$. 这时欧拉方程边界值问题在连续可微函数族上无解.

例 3.3.4 考虑泛函 $V[y]=\int_0^\pi (y^2-(y')^2)\,dx$, 边界条件为 $y(0)=0,\ y(\pi)=0$.

在这种情况下, 欧拉方程的形式为 $y''+y=0$, 它的通解为 $y=C_1\sin x+C_2\cos x$. 该边界值问题有无穷多解, 这是因为 $C_2=0$, 而 C_1 为任意常数.

我们接着考虑函数 $F(x,y,y')$ 与自变量关系式的某些特殊情况.

(1) $F(x,y,y')=F(x,y)$: 欧拉方程的形式为 $F_y(x,y)=0$ 但不可微, 所以它的解 (如果存在) 一般来说也不满足边界条件 $y(a)=A,\ y(b)=B$. 因此, 通常来说, 不存在该欧拉方程边值问题的解.

(2) $F(x,y,y')=M(x,y)+N(x,y)y'$ (按照 y' 为线性的): 欧拉方程的形式为

$$M_y+y'N_y-\frac{d}{dx}N(x,y)=M_y+y'N_y-N_x-y'N_y=0,$$

或者

$$M_y-N_x=0.$$

所得方程也不是可微的, 通常来说, 欧拉方程的边值问题没有解.

(3) $F=F(y')$: 欧拉方程的形式为 $F_{y'y'}y''=0$, 并且存在两种可能性:

(a) $y''=0$; 它的通解为 $y=C_1x+C_2$, 其中 C_1 和 C_2 为任意常数.

(b) $F_{y'y'}(y')=0$.

如果 k_i 是后一个方程的根, 则 $y'=k_i$, 欧拉方程的解相应地是一个线性函数 $y=k_ix+\tilde{C}_i$. 因此, 该问题的极值是直线.

在特殊情况下, 当 $l[y] = \int_a^b \sqrt{1+(y'(x))^2}\,dx$, $y(a) = A$, $y(b) = B$ (公式定义了连接平面上的两个点的曲线长度), 上述论述反映了一个众所周知的事实, 即在所有连接平面上两个点 (a, A) 和 (b, B) 的曲线中, 直线段的长度最小.

(4) $F = F(x, y')$：欧拉方程的解的形式为

$$\frac{d}{dx} F_{y'}(x, y') = 0$$

或

$$F_{y'}(x, y') = C.$$

(5) $F = F(y, y')$：欧拉方程的解的形式为

$$F_y - F_{y'y} y' - F_{y'y'} y'' = 0$$

或

$$\frac{d}{dx}(F - y' F_{y'}) = 0.$$

该方程显然具有初积分

$$F - y' F_{y'} = C.$$

作为该类型问题的一个具体例子, 我们研究典型的最速降线问题, 即在重力场的质点沿着该曲线以最小的时间从点 $(0, 0)$ 滚到点 (x_1, y_1). 该问题最初由约翰 · 伯努利在 1696 年就已经解决了.

在平面 (x, y) 上, 令 y 轴方向向下, 并且重力也沿同一个方向起作用. 我们发现, 质点在重力场上运动时, 运动路径满足方程

$$\frac{dS}{dt} = \sqrt{2gy},$$

其中, S 为运动路径, g 为重力加速度.

从另一面来说,

$$dS = \sqrt{1+(y')^2}\,dx,$$

其中 $y = y(x)$ 为质点的运动轨迹. 沿着整个轨迹的运动时间通过下面的泛函算出：

$$T[y] = \frac{1}{\sqrt{2g}} \int_0^{x_1} \frac{\sqrt{1+(y')^2}}{\sqrt{y}} dx.$$

因此, 我们定义了一个函数 $T[y]$ 取最小值的轨迹, 即从点 $(0, 0)$ 到点 (x_1, y_1) 的运动在最短时间内发生的轨迹. 注意到被积函数不明显依赖于 x, 我们立即可以写出欧拉方程的初积分

$$F - y' F_{y'} = C,$$

或

$$\frac{\sqrt{1+(y')^2}}{\sqrt{y}}-\frac{(y')^2}{\sqrt{y\,(1+(y')^2)}}=C.$$

由此得出

$$\frac{1}{\sqrt{y(1+(y')^2)}}=C\Leftrightarrow y(1+(y')^2)=C_1.$$

引入参数 t 并按公式 $y'=\cot t$, 可以得出

$$y(t)=\frac{C_1}{1+\cot^2 t}=C_1\sin^2 t=\frac{C_1}{2}(1-\cos 2t).$$

现在定义 $x(t)$, 我们有

$$dx=\frac{dy}{y'}=\frac{2C_1\sin t\cos t\ dt}{\cot\ t}=2C_1\sin^2 t\,dt\ =C_1(1-\cos 2t)\,dt,$$

从中得出 $x-C_2=\dfrac{C_1}{2}(2t-\sin 2t)$.

从 $x(t)$, $y(t)$ 的表达式以及条件 $y(0)=0$, 我们得出 $C_2=0$. 在替换 $2t=t_1\geqslant 0$ 且 $\dfrac{C_1}{2}=\tilde{C}_1$ 后, 我们得到最速降线方程

$$x=\tilde{C}_1(t_1-\sin t_1),\quad y=\tilde{C}_1(1-\cos t_1).$$

因此, 最速降线是摆线, 而 $\tilde{C}_1$ 可从 $y(x_1)=y_1$ 的条件中得出.

现在我们来总结一下. 令泛函 $V[y]=\displaystyle\int_a^b F(x,y,y',\cdots,y^{(n)})\,dx$, 其边界条件的形式有

$$\begin{gathered}
y(a)=y_0^{(1)},\quad y(b)=y_0^{(2)};\\
y'(a)=y_1^{(1)},\quad y'(b)=y_1^{(2)};\\
\cdots\cdots\\
y^{(n-1)}(a)=y_{n-1}^{(1)},\quad y^{(n-1)}(b)=y_{n-1}^{(2)}.
\end{gathered}$$

建议读者自己写出相关的欧拉方程, 留为作业.

现在考虑如下形式的泛函

$$V[y]=\int_a^b F(x,y_1,\cdots,y_n;y_1',\cdots,y_n')\,dx, \tag{3.3.4}$$

其中 $y=(y_1,\cdots,y_n)$ 为向量函数. 我们研究端点问题

$$y_i(a)=A_i,$$

$$y_i(b) = B_i,$$

其中 $i=1,\cdots,n$; A_i, B_i 为给定的数.

定理 3.3.5 令 ① 函数 $y_1(x),\cdots,y_n(x)$ 为端点问题中泛函 $V[y]$ 的极值并且在 $[a,b]$ 上二阶连续可微; ② 函数 $F(x,y_1,\cdots,y_n;y_1',\cdots,y_n')$ 二阶连续可微. 则 $y_1(x),\cdots,y_n(x)$ 满足欧拉方程组

$$\begin{cases} F_{y_i} - \dfrac{d}{dx}F_{y_i'} = 0, \\ y_i(a) = A_i, y_i(b) = B_i, \end{cases} \quad i = 1,2,\cdots,n. \tag{3.3.5}$$

为了证明上述极值问题的必要条件, 我们注意到, 如果向量函数 $y(x)=(y_1(x), y_2(x),\cdots,y_n(x))$ 在改变所有函数分量时, 可以达到端点问题泛函 $V[y]$ 的极值, 那么同样的这个向量函数当改变一个分量而其他分量不变时, 也可以达到泛函 $V[y]$ 的极值. 由此立即得出 $y(x)$ 满足上面写出的欧拉方程组.

例 3.3.6 考虑一个力学问题. 设有 n 个具有质量 m_i 和坐标轴 (x_i,y_i,z_i) 的质点, $i=1,2,\cdots,n$, 在力的作用下运动

$$F_i = \left(-\frac{\partial u}{\partial x_i}, -\frac{\partial u}{\partial y_i}, -\frac{\partial u}{\partial z_i}\right),$$

生成的势函数为 $u=u(x_1,y_1,z_1,\cdots,x_n,y_n,z_n)$. 假设质点的坐标取决于时间 t, 我们注意到质点系统的动能具有如下形式:

$$T = \sum_{i=1}^{n} \frac{m_i}{2}\left((x_i')^2 + (y_i')^2 + (z_i')^2\right).$$

引入作用泛函

$$\int_{t_1}^{t_2} L\,dt,$$

其中 L 为拉格朗日函数: $L=T-u$, 或

$$L = \sum_{i=1}^{n} \frac{m_i}{2}\left((x_i')^2 + (y_i')^2 + (z_i')^2\right) - u(x_1,y_1,z_1,\cdots,x_n,y_n,z_n).$$

根据最小作用原理 (哈密顿原理 (Hamilton principle)), 质点沿着使得泛函值 $\displaystyle\int_{t_1}^{t_2} L\,dt$ 最小的轨迹运动. 则得到泛函 $\displaystyle\int_{t_1}^{t_2} L\,dt$ 的欧拉方程组:

$$\begin{cases} \dfrac{\partial L}{\partial x_i} - \dfrac{d}{dt}\dfrac{\partial L}{\partial x_i'} = 0, \\ \dfrac{\partial L}{\partial y_i} - \dfrac{d}{dt}\dfrac{\partial L}{\partial y_i'} = 0, \qquad i = 1, \cdots, n. \\ \dfrac{\partial L}{\partial z_i} - \dfrac{d}{dt}\dfrac{\partial L}{\partial z_i'} = 0, \end{cases}$$

通过计算导数, 我们得出运动方程组 (需要附加初始条件):

$$\begin{cases} m_i x_i'' = -\dfrac{\partial u}{\partial x_i}, \\ m_i y_i'' = -\dfrac{\partial u}{\partial y_i}, \qquad i = 1, \cdots, n. \\ m_i z_i'' = -\dfrac{\partial u}{\partial z_i}, \end{cases}$$

建议读者自己求取该方程组的初积分–能量守恒定律:

$$T + u = \text{const}.$$

思考题

1. 写出一些基本定义和定理.

(1) 给出泛函的定义.

(2) 给出连续泛函的定义.

(3) 给出可微泛函的定义.

(4) 给出泛函变分的定义.

(5) 给出最简单的变分法问题——端点问题的定义.

(6) 给出泛函的强极小值的定义.

(7) 给出泛函的强极大值的定义.

(8) 给出泛函的弱极小值的定义.

(9) 给出泛函的弱极大值的定义.

(10) 给出泛函的严格极小 (极大) 值的定义.

(11) 给出端点问题的极值的必要条件.

(12) 给出变分法基本引理的定义.

(13) 给出下述带端点问题泛函极值的必要条件:

$$V[y] = \int_a^b F(x, y_1, \cdots, y_n; y_1', \cdots, y_n')\, dx.$$

2. 以下命题和定理, 属于理论问题, 要求会证明.

(1) 证明在存在变分的条件下, 泛函存在极值的必要条件是其变分等于零.

(2) 给出端点问题泛函极值的定义, 并给出极值的必要条件.

(3) 证明变分法基本引理.

(4) 给出端点问题泛函极值的定义, 并且给出下述泛函极值的必要条件:

$$V[y]=\int_a^b F(x,y_1,\cdots,y_n;y_1',\cdots,y_n')\,dx.$$

(5) 举出一个泛函 $V[y]=\int_a^b F(x,y,y')dx$ 的欧拉方程的第一边界值问题无解的实例.

(6) 举出一个泛函 $V[y]=\int_a^b F(x,y,y')dx$ 的欧拉方程的第一边界值问题有非唯一解的实例.

(7) 写出泛函 $V[y]=\int_a^b F(y')dx$ 的欧拉方程的解.

(8) 写出泛函 $V[y]=\int_a^b F(x,y')dx$ 的欧拉方程的初积分.

(9) 写出泛函 $V[y]=\int_a^b F(y,y')dx$ 的欧拉方程的初积分.

(10) 给出并求解最速降线问题.

(11) 根据最小作用变分原理, 得出在势场中的质点运动方程.

3.4　条件极值问题

我们来研究关于泛函 $V\left[y,z\right]=\int_a^b F\left(x,y,z,y',z'\right)dx$ 的极值问题, 式中 $y=y(x)$, $z=z(x)$, 边界条件定义为

$$\begin{aligned}y\left(a\right)=y_0,\quad z\left(a\right)=z_0,\\ y\left(b\right)=y_1,\quad z\left(b\right)=z_1.\end{aligned}$$

此外, 设函数 $y=y(x)$, $z=z(x)$ 满足下述的约束方程

$$\varPhi\left(x,y,z,y',z'\right)=0.$$

由于 $\varPhi$ 不仅取决于函数 $y=y(x)$, $z=z(x)$, 还取决于它们的一阶导数, 因此这种约束称为非完全约束.

定理 3.4.1 (端点问题和非完全约束条件下的极值必要条件)　令 ① 函数 $y(x)$, $z(x)$ 是上述端点问题和非完全约束条件下泛函 $V[y,z]$ 的极值点, 并且是在区间 $[a,b]$ 上的二阶连续可微函数; ② $F,\varPhi$ 为连续二阶可微的函数，且 $\varPhi_{z'}=0$. 则存在可微函数 $\lambda(x)$, 使得 $y(x)$, $z(x)$ 满足泛函 $\int_a^b H\left(x,y,z,y',z'\right)dx$ 的欧拉方程组,

其中 $H=F+\lambda(x)\Phi$:

$$\begin{cases}F_y+\lambda\Phi_y-\dfrac{d}{dx}\left(F_{y'}+\lambda\Phi_{y'}\right)=0,\\ F_z+\lambda\Phi_z-\dfrac{d}{dx}\left(F_{z'}+\lambda\Phi_{z'}\right)=0,\\ \Phi\left(x,y,z,y',z'\right)=0,\\ y\left(a\right)=y_0,y\left(b\right)=y_1,\\ z\left(a\right)=z_0,z\left(b\right)=z_1.\end{cases}$$

证明 我们来研究泛函 $V\left[y+th_1(x),\ z+th_2(x)\right]$, 其中 $h_1(x)$, $h_2(x)$ 为满足下述边界条件的连续可微函数

$$\begin{aligned}h_1(a)=h_1(b)=0,\\ h_2(a)=h_2(b)=0.\end{aligned}$$

计算泛函 $V[y,z]$ 的变分, 并且令其等于零:

$$\frac{d}{dt}V\left[y+th_1(x),\ z+th_2(x)\right]\big|_{t=0}=\delta V\left(y,z,h_1,h_2\right)=0.$$

如同前一节所述, 利用分部积分法 (注意到 $h_1(x)$, $h_2(x)$ 的边界条件), 我们有

$$\begin{aligned}\delta V&=\int_a^b\left(F_yh_1+F_{y'}h_1'+F_zh_2+F_{z'}h_2'\right)dx\\ &=\int_a^b\left(F_y-\frac{d}{dx}F_{y'}\right)h_1dx+\int_a^b\left(F_z-\frac{d}{dx}F_{z'}\right)h_2dx=0.\end{aligned}$$

如果函数 $h_1(x)$, $h_2(x)$ 是独立的, 则我们可以得到一个欧拉方程组. 但该函数服从 (至少在小 t 时) 如下的约束方程

$$\Phi\left[x,y+th_1,\ z+th_2,y'+th_1',z'+th_2'\right]=0.$$

这将导出一个方程, 要求解该方程, 可以把 $h_2(x)$ 利用 $h_1(x)$ 来表示. 上式对 t 求导并令 $t=0$, 则有

$$\left.\frac{d\Phi}{dt}\right|_{t=0}=0,$$

或

$$\Phi_yh_1+\Phi_{y'}h_1'+\Phi_zh_2+\Phi_{z'}h_2'=0.$$

因为 $\Phi_{z'}\neq0$, 所以

$$h_2'=-\frac{\Phi_z}{\Phi_{z'}}h_2-\frac{\Phi_y}{\Phi_{z'}}h_1-\frac{\Phi_{y'}}{\Phi_{z'}}h_1'.$$

记 $a_2 = -\dfrac{\Phi_z}{\Phi_{z'}}$, $a_1 = -\dfrac{\Phi_y}{\Phi_{z'}}$, $b_1 = -\dfrac{\Phi_{y'}}{\Phi_{z'}}$, 在 $h_1(x)$ 给定的条件下, 我们得到求解 $h_2(x)$ 的柯西问题如下：

$$\begin{cases} h_2' = a_2 h_2 + (a_1 h_1 + b_1 h_1'), \\ h_2(a) = 0. \end{cases}$$

满足 $h_2(x)$ 的方程是一阶线性微分方程. 该方程的通解可由微分方程课程的知识求解, 比如可以用常数变易法得出. 请读者独立写出方程的通解, 并证明柯西问题解的形式为

$$h_2 = \int_a^x (a_1 h_1 + b_1 h_1') \exp\left(\int_\xi^x a_2 d\eta\right) d\xi.$$

因此, $h_2(x)$ 通过 $h_1(x)$ 表达出来. 将上述表达式代入变分公式的第二个积分, 在简单变换后 (改变 x 和 ξ 的积分顺序) 得出

$$\begin{aligned} &\int_b^a \left(F_z - \frac{d}{dx}F_{z'}\right) dx \int_a^x (a_1 h_1 + b_1 h_1') \exp\left(\int_\xi^x a_2 d\eta\right) d\xi \\ =& \int_b^a (a_1 h_1 + b_1 h_1')\, d\xi \int_\xi^b \left(F_z - \frac{d}{dx}F_{z'}\right) \exp\left(\int_\xi^x a_2 d\eta\right) dx \\ =& \int_a^b (a_1 h_1 + b_1 h_1')\gamma(\xi) d\xi = \int_a^b \left[a_1\gamma - \frac{d}{dx}(b_1\gamma)\right] h_1 d\xi, \end{aligned}$$

其中, $\gamma(x) = \displaystyle\int_x^b \left(F_z - \frac{d}{d\xi}F_{z'}\right) \exp\left(\int_\xi^x \frac{\Phi_z}{\Phi_{z'}} d\eta\right) d\xi$.

重命名积分变量 (x 代替 ξ), 最终得到

$$\delta V = \int_a^b \left[F_y - \frac{d}{dx}F_{y'} + a_1\gamma - \frac{d}{dx}(b_1\gamma)\right] h_1(x)\, dx = 0,$$

其中, $\gamma(x) = \displaystyle\int_x^b \left(F_z - \frac{d}{d\xi}F_{z'}\right) \exp\left(\int_\xi^x \frac{\Phi_z}{\Phi_{z'}} d\eta\right) d\xi$.

按照变分法基本引理, 有

$$F_y - \frac{d}{dx}F_{y'} + a_1\gamma - \frac{d}{dx}(b_1\gamma) = 0.$$

注意到 $a_1 = -\dfrac{\Phi_y}{\Phi_{z'}}, b_1 = -\dfrac{\Phi_{y'}}{\Phi_{z'}}$, 我们得到

$$a_1\gamma - \frac{d}{dx}(b_1\gamma) = -\frac{\Phi_y}{\Phi_{z'}}\gamma - \frac{d}{dx}\left(-\frac{\Phi_{y'}}{\Phi_{z'}}\gamma\right).$$

记 $\lambda(x) = -\dfrac{\gamma(x)}{\Phi_{z'}}$, 显然, $\lambda(x)$ 是可微函数. 这时有

$$a_1\gamma - \frac{d}{dx}(b_1\gamma) = \lambda\Phi_y - \frac{d}{dx}(\lambda\Phi_{y'}),$$

写成方程, 即有

$$F_y - \frac{d}{dx}F_{y'} + \lambda\Phi_y - \frac{d}{dx}(\lambda\Phi_{y'}) = 0,$$

或

$$F_y + \lambda\Phi_y - \frac{d}{dx}(F_{y'} + \lambda\Phi_{y'}) = 0.$$

于是我们得到在定理条件中出现的第一个欧拉方程.

重新写出第二个方程:

$$\frac{d}{dx}(\lambda\Phi_{z'}) = \left(\frac{\Phi_z}{\Phi_{z'}}\right)(\lambda\Phi_{z'}) + \left(F_z - \frac{d}{dx}F_{z'}\right).$$

将此方程视为 $\lambda\Phi_{z'}$ 的方程, 则

$$\lambda\Phi_{z'} = \int_b^x \left(F_z - \frac{d}{d\xi}F_{z'}\right)\ \exp\left(\int_\xi^x \frac{\Phi_z}{\Phi_{z'}}d\eta\right)d\xi$$

是该方程的解. 将上述表达式与前面导出的公式 $\gamma(x) = -\lambda\Phi_{z'}$ 比较, 得到该表达式满足了欧拉方程组的第二个方程. 于是定理得到了证明.

下面我们研究完全约束问题, 要求求解下述泛函

$$V[y,z] = \int_a^b F(x,y,z,y',z')dx$$

的极值, 并满足如下边界条件

$$y(a) = y_0, \quad y(b) = y_1,$$
$$z(a) = z_0, \quad z(b) = z_1$$

以及约束方程 (通信关系) $\Phi(x,y,z) = 0$.

上述边界条件不能视为独立的, 这是因为

$$\Phi(a,y_0,z_0) = 0 \text{ 以及 } \Phi(b,y_1,z_1) = 0.$$

如前述那样, 引入函数 $H = F + \lambda(x)\Phi$ 和泛函 $\displaystyle\int_a^b H(x,y,z,y',z')\,dx$. 不同于非完全约束问题, 我们有 $\Phi_{z'} \equiv 0$. 假定 $\Phi_z \neq 0$, 这时欧拉方程组具有下述的形式:

$$\begin{cases} (F_y + \lambda\Phi_y) - \dfrac{d}{dx}F_{y'} = 0, \\ (F_z + \lambda\Phi_z) - \dfrac{d}{dx}F_{z'} = 0. \end{cases}$$

定理 3.4.2 (端点问题和完全约束条件下的极值必要条件) 设有：① 函数 $y(x)$ 和 $z(x)$ 是上述完全约束条件下泛函的极值, 且均为二阶连续可微函数; ② 函数 F 连续可微具有二阶偏导数; ③ 函数 Φ 及其偏导数连续, 且 $\Phi_z \neq 0$.

这时存在连续函数 $\lambda(x)$, 使得 $y(x)$ 和 $z(x)$ 满足上面的方程组.

证明 在上一个定理的证明中已经得出泛函变分的表达式为

$$\delta V = \int_a^b \left[\left(F_y - \frac{d}{dx}F_{y'}\right)h_1 + \left(F_z - \frac{d}{dx}F_{z'}\right)h_2\right]dx = 0.$$

现在利用关系式 $\Phi_y h_1 + \Phi_z h_2 = 0$, 把 h_2 用 h_1 表示, 方法与前面的定理相同, 并利用条件 $\Phi_z \neq 0$, 得到

$$h_2 = -\frac{\Phi_y}{\Phi_z}h_1.$$

随后, 将 h_2 代入变分表达式, 并运用变分法基本引理, 得到方程

$$\left(F_y - \frac{d}{dx}F_{y'}\right) - \left(F_z - \frac{d}{dx}F_{z'}\right)\frac{\Phi_y}{\Phi_z} = 0.$$

设 $\lambda = -\dfrac{F_z - \dfrac{d}{dx}F_{z'}}{\Phi_z}$, 则得出欧拉方程组中的第一个方程. 而第二方程就是上面定义的 λ.

显然, $\lambda = \lambda(x)$ 是连续函数. 于是定理得到了证明.

作为一个简单的例子, 我们研究寻找所谓的测地线的问题. 令方程 $\Phi(x, y, z)$ 为定义在三维空间的某个曲面, 在该曲面上有两个点是确定的. 于是可以提出寻找测地线的问题, 即连接这两个点的最小长度的曲线.

假定曲线方程允许借助于参数 x 进行参数化, 则该问题变为求解下述泛函的极小化

$$V[y, z] = \int_a^b \sqrt{1 + (y')^2 + (z')^2}dx,$$

并满足适当的边界条件.

在本节的结尾, 我们考虑一个等周问题, 即求解下述泛函的极值

$$V[y] = \int_a^b F(x, y, y')dx,$$

并满足边界条件

$$y(a) = A, \quad y(b) = B$$

和附加的约束条件 (通信关系)

$$I[y]=\int_a^b G(x,y,y')\,dx=l,$$

这里, 泛函 $I[y]$ 可以为给定值.

问题被称为等周问题, 因为如果令

$$I[y]=\int_a^b \sqrt{1+(y')^2}\,dx=l,$$

则需要找到一条通过给定端点的曲线, 在该曲线上泛函 $V[y]$ 达到极值, 并且曲线的长度 (其周长) 是给定的.

为了应用本节已有的结果, 我们引入一个新的函数

$$z(x)=\int_a^x G(x,y,y')\,dx.$$

显然, $z(a)=0,\ z(b)=l$. 我们以下面的形式重新写出等周问题, 即求解下面泛函的极值

$$V[y,z]=\int_a^b F(x,y,y')\,dx,$$

其边界条件为 $y(a)=A, y(b)=B,\ z(a)=0, z(b)=l$ 以及满足不完全约束方程

$$\Phi(x,y,z,y',z')\equiv -z'+G(x,y,y')=0.$$

我们写出泛函 $\int_a^b H\,dx$ 的欧拉方程组, 其中 $H=F+\lambda\Phi$:

$$\begin{cases}(F_y+\lambda G_y)-\dfrac{d}{dx}(F_{y'}+\lambda G_{y'})=0,\\ \dfrac{d\lambda}{dx}=0.\end{cases}$$

注意到第二个方程, 这暗含着 $\lambda=\text{const}$, 即 λ 是常数.

定理 3.4.3 (固定端点等周问题极值的必要条件) 设有 ① 函数 $y(x)$ 使得泛函 $V[y]=\int_a^b F(x,y,y')dx$ 达到极值, 并且是二阶连续可微函数; ② 函数 F 和 G 连续且二阶可微. 则存在参数 λ, 使得函数 $y(x)$ 满足泛函 $\int_a^b H\,dx$ 的欧拉方程, 其中 $H=F+\lambda G$.

证明 由带固定端点和不完全约束问题定理的必要条件立即得出证明.

现在我们考虑求一条给定长度的曲线所围成的最大面积问题. 在这种情况下,

$$F = y, \quad V[y] = \int_a^b y\,dx, \quad G = \sqrt{1+(y')^2},$$

$$H = y + \lambda\sqrt{1+(y')^2}, \quad \lambda = \text{const}.$$

欧拉方程的第一积分形式有 $H - y'H_{y'} = C_1$, 或

$$y + \lambda\sqrt{1+(y')^2} - y'\lambda\frac{y'}{\sqrt{1+(y')^2}} = C_1.$$

这时我们有

$$y - C_1 = -\lambda\frac{1}{\sqrt{1+(y')^2}}.$$

根据公式 $y' = \tan t$ 引入辅助参数 t, 则 $y - C_1 = -\lambda\cos t$. 下面来求 $x(t)$. 我们有

$$dx = \frac{dy}{y'} = \frac{\lambda\sin t}{\tan t}dt = \lambda\cos t dt \Rightarrow x - C_2 = \lambda\sin t.$$

去掉参数 t, 得到圆的方程

$$(x - C_2)^2 + (y - C_1)^2 = \lambda^2.$$

参数 C_1, C_2 和 λ 可以由下面的方程组算出:

$$\begin{cases} (x - C_2)^2 + (y - C_1)^2 = \lambda^2, \\ y(a) = A, y(b) = B, \\ \displaystyle\int_a^b G dx = l. \end{cases}$$

思考题

1. 写出一些基本定义和定理.

(1) 写出端点固定且在不完全约束条件下泛函 $V[y,z] = \int_a^b F(x,y,z,y',z')\,dx$ 极值问题的定义. 写出该问题极值的必要条件.

(2) 写出端点固定且在完全约束条件下泛函 $V[y,z] = \int_a^b F(x,y,z,y',z')\,dx$ 极值问题的定义. 写出该问题极值的必要条件.

(3) 给出测地线的定义.

(4) 给出带固定端点的等周问题的定义, 并给出该问题取极值的必要条件.

2. 以下命题和定理, 属于理论问题, 要求会证明.

(1) 如果端点固定且带有不完全约束, 请导出泛函 $V[y,z] = \int_a^b F(x,y,z,y',z')\,dx$ 取极值的必要条件.

(2) 如果端点固定且带有完全约束, 请导出泛函 $V[y,z]=\int_a^b F(x,y,z,y',z')\,dx$ 取极值的必要条件.

(3) 导出带固定端点等周问题取极值的必要条件.

(4) 写出给定长度求取一条曲线使得该曲线下的面积最大的问题表述 (狄多问题).

3.5　带移动边界的问题

我们研究下述泛函极小化问题

$$V[y]=\int_a^{x_1} F(x,y,y')\,dx$$

在函数左端达到极值的情况下, 即

$$y(a)=y_0,$$

而右端可以沿着给定的曲线 $y=\varphi(x)$ 移动 (见图 3.5.1, x_1 为曲线 $y(x)$ 和 $\varphi(x)$ 交点的横坐标, $x\in[a,b]$).

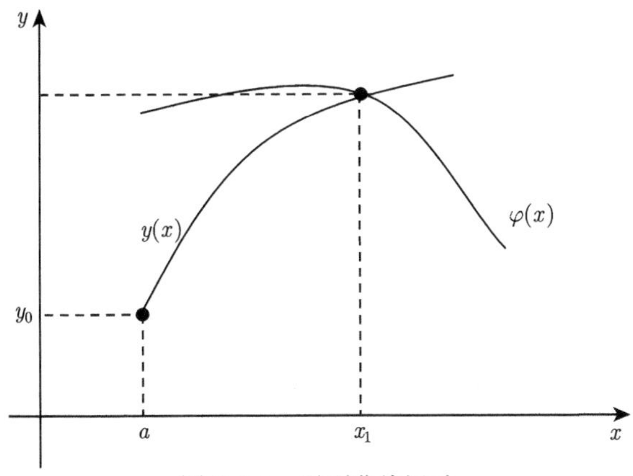

图 3.5.1　平面曲线运动

例 3.5.1　求从平面上坐标为 (a,y_0) 的点到曲线 $y=\varphi(x)$ 的距离. 问题简化为求泛函 $\int_a^{x_1}\sqrt{1+(y')^2}\,dx$ 的极小化.

我们引入泛函 $B[y]$, 并令 $x_1=B[y]$.

定理 3.5.2 (左端固定右端移动问题的极值的必要条件)　令 ① $y(x)$ 是上述移动边界问题的极值, 且二阶连续可微; ② 函数 F 为二阶可微的连续函数; ③ 函数 $\varphi(x)$ 一阶可导且连续. 则有以下结论:

(1) $y(x)$ 是欧拉方程 $F_y-\dfrac{d}{dx}F_{y'}=0$ 的解;

(2) 在 $x = x_1$ 时, 满足横截性条件 $\left(F - (y' - \varphi')F_{y'}\right)\big|_{x=x_1} = 0$.

证明　首先证明欧拉方程成立. 事实上, 如果 $y(x)$ 使得泛函 $V[y]$ 在一端固定而另一端移动的函数族上取到极值, 则在两端均固定的情况下, 泛函 $V[y]$ 同样在这样的函数族上取到极值 (即在右端 $y(x_1) = \varphi(x_1)$ 给定边界条件, 其中 x_1 为在该点取极值的函数与曲线 $y = \varphi(x)$ 相交点的横坐标). 如同在 3.3 节求固定端点问题的解时证明过的, 这里的欧拉方程同样成立.

现在我们来求泛函 $V[y]$ 变分. 给定增量 $h(x)$ 并研究带变量 t 的函数:

$$V[y + th] = \int_a^{B[y+th]} F(x, y + th, y' + th')\, dx.$$

计算关于 t 的导数:

$$\begin{aligned}\frac{d}{dt}V[y + th] = &\int_a^{B[y+th]} [F_y h + F_{y'} h']\, dx \\ &+ F\left(B[y + th], y(B) + th(B), y'(B) + th'(B)\right) \cdot \frac{d}{dt}B[y + th].\end{aligned}$$

令 $t = 0$, 则 $y + th = y(x)$, $B[y + th]\,|_{t=0} = x_1$, 于是泛函 $V[y]$ 的变分等于

$$\begin{aligned}\delta V &= \frac{d}{dt}V[y + th]\,|_{t=0} \\ &= \int_a^{x_1} [F_y(x, y, y')\, h + F_{y'}(x, y, y')\, h']dx + F(x_1, y(x_1), y'(x_1)) \\ &\quad \times \frac{d}{dt}B[y + th]\,|_{t=0}\,.\end{aligned}$$

对上式的第二项利用分部积分法, 利用左边界条件 $h(a) = 0$ 以及等式

$$\int_a^{x_1} \left(F_y(x, y, y') - \frac{d}{dx}F_{y'}(x, y, y')\right) h dx = 0, \quad \text{(这是欧拉方程的结果)}$$

我们得到变分表达式并令其为零:

$$\delta V = F_{y'}(x_1, y(x_1), y'(x_1))\, h(x_1) + F(x_1, y(x_1), y'(x_1)) \cdot \left.\frac{dB}{dt}\right|_{t=0} = 0.$$

记 $B[y + t \cdot h] = B(t)$, 并注意到 $B(0) = x_1$. 按照 $B(t)$ 的定义, 有 $y(B(t)) + t \cdot h(B(t)) \equiv \varphi(B(t))$, 这是因为左边曲线与曲线 $y = \varphi(x)$ 交点的横坐标为 $B(t)$. 对上述恒等式关于 t 求导, 得到

$$y'(B(t))\, B'(t) + t \cdot h'(B(t))\, B'(t) + h(B(t)) = \varphi'(B(t))\, B'(t),$$

其中

$$B'(t)=\frac{h\left(B(t)\right)}{\varphi'\left(B(t)\right)-y'\left(B(t)\right)-t\cdot h'\left(B(t)\right)}.$$

考虑两种情况:

(1) 若 $\varphi'(x_1)\neq y'(x_1)$, 即 $\left.\varphi'\left(B(t)\right)-y'\left(B(t)\right)\right|_{t=0}\neq 0$, 则当 $t\to 0$ 时, 可以获得极限:

$$B'(0)=\frac{h\left(x_1\right)}{\varphi'\left(x_1\right)-y'\left(x_1\right)}.$$

在这种情况下, 变分表达式的形式为

$$\delta V=\left\{\left.F_{y'}\right|_{x=x_1}+\left.F\right|_{x=x_1}\cdot\frac{1}{\varphi'\left(x_1\right)-y'\left(x_1\right)}\right\}h(x_1)=0\ .$$

考虑到 $h(x_1)$ 为任意一个数, 约分 $h(x_1)$ 得到

$$\left.\left(F-(y'-\varphi')F_{y'}\right)\right|_{x=x_1}=0,$$

此即定理中提到的横截性条件.

(2) 若 $\varphi'(x_1)=y'(x_1)$, 则 $B'(t)\underset{t\to 0}{\longrightarrow}\infty$. 在这种情况下, 下述变分为零:

$$\delta V=F_{y'}\cdot h+F\cdot\left.\frac{dB}{dt}\right|_{t=0}=0$$

当且仅当 $F\left(x_1,y(x_1),y'(x_1)\right)=0$. 容易看出当 $\varphi'(x_1)=y'(x_1)$ 时, 就是定理提到的横截性条件. 于是定理得证.

考察一个重要的特殊情况, 即自由右端问题, 如图 3.5.2 所示.

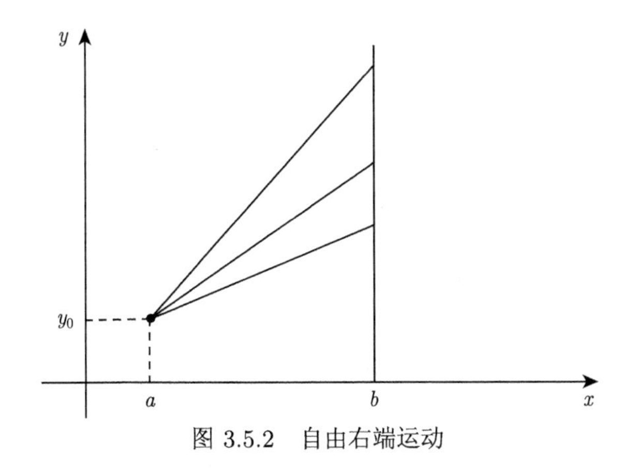

图 3.5.2 自由右端运动

令 $B(t)=b$, 即左端固定右端可以沿着直线 $x=b$ 移动 (图 3.5.2). 在这种情

况下, 我们不能使用函数 $\varphi(x)$, 这是因为边界方程 $x=b$. 显然 $\left.\dfrac{dB}{dt}\right|_{t=0}=0$. 重复前述定理的推理, 我们得到变分

$$\delta V = F_{y'} \cdot h(b) = 0.$$

由此可见 $F_{y'}|_{x=b}=0$, 即给定自由右端时的边界条件.

考虑下述形式的泛函

$$V[y] = \int_a^{B[y]} A(x,y)\sqrt{1+(y')^2}dx,$$

其中函数 $A(x,y)\neq 0$ 并且关于 x, y 可微. 特别是, 若 $A\equiv 1$, 则泛函 $V[y]$ 确定了曲线的长度. 在这种情况下, 横截性条件变成曲线 $y=y(x)$ 到 $y=\varphi(x)$ 的正交性条件.

事实上,

$$A(x_1,y(x_1))\sqrt{1+(y'(x_1))^2}-(y'(x_1)-\varphi'(x_1))\frac{A(x_1,y(x_1))y'(x_1)}{\sqrt{1+(y'(x_1))^2}}=0.$$

换算成公分母并且约去非零因子, 有

$$1+\varphi'(x_1)y'(x_1)=0,$$

得到

$$y'(x_1)=-\frac{1}{\varphi'(x_1)},$$

此即正交条件.

如果考虑一个移动边界的问题, 在移动边界上右端固定, 而左端移动, 那么可以得出同样的结论, 此时只是在左端有横截性条件.

下面研究一个两端都可以移动的问题：令泛函 $V[y]$ 的极值在左边的函数达到, 该函数可以沿着曲线 $y=\varphi_1(x)$ 移动, 而右端沿着曲线 $y=\varphi_2(x)$ 移动 (图 3.5.3). 在这种情况下, 左右两端都必须满足横截性条件.

确实, 如果在两端都可以移动的函数族上, 函数 $y(x)$ 使得泛函达到极值, 则当左端恰当固定而右端移动时, 在这样的函数族上也可以使得泛函取得极值. 由此得出右端移动时的横截性条件 (左端有类似的结论). 显然 (详见前面定理的证明), 使得泛函达到极值的这样的函数满足欧拉方程.

在本节的结尾, 我们考察一个实例. 求下述泛函的极值：

$$V[y]=\int_0^{x_1}\frac{\sqrt{1+(y')^2}}{y}dx.$$

假定左端固定, 右端可以沿着直线移动：$y(0)=0$, $y_1=x_1-5$.

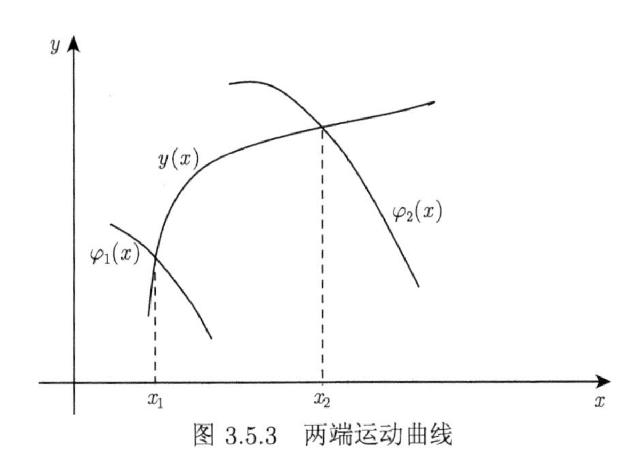

图 3.5.3 两端运动曲线

我们写出欧拉方程的第一积分

$$F-y'F_{y'}=C,$$

或

$$\frac{\sqrt{1+(y')^2}}{y}-y'\frac{y'}{y\sqrt{1+(y')^2}}=C,$$

或

$$1=C\cdot y\sqrt{1+(y')^2}.$$

引入参数 t, 设 $y'=\tan t$, 则 $y=\tilde{C}_1\cos t$, 对于 $x(t)$, 我们有

$$dx=\frac{dy}{y'}=-\frac{\tilde{C}_1\sin t\,dt}{\tan t}=-\tilde{C}_1\cos t,$$

这里

$$x=-\tilde{C}_1\sin t+\tilde{C}_2.$$

约去参数 t, 得到 $(x-C_1)^2+y^2=C_2^2$, 这是一个中心在点 $(C_1,0)$ 半径为 C_2 的圆的方程, 由左端条件 $y(0)=0$ 得到 $(x-C)^2+y^2=C^2$.

为求出常数 C, 我们注意到, 该泛函的横截性条件与曲线 $y=y(x)$ 到 $y=\varphi(x)$ 的正交性条件是一致的. 圆与直线正交只有当圆的直径位于这条直线上时成立. 由此得出, $C=5$, 即由 $(x-5)^2+y^2=25$, 或 $y=\pm\sqrt{10x-x^2}$.

思考题

1. 写出一些基本定义和定理.

(1) 写出横截性条件.

(2) 描述左端固定而右端移动条件下, 求变分得到一个简单泛函的极值问题, 并且写出该问题极值的必要条件.

(3) 描述自由左端而右端移动条件下, 求变分得到一个简单泛函的极值问题, 并且写出该问题极值的必要条件.

(4) 描述左右两端都移动的条件下, 求变分得到一个简单泛函的极值问题, 并且写出该问题极值的必要条件.

(5) 描述左右两端都为自由的条件下, 求变分得到一个简单泛函的极值问题, 并且写出该问题极值的必要条件.

2. 以下命题和定理, 属于理论问题, 要求会证明.

(1) 得出左端固定而右端移动的求泛函极值的变分法必要性条件.

(2) 得出自由左端而右端移动的求泛函极值的变分法必要性条件.

(3) 得出左右两端都移动条件下求泛函极值的变分法必要性条件.

(4) 得出左右两端都自由条件下求泛函极值的变分法必要性条件.

(5) 证明在左端固定右端移动条件下泛函 $V[y]=\int_a^{B[y]} A(x,y)\sqrt{1+(y')^2}dx$ 的极值问题中, 式中函数 $A(x,y)$ 可微, 且 $A(x,y)\neq 0$, 其横截性条件与正交性条件是一致的.

(6) 求左端固定, 即 $y(0)=0$, 而右端沿着直线 $y_1=x_1-5$ 移动的泛函 $V[y]=\int_0^{x_1}\frac{\sqrt{1+(y')^2}}{y}dx$ 的极值.

3.6　端点问题极值的充分条件

回顾端点问题：求下述泛函的极值

$$V[y]=\int_a^b F(x,y,y')dx,$$

其边界条件为

$$y(a)=A,\quad y(b)=B.$$

在 3.3 节我们对极值的必要条件给出了定义. 现在我们给出极小值的充分条件 (极大值的充分条件类似). 显然, 可以通过利用容许函数 $h(x)$ 所得到的泛函 $\left.\frac{d^2}{dt^2}V[y+th]\right|_{t=0}$ 给出. 这里我们将换一种方法.

函数 $y=\bar{y}(x)$ 使得泛函 $V[y]$ 在下述端点问题达到极小:

$$\bar{y}(a)=A,\quad \bar{y}(b)=B,$$

意味着, $V[\tilde{y}] - V[\bar{y}] \geqslant 0$ 对于所有来自 $\bar{y}(x)$ 邻域的 $\tilde{y}(x)$ 成立, 且 $\tilde{y}(a) = A$, $\tilde{y}(b) = B$. 泛函 $V[\tilde{y}]$ 可以当作是沿曲线 $\tilde{C} = \{(x,y): y = \tilde{y}(x),\ x \in [a,b]\}$ 的第二类曲线积分

$$V[\tilde{y}] = \int_a^b F\left(x, \tilde{y}, \tilde{y}'\right) dx = \int_{\tilde{C}} F\left(x, y, y'\right) dx.$$

考虑曲线 $\bar{C} = \{(x,y): y = \bar{y}(x), x \in [a,b]\}$ 并记 $V[\tilde{y}] = I(\tilde{C}), V[\bar{y}] = I(\bar{C})$. 考虑下述表达式

$$I(\tilde{C}) - I(\bar{C}) = \int_{\tilde{C}} F\left(x, y, y'\right) dx - \int_{\bar{C}} F\left(x, y, y'\right) dx,$$

我们想得出上述表达式为非负的条件. 为此, 通常的做法是, 将两条不同曲线上积分的差, 转化为沿一条曲线上的积分来处理.

我们假设函数 $y = \bar{y}(x)$ 包含在极值曲线的中央区域或某个合适的极值区域内 (图 3.6.1). 同时回想起欧拉方程的解被称为极值曲线.

令平面 (x,y) 上的区域 G 包含了由给定函数 $\bar{y}(x)$ 定义的曲线. 如果经过区域 G 的每个点, 通过一条唯一的曲线作为欧拉方程的解, 那么可以说这些极值曲线的集合构成了特征场, 称之为极值场.

如果满足相同条件, 则极值场称为中心场, 但所有极值都在一个点 ((a,A) 或者 (b,B)) 相交.

在这两种情况下, 我们都可以唯一地确定函数 $p(x,y)$: $p(x,y)$ 是经过点 (x,y) 的极值曲线 $y(x)$ 的在点 x 的导数. 在中心场的情况下, 函数 $p(x,y)$ 在区域 G 处定义, 极值曲线交点 (a,A) 或 (b,B) 除外.

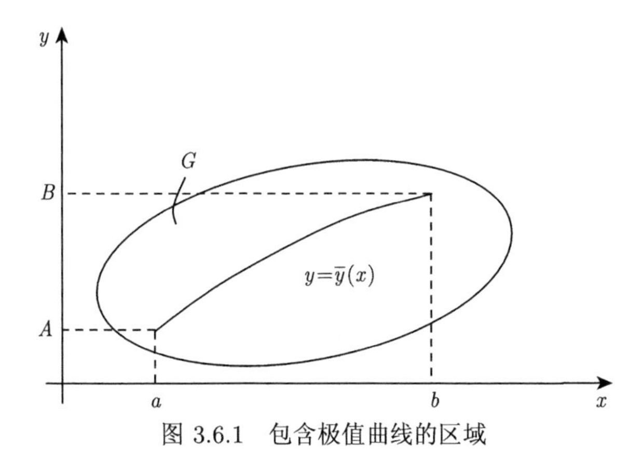

图 3.6.1 包含极值曲线的区域

我们沿曲线 $\tilde{C} \subseteq G$ 研究积分

$$J(\tilde{C}) = \int_{\tilde{C}} \left\{ F\left(x, y, p(x, y)\right) + \left(\frac{d}{dx}y(x) - p(x, y)\right) F_p\left(x, y, p(x, y)\right) \right\} dx.$$

我们发现 $J(\bar{C}) = I(\bar{C}) = V[\bar{C}]$, 因为 $\bar{y}(x)$ 属于极值场, 因此在曲线 $\bar{C}$ 上,

$$\frac{d}{dx}y(x) - p(x, y) = 0.$$

我们以下面形式重写正在研究的积分:

$$J(\tilde{C}) = \int_{\tilde{C}} \left[F\left(x, y, p\right) - pF_p\right] dx + F_p dy,$$

并注意到这是第二类曲线积分.

在积分符号下, 存在全微分. 为此, 我们有

$$\frac{\partial}{\partial y}\left(F - pF_p\right) = \frac{\partial}{\partial x}F_p.$$

注意到 $F \equiv F\left(x, y, p(x, y)\right)$, 因此

$$\frac{\partial}{\partial x}F_p = F_{px} + F_{pp}p_x,$$

$$\frac{\partial}{\partial y}\left(F - pF_p\right) = F_y + F_p p_y - F_p p_y - p\left(F_{py} + F_{pp}p_y\right).$$

极值曲线经过了区域 G 的每个点 (x, y), 因此在每个点 (x, y) 有下述关系式 (欧拉方程)

$$\left.\left(F_y - \frac{d}{dx}F_p\left(x, y, p(x, y)\right)\right)\right|_{y=y(x)} = 0,$$

其中 $y = y(x)$ 为经过给定点 (x, y) 的极值曲线 (即欧拉方程的解); 或者写成

$$F_y - F_{px} - F_{py}p - F_{pp}\left(p_x + p_y p\right) = 0,$$

也就是说等式 $\dfrac{\partial}{\partial y}\left(F - pF_p\right) = \dfrac{\partial}{\partial x}F_p$ 成立.

因此, 积分 $J(\tilde{C})$ 与选择的积分路径无关, 并且

$$V[\bar{y}] = J(\tilde{C}) = \int_{\tilde{C}} \left\{F\left(x, y, p\right) + \left(y' - p\right) \cdot F_p\left(x, y, p\right)\right\} dx = I(\bar{C}).$$

所以

$$\begin{aligned}\Delta V &= I(\tilde{C}) - I(\bar{C}) = I(\tilde{C}) - J(\tilde{C}) \\ &= \int_{\tilde{C}} \{F(x,y,y') - F(x,y,p) - (y'-p)\cdot F_p(x,y,p)\}\, dx.\end{aligned}$$

现在我们来定义魏尔斯特拉斯函数：

$$E(x,y,y',p) \equiv F(x,y,y') - F(x,y,p) - (y'-p)\cdot F_p(x,y,p).$$

显然, 存在极小值的充分条件是在 $\bar{y}(x)$ 的邻域 $E \geqslant 0$. 这取决于选择什么样的邻域——弱极小或者强极小邻域, 我们可以得出弱极小值或强极小值.

我们再一次给出强 (弱) 极小的充分性条件的定义：

(1) $y = \bar{y}(x)$ 满足欧拉方程;

(2) $y = \bar{y}(x)$ 可能被包含在自身的某个邻域或极值中心场;

(3) 在 $y = \bar{y}(x)$ 的强 (弱) 邻域, 有 $E(x,y,y',p) \geqslant 0$.

而在强 (弱) 极大值的情况下, 满足 $E \leqslant 0$ 这个充分条件就够了.

我们给出取极小值的又一个充分条件, 且该条件很容易验证. 我们假定 $F(x, y, y')$ 为 y' 的二阶连续可微函数. 在点 p (即第三个参数) 将该函数按泰勒 (Taylor) 级数展开, 其余项为拉格朗日 (Lagrange) 形式

$$F(x,y,y') = F(x,y,p) + (y'-p)\cdot F_{y'}(x,y,p) + \frac{(y'-p)^2}{2} F_{y'y'}(x,y,q),$$

其中, $q \in [p, y']$ 或 $q \in [y', p]$.

这时魏尔斯特拉斯函数的形式为

$$E(x,y,y',p) = \frac{(y'-p)^2}{2} F_{y'y'}(x,y,q).$$

为了满足条件 $E \geqslant 0$, 可在极值 $y = \bar{y}(x)$ 的邻域 (弱或强邻域) 令 $F_{y'y'} \geqslant 0$. 这是取 (弱或强) 极小值的勒让德 (Legendre) 条件. 对于弱极小, 极值曲线 $y = \bar{y}(x)$, 只要充分满足不等式 $F_{y'y'} > 0$ 就可以了. 请读者独立给出用于强和弱极大的勒让德条件下的定义.

例 3.6.1 考察下述泛函的极值

$$V[y] = \int_0^a (y')^3 dx,$$

其边界条件为 $y(0) = 0$, $y(a) = b$, $a > 0$, $b > 0$.

由欧拉方程 $y'' = 0$ 得到 $y = C_1 x + C_2$. 利用边界条件, 我们找到下面的一条曲线, 该曲线满足上述取极值的两个充分性条件：

$$y = \bar{y}(x) = \frac{b}{a} x.$$

该曲线可以被包含在极值曲线中心场内 (即 $y=Cx$ 形式的函数集合), 或极值曲线的一个适当区域$\left(\text{即 } y=\frac{b}{a}+C \text{ 形式的函数集合 } (C \text{ 为任意常数})\right)$.

这时魏尔斯特拉斯函数的形式为

$$E\left(x, y, y', p\right)=\left(y'\right)^{3}-p^{3}-\left(y'-p\right) \cdot 3 p^{2}=\left(y'-p\right)^{2}\left(y'+2 p\right)$$

并在 $y'=p, y'=-2p$ 时变为零.

在所研究的曲线 $y=\bar{y}(x)=\frac{b}{a} x$ 上有 $p=\frac{b}{a}>0$. 因此在 $\bar{y}(x)$ 的弱邻域有不等式 $E \geqslant 0$; 在强邻域该不等式显然不满足. 从而泛函 $V[y]$ 在函数 $\bar{y}(x)$ 达到弱极小.

勒让德条件更为简单, 我们有

$$F_{y' y'}=\left.6 y'\right|_{y=\frac{b}{a} x}=6 \frac{b}{a}>0.$$

最后, 让我们谈谈变分法中的数值方法:

(1) 带边界条件 $y(a)=A$, $y(b)=B$ 的方程 $F_{y}-\frac{d}{dx} F_{y'}=0$, 可以用数值解法求解.

(2) 也可以利用以下的方法: 在形如 $y_{n}=\sum_{n=1}^{N} \alpha_{n} w_{n}(x)$ 的一组函数集合中找出泛函 $V[y]=\int_{a}^{b} F\left(x, y, y'\right) dx$ 的极值, 其中 $w_{n}(x)$ 为给定的函数. 这样就将问题简化为找到 N 个变量的函数的极小值 (或极大值) 问题. 显然,

$$\max\ V[y] \geqslant \max\ \varphi\left(\alpha_{1}, \cdots, \alpha_{n}\right) \geqslant \min\ \varphi\left(\alpha_{1}, \cdots, \alpha_{n}\right) \geqslant \min\ V[y].$$

(3) 还可以采用其他方法. 在本科生的数值分析/计算方法教材中, 以及在求解极值问题的专业课, 都对这种问题的解法有专门的研究, 不在此赘述了.

思考题

1. 写出一些基本定义和定理.

(1) 给出极值中心场的定义.

(2) 给出极值特征场的定义.

(3) 利用魏尔斯特拉斯函数, 给出固定端点问题取强极小值的充分条件.

(4) 利用魏尔斯特拉斯函数, 给出固定端点问题取弱极小值的充分条件.

(5) 给出固定端点问题取强极小值的充分勒让德条件.

(6) 给出固定端点问题取弱极小值的充分勒让德条件.

(7) 利用魏尔斯特拉斯函数, 给出固定端点问题取强极大值的充分条件.

(8) 利用魏尔斯特拉斯函数, 给出固定端点问题取弱极大值的充分条件.

(9) 给出固定端点问题取强极大值的充分勒让德条件.

(10) 给出固定端点问题取弱极大值的充分勒让德条件.

2. 以下命题和定理, 属于理论问题, 要求会证明.

(1) 利用魏尔斯特拉斯函数证明固定端点问题的强极小的充分条件.

(2) 利用魏尔斯特拉斯函数证明固定端点问题的弱极小的充分条件.

(3) 证明端点问题中的勒让德强极小充分条件.

(4) 证明端点问题中的勒让德弱极小充分条件.

(5) 利用魏尔斯特拉斯函数证明固定端点问题的强极大的充分条件.

(6) 利用魏尔斯特拉斯函数证明固定端点问题的弱极大的充分条件.

(7) 证明端点问题中的勒让德强极大充分条件.

(8) 证明端点问题中的勒让德弱极大充分条件.

(9) 求解带边界条件 $y(0)=0$, $y(a)=b$, $a>0$, $b>0$ 的泛函 $V[y]=\int_0^a (y')^3 dx$ 的极值曲线并根据参数 a 和 b 的值确定极值类型 (弱或强, 极小或极大).

第 4 章　不适定问题的正则化解法

4.1　不适定问题示例：第一类弗雷德霍姆积分方程

第二类弗雷德霍姆积分方程是第 2 章重点介绍的内容, 由于我们已经介绍了变分法, 因而接下来我们重点介绍变分法在求解第一类积分方程中的应用.

研究如下的第一类弗雷德霍姆积分方程

$$Ay \equiv \int_a^b K(x,s)y(s)\,ds = f(x), \quad x \in [c,d]. \tag{4.1.1}$$

和前面一样, 我们假定积分核函数 $K(x,s)$ 是自变量集合 $x \in [c,d]$, $s \in [a,b]$ 上的连续函数, 而解 $y(s)$ 是在 $[a,b]$ 上的连续函数. 从而, 我们可以研究在下述空间上的有效的算子 A:

$$A:\, C[a,b] \to h[c,d],$$

$$A:\, h[a,b] \to h[c,d].$$

我们重点研究第一种情况并且指明在 $A:\, C[a,b] \to h[c,d]$ 条件下的第一类弗雷德霍姆方程的解.

回忆一下, 一个数学问题为适定的和不适定的定义. 称上述方程式是适定的, 如果它具有下述性质:

(1) **解的存在性**　对于任意 $[c,d]$ 内的任意函数 $f(x)$, 存在 $y(s)$ 使得方程成立.

然而, 上述要求在实际中往往不是这样的, 因为：存在无穷多连续函数 $f(x)$, 对于这些函数无解. 我们不能以一般形式证明这个命题. 必须利用泛函分析的某些资料来证明, 对这些资料的了解超出了本课程范围. 所以只有在实例中弄清楚这个命题.

给定积分核函数 $K(x,s)$, 对于任意 $s \in [a,b]$, 都存在 $K'_x(x_0,s)$, $x_0 \in (c,d)$. 这时对于任意的连续函数 $y(s)$, 存在导数 $\left(\int_a^b K(x,s)y(s)ds\right)'\Big|_{x=x_0}$. 现在取定一个连续函数作为 $f(x)$, 且不存在 $f'(x)|_{x=x_0}$. 显然, 积分方程的解不存在.

(2) **解的唯一性**　我们要求核是闭核. 这时, 如果有解, 那么它一定是唯一的.

前两个适定性条件与要求在定义域 $D(A^{-1}) = h[c,d]$ 上逆算子 A^{-1} 的存在性条件是等价的. 如果积分核是闭核, 那么存在逆算子, 但是它的定义域与 $h[c,d]$ 不相吻合, 则解不一定唯一.

(3) **解的稳定性** 这意味着, 对于任意序列 $f_n \to \bar{f}$, $Ay_n = f_n$, $A\bar{y} = \bar{f}$, 序列 $y_n \to \bar{y}$. 当存在逆算子时, 稳定性与逆算子的连续性等价.

然而我们发现事实上不是这样的, 来看下面实例. 给定连续函数的序列 $y_n(s)$, $n = 1, 2, 3, \cdots$, 在区间 $\left[\frac{a+b}{2} - d_n, \frac{a+b}{2} + d_n\right]$ 上, $y_n(s) \neq 0$, 在该区间外, 它变为零; 同时令 $\max\limits_{s\in[a,b]} |y_n(s)| = 1$, 且数列 $d_n \to 0+0$. 则总可以选择这样的函数, 例如, 部分线性函数, 这时对于任意 $x \in [c,d]$,

$$\begin{aligned} |f_n(x)| &= \left|\int_a^b K(x,s)y_n(s)ds\right| \\ &= \left|\int_{\frac{a+b}{2}-d_n}^{\frac{a+b}{2}+d_n} K(x,s)y_n(s)ds\right| \leqslant K_0 \cdot 1 \cdot 2d_n \to 0, \end{aligned} \tag{4.1.2}$$

当 $n \to \infty$ 时, 式中 $K_0 = \max |K(x,s)|$, $x \in [c,d]$, $s \in [a,b]$. 因为函数序列 $f_n(x)$ 是均匀一致的, 因此, 在 $h[c,d]$ 上, 它向边界 $\bar{f} = 0$ 收敛. 在这种情况下, 方程 $A\bar{y} = \bar{f}$ 的解为 $\bar{y} = 0$; 不过序列 y_n 不趋于 $\bar{y}$, 因为 $\|y_n - \bar{y}\|_{C[a,b]} = 1$.

之前我们已经证明了, 弗雷德霍姆算子是从 $h[a,b]$ 到 $h[c,d]$ 以及从 $C[a,b]$ 到 $h[c,d]$ 全连续算子. 我们同样使用了这样的序列 y_n, $\|y_n\|_{h[a,b]} = 1$, 在 $h[a,b]$ 中不能分出收敛的子序列. 可以选择作为这种序列的, 比如,

$$y_n(x) = \sqrt{\frac{2}{b-a}} \sin \frac{\pi n(x-a)}{b-a}, \quad n = 1, 2, 3, \cdots. \tag{4.1.3}$$

显然, 这个序列是均匀的, 也就是按 $C[a,b]$ 的范数有界, 但是由此在 $C[a,b]$ 中不能分出收敛子序列.

现在我们假定, 算子 A^{-1} 是连续算子. 不难证明 (请读者独立完成), 如果算子 B: $h[c,d] \to C[a,b]$ 是连续算子, 而算子 A 是全连续算子, 则 BA: $C[a,b] \to C[a,b]$ 也是全连续算子. 由此可见, 既然对于任意 n, 我们有

$$A^{-1}Ay_n = y_n, \tag{4.1.4}$$

那么序列 y_n 是紧序列. 这样一来, 与全连续算子相逆的算子, 不可能是连续算子.

因此, 由于第一类弗雷德霍姆积分方程求解的不适定性, 即使 $f(x)$ 带有非常小的误差原问题也可能没有解, 或者与未知的精确解有很大区别. 在处理物理实

验结果时, 特别是在天体物理学、地球物理学、高能物理学、核物理学等领域, 上述提到的问题经常会遇到, 因为函数 $f(x)$ 是从实验结果中得出的, 不可避免地带有误差.

4.2 吉洪诺夫正则化方法

吉洪诺夫在 1963 年奠定了解决不适定问题的基本理论, 使用了正则化算法 (算子) 的概念. 下面给出定义.

定义 4.2.1 (正则化算子) 算子 $R(f_\delta,\delta)\equiv R_\delta(f_\delta)$ 被称为用来求解算子方程 $Ax=f$ 的正则化算子, 其中 $A:C[a,b]\to h[c,d]$, 如果:

(1) 算子 $R_\delta(f_\delta)$ 对于任意的 $f_\delta\in h[c,d]$ 以及任意的 $0<\delta<+\infty$, 并且当每个 $\delta>0$ 时, 都是 $h[c,d]\to C[a,b]$ 的映射;

(2) 对于任意函数 $\bar{y}\in C[a,b]$ 以及任意函数 $f_\delta\in h[c,d]$, 由于 $\left\|f_\delta-\bar{f}\right\|_{h[c,d]}\leqslant\delta$, $\delta>0$, $A\bar{y}=\bar{f}$, 当 $\delta\to 0$ 时, 可以得出近似解 $y_\delta=R_\delta(f_\delta)\xrightarrow{C[a,b]}\bar{y}$.

说得更准确些, 利用上述正则化算子 $R_\delta(f_\delta)$ 可以定义一个正则化算法 (rularizing algorithm, RA) 来求解算子方程 $Ay=f$, $A:\ N_1\to N_2$, 式中 N_1 和 N_2 均为赋范空间.

一个不适定问题称为可正则化的, 如果存在至少一种用于解决该问题的正则化算法. 归纳为求解算子方程 $Ay=f$ 的所有数学问题可以分为以下几类:

(1) 适定问题;

(2) 不适定正则化问题;

(3) 不适定非正则化问题.

显然, 适定问题是可以正则化的, 因为只要选择逆算子作为正则化算子即可.

接下来, 我们考虑由吉洪诺夫提出的用于求解第一类积分方程的正则化算法.

定义吉洪诺夫泛函

$$M^\alpha[y]=\|Ay-f\|^2_{h[c,d]}+\alpha\left(||y||^2_{h[a,b]}+||y'||^2_{h[a,b]}\right),\tag{4.2.1}$$

上式中 $y(x)$ 是连续可微函数, $f\in h[c,d]$, 参数 $\alpha>0$ 称为正则化参数.

定理 4.2.2 (吉洪诺夫) 对于任意函数 $f\in h[c,d]$ 和任意正则化参数 $\alpha>0$, 都存在一个唯一的函数 $y^\alpha(s)$, 使得泛函 $M^\alpha[y]$ 达到极小, 并且是欧拉积分–微分方程边界值问题的唯一解.

证明 为了简化起见, 将吉洪诺夫泛函中的函数空间的下标符号略去, 即

$$M^\alpha[y]=\|Ay-f\|^2+\alpha\left(||y||^2+||y'||^2\right),\tag{4.2.2}$$

其中,

$$\|y\|^2 = \int_a^b y^2(s)\,ds, \quad \|y'\|^2 = \int_a^b (y'(s))^2\,ds,$$

$$\|Ay - f\|^2 = \int_c^d \left(\int_a^b K(x,s)y(s)ds - f(x) \right)^2 dx.$$

接下来, 我们计算吉洪诺夫泛函的变分, 并且令它等于零. 这时求的是强变分, 我们建议读者将弱变分也当成是零,

$$\frac{d}{dt} M^\alpha[y + th]\bigg|_{t=0} = 0, \tag{4.2.3}$$

并确保结果不会改变.

我们首先确定边界条件. 假定我不知道在 $[a, b]$ 段末端的值 $y(s)$, 所以我们考虑自由端点问题. 在 3.5 节, 对这种情况曾经得出过寻找泛函

$$V[y] = \int_a^b F(x, y, y')\,dx$$

极值问题的边界条件, 即

$$F_{y'}\big|_a = 0, \quad F_{y'}\big|_b = 0, \tag{4.2.4}$$

我们发现, 在吉洪诺夫泛函中, 只有 $\alpha \|y'\|^2 = \alpha \int_a^b (y'(s))^2\,ds$ 取决于 y', 所以 $F_{y'} = 2\alpha y'$, 并且我们可以得出第二类齐次边界条件

$$y'(a) = 0, \quad y'(b) = 0. \tag{4.2.5}$$

下面计算吉洪诺夫泛函的变分. 为此我们记自变量的增量为 δy, 并且按照 δy 分出差值 $M^\alpha[y + \delta y] - M^\alpha[y]$ 的线性部分; 为了得出欧拉方程, 将增量线性部分看作是零.

于是, 我们来研究差值

$$M^\alpha[y + \delta y] - M^\alpha[y] = \|A(y + \delta y) - f\|^2 + \alpha \left(\|y + \delta y\|^2 + \|y' + \delta y'\|^2 \right) - M^\alpha[y], \tag{4.2.6}$$

式中 δy 是满足下述边界条件的连续可微函数

$$\delta y'(a) = 0, \quad \delta y'(b) = 0. \tag{4.2.7}$$

我们发现

$$\|A(y+\delta y)-f\|^2=\|(Ay-f)+A\delta y\|^2=((Ay-f)+A\delta y,(Ay-f)+A\delta y)$$
$$=(Ay-f,Ay-f)+2((Ay-f),A\delta y)+(A\delta y,A\delta y)$$
$$=\|(Ay-f)\|^2+2(A^*Ay-A^*f,\delta y)+\|A\delta y\|^2. \tag{4.2.8}$$

在上述表达式中的最后一项满足不等式 $\|A\delta y\|^2\leqslant\|A\|^2\|\delta y\|^2$, 从而得出 $\|A\delta y\|^2=o(\|\delta y\|)$.

接下来, 我们容易看出

$$\begin{cases}\|y+\delta y\|^2=(y+\delta y,y+\delta y)=\|y\|^2+2(y,\delta y)+\|\delta y\|^2,\\ \|y'+\delta y'\|^2=(y'+\delta y',y'+\delta y')=\|y'\|^2+2(y',\delta y')+\|\delta y'\|^2.\end{cases} \tag{4.2.9}$$

做一个换算:

$$(y',\delta y')=\int_a^b y'(s)\,\delta y'(s)\,ds=y'\delta y|_a^b-\int_a^b y''(s)\,\delta y(s)\,ds=-(y'',\delta y),$$

之所以 $y'\delta y\big|_a^b=0$, 是因为 $y'(a)=y'(b)=0$. 因此,

$$M^\alpha[y+\delta y]-M^\alpha[y]$$
$$=2(A^*Ay-A^*f,\delta y)+\|A\delta y\|^2+2\alpha((y,\delta y)-(y'',\delta y))+\alpha\|\delta y\|^2+\alpha\|\delta y'\|^2$$
$$=2(A^*Ay-A^*f+\alpha(y-y''),\delta y)+\|A\delta y\|^2+\alpha\left(\|\delta y\|^2+\|\delta y'\|^2\right). \tag{4.2.10}$$

按照 δy 选择增量的线性部分, 并且令其等于零:

$$(A^*Ay-A^*f+\alpha(y-y''),\delta y)=\int_a^b(A^*Ay-A^*f+\alpha(y-y''))\,\delta y(s)ds=0. \tag{4.2.11}$$

这里作为练习, 建议读者自己证明变分基本引理的必要条件 (见 3.3 节), 并导出下面的欧拉方程

$$A^*Ay-A^*f+\alpha(y-y'')=0. \tag{4.2.12}$$

最终我们得到, 使得吉洪诺夫泛函达到极值的函数, 是欧拉积分–微分方程的第二类边界值问题的解:

$$\begin{cases}A^*Ay+\alpha(y-y'')=A^*f,\\ y'(a)=0,\ \ y'(b)=0.\end{cases} \tag{4.2.13}$$

通过求解该问题, 达到吉洪诺夫泛函的最小值, 因为如果 y 是这个问题的解, 则有

$$M^{\alpha}[y+\delta y]-M^{\alpha}[y]=\|A\delta y\|^{2}+\alpha\left(\|\delta y\|^{2}+\|\delta y'\|^{2}\right)\geqslant 0 \tag{4.2.14}$$

用于任意容许的增量 δy 都成立.

重新以下面的形式写出边界值问题:

$$\begin{cases} y''-y=\dfrac{1}{\alpha}\left(A^{*}Ay-A^{*}f\right), \\ y'(a)=0,\ y'(b)=0. \end{cases} \tag{4.2.15}$$

正如从微分方程的课程中所知道的, 如果存在下述问题的格林函数

$$\begin{cases} y''-y=F, \\ y'(a)=0,\ y'(b)=0, \end{cases} \tag{4.2.16}$$

那么它的解可以以 $y(\tau)=\displaystyle\int_{a}^{b}G(\tau,\xi)F(\xi)\,d\xi$ 的形式表示.

让我们证明这样的格林函数存在. 为了证明这一点, 只要证明齐次边值问题

$$\begin{cases} y''-y=0, \\ y'(a)=0,\ y'(b)=0 \end{cases} \tag{4.2.17}$$

只有平凡解就够了.

方程 $y''-y=0$ 的通解可以以下面的形式写出

$$y=\tilde{C}_{1}e^{\tau}+\tilde{C}_{2}e^{-\tau}=C_{1}\mathrm{ch}(\tau-a)+C_{2}\mathrm{ch}(\tau-b). \tag{4.2.18}$$

由第一边界条件得出 $C_2=0$, 由第二边界条件得出 $C_1=0$. 所以这个边界值问题只有平凡解, 因此, 格林函数是存在的. 请读者把构造该格林函数作为练习.

如果我们将带核的积分算子–格林函数 (用算子 G 表示) 作用于欧拉积分-微分方程的左侧和右侧, 则得到第二类弗雷德霍姆积分方程

$$y=\frac{1}{\alpha}\left(GA^{*}Ay-GA^{*}f\right), \tag{4.2.19}$$

这与欧拉方程的第二个边界值问题等价. 请读者自己证明这两个问题的等价性, 可参考 2.14 节.

算子 $A^{*}A$ 的核的形式为

$$\tilde{K}(\xi,s)=\int_{c}^{d}K(\eta,\xi)K(\eta,s)\,d\eta, \tag{4.2.20}$$

而算子核 GA^*A 核的形式为

$$\tilde{G}(\tau, s) = \int_a^b G(\tau, \xi)\tilde{K}(\xi, s)\, d\xi. \tag{4.2.21}$$

上述核函数 $\tilde{K}(\xi, s)$, $K(\eta, s)$, $G(\tau, \xi)$ 关于自变量参数的连续核, 因此, 核函数 $\tilde{G}(\tau, s)$ 按照自变量参数集合同样是连续核. 同样显而易见的是, 所获得的第二类弗雷德霍姆方程中的非齐次函数 $-\frac{1}{\alpha}(GA^*f)$ 也是一个连续函数. 因此, 为了证明弗雷德霍姆方程解的存在和唯一性, 只要针对替代该方程的齐次方程问题 (下述的 (4.2.22)), 证明

$$y = \frac{1}{\alpha} GA^*Ay \tag{4.2.22}$$

只有平凡解就足够了.

上述齐次方程与以下边界值问题等效:

$$\begin{cases} \alpha\,(y - y'') + A^*Ay = 0, \\ y'(a) = y'(b) = 0. \end{cases} \tag{4.2.23}$$

令 y 是它的任意解. 方程左右两边都乘以 y 并且从 a 到 b 的范围内求积分, 我们发现

$$\begin{gathered} (y, y) = \|y\|^2, \quad (A^*Ay, y) = \|Ay\|^2, \\ -\left(y'', y\right) = -\int_a^b y''(\tau)y(\tau)\, d\tau = -y'y\big|_a^b + \int_a^b \left(y'\right)^2 d\tau = \|y'\|^2. \end{gathered} \tag{4.2.24}$$

从而得出边界值问题的解满足下述等式

$$\|Ay\|^2 + \alpha\, \|y\|^2 + \alpha\, \|y'\|^2 = 0. \tag{4.2.25}$$

因为 $\alpha > 0$, 所以 $y \equiv 0$, 从而定理得到了证明.

引理 4.2.3　考虑在 $[a, b]$ 上连续可微的函数 $y(x)$ 的集合, 满足

$$\|y\|_{h[a,b]}^2 + \|y'\|_{h[a,b]}^2 \leqslant C^2, \quad C > 0. \tag{4.2.26}$$

则该函数集是一致有界和等度连续的.

证明　我们发现, 从引理条件的不等式可以得出

$$\|y\| \leqslant C, \quad \|y'\| \leqslant C.$$

首先来证明等度连续性. 取满足引理条件的任意函数 $y(x)$, 以及任意 $x_1, x_2 \in [a, b]$, 则有

$$
\begin{aligned}
|y(x_2)-y(x_1)| &= \left|\int_{x_1}^{x_2} y' dx\right| \\
&\leqslant \sqrt{\left|\int_{x_1}^{x_2} 1\cdot dx\right|}\cdot\sqrt{\left|\int_{x_1}^{x_2} \left(y'(x)\right)^2 dx\right|} \\
&\leqslant \sqrt{|x_2-x_1|}\sqrt{\int_a^b \left(y'(x)\right)^2 dx} \leqslant C\sqrt{|x_2-x_1|}.
\end{aligned}
$$

从该不等式可以得出函数集是等度连续的.

下面来证明一致有界性.

从不等式 $\int_a^b y^2(x)dx \leqslant C^2$, $C>0$, 运用均值定理, 得出

$$
y^2(\xi)\int_a^b dx \leqslant C^2, \quad \xi\in[a,b],
$$

这里 $|y(\xi)|\leqslant \dfrac{C}{\sqrt{b-a}}$.

选取任意点 $x\in[a,b]$, 这时有

$$
\begin{aligned}
|y(x)| &= |y(\xi)+y(x)-y(\xi)| \leqslant |y(\xi)|+|y(x)-y(\xi)| \\
&\leqslant \frac{C}{\sqrt{b-a}}+C\sqrt{|x-\xi|} \leqslant \frac{C}{\sqrt{b-a}}+C\sqrt{b-a}\equiv\tilde{C},
\end{aligned}
$$

上式中参数 $\tilde{C}$ 既不取决于 x, 也不取决于 y. 因此, 函数集一致有界, 引理得证.

推论 4.2.4 设 $\{y_n(x)\}, n=1,2,3,\cdots$ 为 $[a,b]$ 上满足下述不等式的连续可微函数序列

$$
\|y_n\|_{h[a,b]}^2+\|y_n'\|_{h[a,b]}^2 \leqslant C^2, \quad C>0, \tag{4.2.27}
$$

则该序列是空间 $C[a,b]$ 上的紧序列.

证明 根据上述证明过的引理, 该序列是一致有界且等度连续的. 按照阿尔采拉定理 (Arzelá theorem), 从该序列可以分出一致收敛的子列, 而连续函数的一致收敛序列收敛到连续函数, 命题得证.

定理 4.2.5 (吉洪诺夫) 令 $f_\delta(x)$ 为区间 $[c,d]$ 上的连续函数, 且 $\|f_\delta-\bar{f}\|_{h[c,d]}\leqslant\delta$, 其中 $\delta\in(0,\delta_0]$, $\delta_0>0$; 函数 $\bar{f}$ 满足 $A\bar{y}=\bar{f}$, 其中 A 是带核函数为 $K(x,s)$ 的积分算子, $x\in[c,d]$, $s\in[a,b]$, 该算子按自变量集合是连续且闭的算子, 而 $\bar{y}(x)$ 是 $[a,b]$ 上的连续可微函数. 设正则化参数 $\alpha(\delta)>0$ 满足下述要求: $\alpha(\delta)\to0$, 当 $\delta\to0$ 时, 且对于任意 $\delta\in(0,\delta_0]$, 有 $\dfrac{\delta^2}{\alpha(\delta)}\leqslant C$, 其中 $C>0$. 则

$y_\delta^{\alpha(\delta)} = \arg\min M^{\alpha(\delta)}[y]$ 为达到吉洪诺夫泛函极小值的函数, 使得

$$M^\alpha[y] = \|Ay - f_\delta\|_{h[c,d]}^2 + \alpha\left(\|y\|_{h[a,b]}^2 + \|y'\|_{h[a,b]}^2\right), \quad \alpha = \alpha(\delta), \tag{4.2.28}$$

该函数拥有这样的性质：当 $\delta \to 0$ 时, $y_\delta^{\alpha(\delta)} \xrightarrow{C[a,b]} \bar{y}$.

在开始证明定理之前, 我们发现, 在积分方程精确解的连续可微附加条件下, 即 $\bar{y} \in C^{(1)}[a, b]$, 积分算子作用于 $A: C[a,b] \to h[c,d]$, 我们得出了吉洪诺夫正则化算法.

证明 注意到, 正如上面证明过的一样, 满足 (4.2.28) 的函数 $y_\delta^{\alpha(\delta)}$ 存在且唯一. 下面采用反证法证明其收敛性. 假定 $\delta \to 0$ 时, 在 $C[a,b]$ 上, $y_\delta^{\alpha(\delta)}$ 不趋于 $\bar{y}$, 这时存在 $\varepsilon > 0$ 以及序列 $\delta_k \to 0$ 使得 $\left\|y_{\delta_k}^{\alpha(\delta_k)} - \bar{y}\right\|_{C[a,b]} \geqslant \varepsilon > 0$.

注意到

$$\begin{aligned} M^\alpha[y_\delta^\alpha] &= \min M^\alpha[y] \leqslant M^\alpha[\bar{y}] \\ &= \|A\bar{y} - f_\delta\|^2 + \alpha\left(\|\bar{y}\|^2 + \|\bar{y}'\|^2\right) \leqslant \delta^2 + \alpha\left(\|\bar{y}\|^2 + \|\bar{y}'\|^2\right), \end{aligned}$$

从而得出

$$\|Ay_\delta^\alpha - f_\delta\|^2 + \alpha\left(\|y_\delta^\alpha\|^2 + \left\|(y_\delta^\alpha)'\right\|^2\right) \leqslant \delta^2 + \alpha\left(\|\bar{y}\|^2 + \|\bar{y}'\|^2\right).$$

上述不等式的左边两项都是非负的, 因此我们能得到下述两个不等式：

(1) $\|y_\delta^\alpha\|^2 + \left\|(y_\delta^\alpha)'\right\|^2 \leqslant \dfrac{\delta^2}{\alpha} + \|\bar{y}\|^2 + \|\bar{y}'\|^2$;

(2) $\|Ay_\delta^\alpha - f_\delta\|^2 \leqslant \delta^2 + \alpha\left(\|\bar{y}\|^2 + \|\bar{y}'\|^2\right)$.

由 $\alpha = \alpha(\delta)$ 的取法, 则当 $\delta \in (0, \delta_0]$ 时, $\dfrac{\delta^2}{\alpha} \leqslant C$, 从第一个不等式, 得出

$$\left\|y_\delta^{\alpha(\delta)}\right\|^2 + \left\|(y_\delta^{\alpha(\delta)})'\right\|^2 \leqslant C + \|\bar{y}\|^2 + \|\bar{y}'\|^2 \leqslant \tilde{C}.$$

根据前述证明过的引理, 序列 $y_{\delta_k}^{\alpha(\delta_k)}$ 是空间 $C[a,b]$ 上的紧序列. 因而存在该序列的子列以及 $[a,b]$ 上的连续函数 y^*, 使得该子列一致收敛于 y^*.

不失一般性, 我们假定 $k \to \infty$ 时, $y_{\delta_k}^{\alpha(\delta_k)} \xrightarrow{C[a,b]} y^*$. 这时

$$\begin{aligned} \left\|Ay_{\delta_k}^{\alpha(\delta_k)} - A\bar{y}\right\|_{h[c,d]} &= \left\|Ay_{\delta_k}^{\alpha(\delta_k)} - f_{\delta_k} + f_{\delta_k} - \bar{f}\right\| \\ &\leqslant \left\|Ay_{\delta_k}^{\alpha(\delta_k)} - f_{\delta_k}\right\| + \delta_k \\ &\leqslant \sqrt{\delta_k^2 + \alpha(\delta_k)(\|\bar{y}\|^2 + \|\bar{y}'\|^2)} + \delta_k. \end{aligned}$$

由于 $M^\alpha[y_\delta^\alpha] \leqslant M^\alpha[\bar{y}]$, 这里我们利用了第二个不等式. 当 $k\to\infty$ 时, 取极限, 我们得出 $\|Ay^*-A\bar{y}\|=0$ 或者 $Ay^*=A\bar{y}$.

由于积分算子是一对一的 (核的封闭性), 因此由等式 $Ay^*=A\bar{y}$ 得出 $y^*=\bar{y}$. 故当 $k\to\infty$ 时 $y_{\delta_k}^{\alpha(\delta_k)} \xrightarrow{C[a,b]} \bar{y}$, 这与假设条件 $\|y_{\delta_k}^{\alpha(\delta_k)}-\bar{y}\| \geqslant \varepsilon > 0$ 相矛盾. 于是定理得到了证明.

推论 4.2.6 令 $\delta=0, f_\delta=\bar{f}$, $M^\alpha[y]=\left\|Ay-\bar{f}\right\|^2+\alpha(\|y\|^2+\|y'\|^2)$, $y^\alpha=\arg\min M^\alpha[y]$. 则当 $\alpha\to 0+0$ 时, $y^\alpha \xrightarrow{C[a,b]} \bar{y}$.

该命题的证明与上述定理的证明大部分重复, 请读者自己完成.

注 4.2.7 先验选取正则化参数准则: 定理 4.2.5 告诉我们正则化问题的解若要逼近真实解, 则正则化参数需要满足: $\alpha(\delta)\to 0$, 当 $\delta\to 0$ 时, 且对于任意 $\delta\in(0,\delta_0]$, 有 $\dfrac{\delta^2}{\alpha(\delta)}\leqslant C$, 其中 $C>0$. 但显然这样的正则化参数 $\alpha=\alpha(\delta)$ 不是最优的, 有无穷多个这样的参数满足上述条件.

注 4.2.8 注意到正则化参数 $\alpha=\alpha(\delta)$ 是与观测噪声 (误差) 水平 δ 相关的, 这也就启发我们可以选择与噪声水平相关的后验正则化参数选取准则, 如 Morozov 偏差原则, 以及由此引申的广义偏差原则等. 7.2.3 节给出了一个后验高效选取正则化参数的方法.

注 4.2.9 在实际问题中, 有时候噪声水平不好估计, 这时候可以采用吉洪诺夫提出的拟最优准则 (肖庭延等, 2003; Tikhonov and Arsenin, 1977), 即最优化下面的问题

$$\alpha_{\text{opt}}=\min_{\alpha>0}\left\{\left\|\alpha\frac{dy^\alpha}{d\alpha}\right\|\right\}$$

其基本思想是: 让正则化参数 α 以及正则解对该参数的变化率同时稳定在尽可能小的水平上. 记 $\rho_q(\alpha)=\left\|\alpha\dfrac{d}{d\alpha}y^\alpha\right\|^2, \alpha>0$, 则 $\rho_q(\alpha)$ 易由下述公式

$$\alpha\frac{d}{d\alpha}y^\alpha=-\alpha(A^*A+\alpha I)^{-1}y^\alpha$$

算得. 注意到在有限维情形总有 $\rho_q(0)=0$, 因此在实际计算时应当将初始值 α_0 取得稍大些.

注 4.2.10 也有文献提出了不依赖于噪声水平的正则化参数选择方法, 比如 L-曲线选择正则参数的方法, 即以 log-log 尺度来描述 $\|y^\alpha\|$ 与 $\|f-Ay^\alpha\|$ 的曲线对比, 进而根据该对比结果来确定正则参数的方法. 其名称由来是基于上述尺度作图时将出现一个明显的 L-曲线, 但是, 该方法不一定能正确地求解不适定的反问题. 这只要注意到下面的定理即可.

定理 4.2.11 设 $\|A_h - A\| \leqslant h$, $\|f_\delta - \bar{f}\| \leqslant \delta$, 其中算子–数据集合 $\{A_h, f_\delta\}$ 表示精确算子–右端集合 $\{A, \bar{f}\}$ 的逼近, 令 $R(A_h, f_\delta)$ 为集合 $L(N_1, N_2) \otimes N_2 \to N_1$ 的映射, 若 $R(A_h, f_\delta)$ 能够构成一个正则化算法且不明显依赖于 (δ, h), 则映射 $P(A, \bar{y}) = A^+\bar{y}$($A^+$ 为广义逆) 在区域 $L(N_1, N_2) \otimes \big(R(A) \oplus R^\perp(A)\big)$ 上是连续的.

证明 根据正则化的定义, 对于每个 $\left(A, \bar{f}\right) \in L(N_1, N_2) \otimes \big(R(A) \oplus R^\perp(A)\big)$ 有 $R\left(A, \bar{f}\right) = A^+v = P\left(A, \bar{f}\right)$ 成立; 对于 $\left(A, \bar{f}\right), (A_h, f_\delta) \in L(N_1, N_2) \otimes \big(R(A) \oplus R^\perp(A)\big)$, 当 $h, \delta \to 0$ 时, 有 $P(A_h, f_\delta) = R(A_h, f_\delta) \to A^+\bar{f} = P\left(A, \bar{f}\right)$ 成立; 于是, 映射 $P(A, f)$ 在集合 $L(N_1, N_2) \otimes \big(R(A) \oplus R^\perp(A)\big) \subset L(N_1, N_2) \otimes N_2$ 是连续的.

定理 4.2.11 表明不依赖于观测数据误差 (δ, h) 的算法, 只能求解定义在算子–数据集 $L(N_1, N_2) \otimes \big(R(A) \oplus R^\perp(A)\big) \subset L(N_1, N_2) \otimes N_2$ 上, 即原始问题是适定的, 而非不适定问题.

关于其他正则化参数的选择方法, 比如统计的 GCV 策略等, 我们推荐阅读: Engl 等 (1996), Cheng 和 Yamamoto (2000), Cheng 等 (2014), *Numerical methods for solving ill-posed problems* (Tikhonov et al., 1995), 《反问题的数值解法》(肖庭延等, 2003) 和《反演问题的计算方法及其应用》(王彦飞, 2007).

4.3 正则化方法的基本思想

由前面的讨论可以看出, 处理不适定问题 (反问题) 的基本思想是: 用一簇与原问题相临近的适定问题的解, 去逼近原问题的解. 具体地说, 需要以下步骤.

(1) **分析与确定原问题的性态.**

在传统意义下的解是否存在/唯一/稳定? 如果 “解” 不存在, 如何拓广解的含义. 定义 “广义的解答”; 如果 “解” 不唯一, 则应找出一种准则, 使其唯一; 若不稳定, 则应当:

(2) **构造与原问题相临近的适定问题.**

寻找一些合理的补充信息, 如 “解” 的有界性、光滑性、稀疏性、分段特性等, 考虑带某些约束条件的变分问题或约束优化问题, 并力图将其变为 “无约束” 的问题 (比如用拉格朗日乘子法/阻尼最小二乘法等).

(3) **如何调节和控制 “临近程度”?**

这通常与调节某些参数 (比如一个或多个正则参数) 有关. 注意: 这些参数如果太大, 会导致与原问题的解相距甚远; 如果太小, 则可能又变成不稳定问题了.

(4) **数值实现考量.**

与上面的问题相联系, 应当考虑如何数值实现, 这包含问题规模、机器运行速度、算法收敛速度、问题复杂程度等.

关于不适定问题的各种各样的正则化解法, 在《反问题的数值解法》(肖庭延等, 2003) 和《反演问题的计算方法及其应用》(王彦飞, 2007) 有着详尽的描述, 本章不再重复.

思考题

1. 写出一些基本定义和定理.

(1) 给出适定和不适定问题的定义.

(2) 给出正则化不适定问题的定义.

(3) 给出吉洪诺夫正则化算法.

(4) 写出吉洪诺夫泛函.

(5) 给出吉洪诺夫泛函极小解的存在性及其唯一性定理.

(6) 构造当输入数据带误差时的求解第一类弗雷德霍姆积分方程的正则化算法, 并给出一个求取吉洪诺夫泛函正则化参数的定理.

2. 以下命题和定理属于理论问题, 要求会证明.

(1) 证明: 在 $C[a,b]$ 内, 带小参数 λ 的第二类弗雷德霍姆积分方程解的适定性.

(2) 证明: 在 $h[a,b]$ 内, 带小参数 λ 的第二类弗雷德霍姆积分方程解的适定性.

(3) 证明: 在积分算子作用于 $A: C[a,b] \to h[a,b]$ 的情况下, 第一类弗雷德霍姆积分方程解的不适定性.

(4) 证明: 如果从 $h[a,b]$ 到 $h[c,d]$ 的算子 A 是全连续算子, 则逆算子无界.

(5) 证明吉洪诺夫泛函极小值的存在性及唯一性定理.

(6) 构造当输入数据带误差时的求解第一类弗雷德霍姆积分方程的正则化算法, 给出并证明一个求取吉洪诺夫泛函正则化参数的定理.

(7) 证明定理: $A: C[a,b] \to h[c,d]$ 的一对一的积分算子带有连续核, 并且 $A\bar{y} = \bar{f}$, 其中 $\bar{y}(x)$ 是 $[a,b]$ 上的连续可微函数, $M^\alpha[y] = \left\|Ay - \bar{f}\right\|^2 + \alpha\left(\|y\|^2 + \|y'\|^2\right)$ (这里的范数分别定义在空间 $h[c,d]$ 和 $h[a,b]$ 上), $y^\alpha = \arg\min M^\alpha[y]$. 则当 $\alpha \to 0+0$ 时, $y^\alpha \xrightarrow{C[a,b]} \bar{y}$.

(8) 证明: 在 $[a,b]$ 上的连续可微函数集 $y(x)$, 即 $\|y\|^2_{h[a,b]} + \|y'\|^2_{h[a,b]} \leqslant C^2, C > 0$ 是一致有界且等度连续的.

(9) 证明: 在 $[a,b]$ 中连续可微的函数序列 $\{y_n(x)\}, n = 1,2,3,\cdots$ 满足不等式 $\|y_n\|^2_{h[a,b]} + \|y'_n\|^2_{h[a,b]} \leqslant C^2$, 且是 $C[a,b]$ 中的紧序列.

(10) 研究方程 $\displaystyle\int_a^x y(s)ds = f(x), x, s \in [a,b]$ 的可解性.

第 5 章　求解不适定问题的最优化方法

5.1　离散不适定问题

当我们要在计算机上求近似的数值解时, 必然进行离散化, 化为有限维的问题来处理. 我们主要考虑积分算子方程的离散化. 对于微分算子方程的离散化, 可以通过有限差分或有限元方法实现, 比如文献 (Wang et al., 2014, 2016; Chen et al., 2020), 其中介绍了众多的差分模板.

积分算子方程的离散化主要参考作者 2003 年出版的《反问题的数值解法》, 此处, 简单回顾一下, 详情不做赘述.

我们以具有连续核 $K(x,s)$ 的第一类弗雷德霍姆积分方程

$$(Az)(x)=\int_a^b K(x,s)z(s)ds=u(x),\quad x\in[c,d] \tag{5.1.1}$$

为例, 来讨论由吉洪诺夫正则化方法得到的连续正则解的有限维逼近问题, 但这里给出的方法对于第一类沃尔特雷方程、阿贝尔方程等原则上都是适用的.

一般来讲, 不适定问题离散化以后, 得到的代数方程组 (可以为线性或非线性的), 同样是不适定的, 称之为 “离散不适定问题”.

作为示例, 只给出两类简单的离散化方法.

5.1.1　积分方程离散化的数值积分法

设对应于区间 $[a,b]$ 的 $n+1$ 个等距求积节点为: $s_k^{(n)}=a+kh,\ k=0,1,\cdots,n$; $h=\dfrac{b-a}{n}$; 上述记号反映了求积节点与区间 $[a,b]$ 的划分与 n,h 有关, 但为简便计, 我们通常省略其中的上标; 对于定义在该区间上的可积函数相应于这些节点的求积系数亦作如是观. 于是给出的积分算子 $(Az)(x)$ 可用下述数值积分算子来近似:

$$(Az)(x)\approx(A_nz)(x):=\sum_{k=0}^{n}\beta_kK(x,s_k)z(s_k),\quad x\in[c,d],$$

其中 β_k 为求积系数, 它与采用的具体求积方法有关. 例如, 若记 $z_j=z(s_j)$, $K_j(x)=K(x,s_j), j=0,1,\cdots,n$, 则对于梯形公式和辛普森 (Simpson) 公式 (其

中 n 为偶数), 我们分别有

$$(A_n^{(T)}z)(x) = \frac{h}{2}\left[K_0(x)z_0 + 2K_1(x)z_1 + \cdots + 2K_{n-1}(x)z_{n-1} + K_n(x)z_n\right],$$

$$\begin{aligned}(A_n^{(S)}z)(x) = \frac{h}{3}[&K_0(x)z_0 + 4K_1(x)z_1 + 2K_2(x)z_2 + \cdots \\ &+ 2K_{n-2}(x)z_{n-2} + 4K_{n-1}(x)z_{n-1} + K_n(x)z_n].\end{aligned}$$

5.1.2 积分方程离散化的插值法

设基于插值节点 $\{s_k\}_{k=0}^n$ 的插值基函数为 $L_k(s), k = 0, 1, \cdots, n$, $z(s) \in F$ 在节点处的值记为 $z_k = z(s_k), k = 0, 1, \cdots, n$. 于是, 可在 $F_n = \text{span}\{L_0, L_1, \cdots, L_n\} \subset F$ 中将待求解 $z(s)$ 近似地表为

$$z(s) \approx z_n(s) := \sum_{k=0}^{n} z_k L_k(s).$$

从而

$$(Az)(x) \approx (Az_n)(x) := \sum_{k=0}^{n} \beta_k(x) z_k, \quad x \in [c, d],$$

其中

$$\beta_k(x) = \int_a^b K(x, s) L_k(s) ds, \quad k = 0, 1, \cdots, n.$$

前述的插值基函数 $L_k(s)$ 可取成分段线性函数或分段一次三角多项式:

$$L_k^{line}(s) = \begin{cases} \dfrac{s - s_{k-1}}{s_k - s_{k-1}}, & s \in [s_{k-1}, s_k], \qquad (k \geqslant 1) \\ \dfrac{s_{k+1} - s}{s_{k+1} - s_k}, & s \in [s_k, s_{k+1}], \qquad (k \leqslant n-1) \\ 0, & s \notin [s_{k-1}, s_{k+1}], \end{cases}$$

$$L_k^{tria}(s) = \begin{cases} \sin\dfrac{1}{2}(s - s_{k-1}) \Big/ \sin\dfrac{1}{2}h, & s \in [s_{k-1}, s_k], \qquad (k \geqslant 1) \\ \sin\dfrac{1}{2}(s_{k+1} - s) \Big/ \sin\dfrac{1}{2}h, & s \in [s_k, s_{k+1}], \qquad (k \leqslant n-1) \\ 0. & s \notin [s_{k-1}, s_{k+1}], \end{cases}$$

从而, 可得到相应的求积系数:

$$\beta_k^{line}(x) = \begin{cases} -\dfrac{1}{h}\displaystyle\int_{s_0}^{s_1} K(x,s)(s-s_1)ds, & (k=0) \\ \dfrac{1}{h}\left[\displaystyle\int_{s_{k-1}}^{s_k} K(x,s)(s-s_{k-1})ds - \int_{s_k}^{s_{k+1}} K(x,s)(s-s_{k+1})ds\right], & (1\leqslant k\leqslant n-1) \\ \dfrac{1}{h}\displaystyle\int_{s_{n-1}}^{s_n} K(x,s)(s-s_{n-1})ds, & (k=n) \end{cases}$$

$$\beta_k^{tria}(x) = \begin{cases} -\dfrac{1}{\sin\dfrac{h}{2}}\displaystyle\int_{s_0}^{s_1} K(x,s)\sin\dfrac{(s-s_1)}{2}ds, \\ \quad (k=0) \\ \dfrac{1}{\sin\dfrac{h}{2}}\left[\displaystyle\int_{s_{k-1}}^{s_k} K(x,s)\sin\dfrac{(s-s_{k-1})}{2}ds - \int_{s_k}^{s_{k+1}} K(x,s)\sin\dfrac{(s-s_{k+1})}{2}ds\right], \\ \quad (1\leqslant k\leqslant n-1) \\ \dfrac{1}{\sin\dfrac{h}{2}}\displaystyle\int_{s_{n-1}}^{s_n} K(x,s)\sin\dfrac{(s-s_{n-1})}{2}ds. \\ \quad (k=n) \end{cases}$$

5.1.3 投影正则化

设 F,U 为实巴拿赫空间, $A{:}F\to U$ 为有界连续算子, 求解算子方程

$$Az=u, \quad u\in U. \tag{5.1.2}$$

设方程 (5.1.2) 的解为 z_T. 并且我们又分别选取了 F 和 U 的一串有限维子空间:

$$F_n\subset F_{n+1}\subset\cdots\subset F, \quad U_n\subset U_{n+1}\subset\cdots\subset U, \quad n=1,2,\cdots.$$

而 $Q_n:U\to U_n$ 是投影算子 (即 Q_n 是 U 到 U_n 的有界线性算子, 且 $Q_n^2=Q_n$). 所谓投影法就是要利用 $\{F_n,U_n,Q_n\}$ 来构造投影近似方程:

$$Q_nAz_n=Q_nu, \tag{5.1.3}$$

而将 (5.1.3) 的解 z_n 作为 z_T 的近似. 当然, 投影法的实施情况与子空间 F_n,U_n 及投影算子的构造及其性质有关. 我们先讨论两个重要的投影算子.

1. 正交投影算子

设 F 为实数或复数域上的内积空间, $\bar{F} \subset F$ 为 F 的一个完备子空间. 对于给定的 $z \in F$, 设 $Pz \in \bar{F}$ 是 z 在 $\bar{F}$ 中的最佳平方逼近, 即

$$\|Pz - z\| \leqslant \|f - z\|, \quad \forall f \in \bar{F}.$$

根据投影定理可知, $P{:}F \to \bar{F}$ 是线性的且逼近元 Pz 由下述正交条件或法方程所决定:

$$z - Pz \perp \bar{F} \Leftrightarrow (z - Pz, f) = 0 \Leftrightarrow (Pz, f) = (z, f), \quad \forall f \in \bar{F},$$

其中的子空间可取作样条空间或有限元空间.

2. 插值算子

令 $F = C[a, b], \bar{F} = \mathrm{span}\{z_1, z_2, \cdots, z_n\}$ 为 F 的 n 维子空间, 而 $s_i \in [a, b]$, $i = 1, 2, \cdots, n$ 为互不相同的插值节点. 则 $z \in F$ 在 $\bar{F}$ 中的插值函数 $f = Pz \in \bar{F}$ 应满足插值条件:

$$f(s_j) = z(s_j), \quad j = 1, 2, \cdots, n;$$

于是 P: $F \to \bar{F}$ 为投影算子; 常用的子空间 $\bar{F}$ 可以是代数多项式空间, 分段一次三角多项式空间, 或分段一次线性函数空间. 设 $\bar{F} = \mathrm{span}\{\bar{z}_1, \bar{z}_2, \cdots, \bar{z}_n\}$, 其中 $\bar{z}_j, j = 1, 2, \cdots, n$ 为插值基函数 (如本节的 L_j^{line} 或 L_j^{tria}), 则插值算子 Q_n: $F = C[a, b] \to \bar{F}$ 由下式给出:

$$Q_n z = \sum_{j=1}^{n} z(s_j)\bar{z}_j, \quad \forall z \in C[a, b].$$

下面首先给出投影法的定义.

定义 5.1.1 设 F 和 U 是两个巴拿赫空间, $A : F \to U$ 为有界的双射算子 (即一一对应算子). 令 $F_n \subset F, U_n \subset U$ 是 n 维的有限维子空间; $Q_n : U \to U_n$ 为投影算子. 对于给定的 $u \in U$, 所谓关于方程 (5.1.2) 的投影法就是要在 F_n 中求解下述方程:

$$Q_n A z_n = Q_n u, \quad z_n \in F_n. \tag{5.1.4}$$

设 $\{\bar{z}_1, \bar{z}_2, \cdots, \bar{z}_n\}$ 和 $\{\bar{u}_1, \bar{u}_2, \cdots, \bar{u}_n\}$ 分别是 F_n 和 U_n 的基, 则可将 $Q_n u$ 和每个 $Q_n A\bar{z}_j, j = 1, 2, \cdots, n$ 表示为下列形式:

$$Q_n u = \sum_{i=1}^{n} \beta_i \bar{u}_i \text{ 和 } Q_n A\bar{z}_j = \sum_{i=1}^{n} a_{ij}\bar{u}_i, \quad j = 1, 2, \cdots, n,$$

其中 β_i, a_{ij} 均为已知组合系数. 于是, 若令 $\bar{A}=(a_{ij})_{n\times n}$, 则 $z_n=\sum\limits_{j=1}^{n}\alpha_j\bar{z}_j$ 是方程 (5.1.4) 的解等价于 $\alpha=(\alpha_1,\cdots,\alpha_n)^{\mathrm{T}}$ 是下述线性方程组的解:

$$\sum_{i=1}^{n}a_{ij}\alpha_j=\beta_i,\quad i=1,2,\cdots,n,\quad 即\ \bar{A}\alpha=\beta.$$

根据 F_n,U_n 和 Q_n 的不同选取可得到不同的投影法. 例如, 可得以下方法.

■ **伽辽金 (Galerkin) 方法** 若 F, U 为内积空间, $\dim F_n=\dim U_n=n$, Q_n 为 U 到 U_n 的正交投影时, 就是伽辽金法, 此时的投影方程 (5.1.4) 等价于下述的伽辽金方程:

$$(Az_n,u_n)=(u,u_n),\quad \forall u_n\in U_n,\tag{5.1.5}$$

如前, 令 $F_n=\mathrm{span}\{\bar{z}_1,\bar{z}_2,\cdots,\bar{z}_n\}$ 和 $U_n=\mathrm{span}\{\bar{u}_1,\bar{u}_2,\cdots,\bar{u}_n\}$, 于是, 求方程 (5.1.5) 的形如 $z_n=\sum\limits_{j=1}^{n}\alpha_j\bar{z}_j$ 的解将导致求解下述线性方程组:

$$\sum_{j=1}^{n}\alpha_j(A\bar{z}_j,\bar{u}_i)=(u,\bar{u}_i),\quad i=1,2,\cdots,n,$$

或

$$\bar{A}\alpha=\beta,\tag{5.1.6}$$

此处, $\bar{A}=(a_{ij}),a_{ij}=(A\bar{z}_j,\bar{u}_i),\beta_i=(u,\bar{u}_i)$.

■ **配置法** 设 F 为巴拿赫空间, $U=C[a,b]$, A: $F\to C[a,b]$ 为有界算子; $a=x_1<x_2<\cdots<x_n=b$ 为给定点 (称其为配置点); U_n 是由形如 $\{L_j^{line}(x)\}$ 或 $\{L_j^{tria}(x)\}$ 的基函数所张成的 n 维子空间, 相应的投影算子为插值算子: $Q_nu=\sum\limits_{j=1}^{n}u(x_j)\bar{u}_j$; 此处的 $\bar{u}_j(x)=L_j^{line}(x)$ 或 $\bar{u}_j(x)=L_j^{tria}(x)$. 设 $u\in U=C[a,b]$ 且某个 n 维子空间 $F_n\subset F$ 给定. 则容易验证: 投影方程 (5.1.5) 与下述方程 (它实际上就是应满足的插值条件) 等价:

$$(Az_n)(x_i)=u(x_i),\quad i=1,2,\cdots,n.\tag{5.1.7}$$

如前, 若用 $\{\bar{z}_1,\bar{z}_2,\cdots,\bar{z}_n\}$ 表示 F_n 的一组基 (即插值基函数), 则求 (5.1.7) 的形如 $z_n=\sum\limits_{j=1}^{n}\alpha_j\bar{z}_j$ 的解将导致求解下述线性方程组:

$$\sum_{j=1}^{n}\alpha_jA\bar{z}_j=u(x_i),\quad i=1,2,\cdots,n,\tag{5.1.8}$$

或 $\bar{A}\alpha=\beta$, 此处 $\bar{A}=(a_{ij})=A\bar{z}_j(x_i), \beta_i=u(x_i)$.

■ **最小二乘法** 显然求方程 (5.1.2) 在 n 维子空间 $F_n\subset F$ 的近似解也可采用熟知的最小二乘法, 即求 $z_n\in F_n$ 使得

$$\|Az_n-u\|\leqslant\|Av_n-u\|,\quad \forall v_n\in F_n. \tag{5.1.9}$$

如果算子 A 是一对一的, 则解 $z_n\in F_n$ 存在且唯一. 最小二乘问题 (5.1.9) 的解由下述法方程

$$(Az_n, Av_n)=(u, Av_n),\quad \forall v_n\in F_n$$

的解决定.

容易看出, 若取子空间 $U_n=A(F_n)$, 则上述方程就是伽辽金方程; 因而, 最小二乘法是伽辽金方法的一个特例.

仍取 $\{\bar{z}_j, j=1,2,\cdots,n\}$ 作为 F_n 的一组基, 则导致求解下述的线性方程组:

$$\sum_{j=1}^{n}\alpha_j(A\bar{z}_j, A\bar{z}_i)=(u, A\bar{z}_i),\quad i=1,2,\cdots,n, \tag{5.1.10}$$

或 $\bar{A}\alpha=\beta$; 相应的矩阵 $\bar{A}$ 是 n 阶方阵, 其元素 $a_{ij}=(A\bar{z}_j, A\bar{z}_i)$; 因而 $\bar{A}$ 是对称或埃尔米特的 (Hermite); 当算子 A 为一对一时它还是正定的.

当算子方程 (5.1.2) 是形如 (5.1.1) 的积分方程, 且 $[c,d]=[a,b]$ 并在 $L^2[a,b]$ 或 $C[a,b]$ 中求解时, (5.1.6), (5.1.8), (5.1.9) 现在取下面的形式:

$$\bar{A}\alpha=\beta.$$

对于伽辽金法、配置法和最小二乘法, 上述方程组中的矩阵 $\bar{A}$ 和右端项 β 分别取作:

$$a_{ij}=\int_a^b\int_a^b K(x,s)\bar{z}_j(s)\bar{z}_i(x)dsdx,\quad \beta_i=\int_a^b u(x)\bar{z}_i(x)dx,$$

$$a_{ij}=\int_a^b K(x_i,s)\bar{z}_j(s)ds,\quad \beta_i=u(x_i),$$

$$a_{ij}=\int_a^b\int_a^b K(s,x)K(x,s)\bar{z}_j(s)\bar{z}_i(x)dsdx,\quad \beta_i=\int_a^b\int_a^b K(x,s)\bar{z}_i(s)u(x)dsdx.$$

这样, 若求得 α 之后, 则 $z=\sum\limits_{j=1}^{n}\alpha_j\bar{z}_j$ 就是方程 (5.1.4) 的解.

由上可见, 伽辽金法与最小二乘法都需要计算二重积分, 其计算量较之配值法要大得多; 这也正是后者受欢迎的理由之一. 当然, 伽辽金方法亦有其优点, 就是在弱范数之下具有超收敛性, 这在许多情况下很有实用价值.

5.2 梯 度 法

我们把上节离散化的方程 (5.1.6) 重新写成

$$\begin{aligned} A &: X \to Y, \\ Ax &= y \end{aligned} \tag{5.2.1}$$

的形式. 其中 X, Y 分别为希尔伯特空间. 我们设 A 为一有界线性算子, 且设算子 A 的值域 Range(A) 为闭的. 构造非线性最小二乘泛函

$$J(x) = \frac{1}{2}\|Ax - y\|^2. \tag{5.2.2}$$

很明显, $J(x)$ 的梯度为

$$\operatorname{grad}[J(x)] = A^*Ax - A^*y.$$

最速下降法 (Steepest descent, SD) 是最早的梯度方法, 由柯西在 19 世纪初提出. 令 x_0 为初始选定的近似点, 最速下降法指的是在每步迭代使得目标泛函有所下降, 即 $J(x_{k+1}) < J(x_k)$. 算法的一般形式如下.

算法 5.2.1 最速下降法

第 1 步 给定 $x_0 \in X$, 令 $k = 0, 1, 2, \cdots$, 进行下列迭代.

第 2 步 计算 $r_k = A^*Ax_k - A^*y$.

第 3 步 由一维搜索求步长因子 α_k:

$$\alpha_k = \arg\min_{\alpha} J(x_k - \alpha r_k).$$

第 4 步 令 $x_{k+1} = x_k - \alpha_k r_k$. 其中步长因子 α_k 可以显式地计算出来:

$$\alpha_k = \frac{\|r_k\|^2}{\|Ar_k\|^2}.$$

第 5 步 判断是否满足停止迭代准则, 否则, 转第 2 步.

在适当的条件下, 最速下降法是一种正则化方法, 可以用于求解反问题 (王彦飞, 2007). 但最速下降法是一种收敛速度很慢的方法, 除了最初的几步外. 因而也可以考虑加速技巧, 比如 Yuan 的加速技巧 (Yuan, 2006) 以及巴齐莱-波温 (Barzilai & Borwein, 1988) 的方法 (BB 方法). 由算法 5.2.1 算得的步长因子记为 α_k^{SD}. Yuan 的加速技巧的一种形式为

$$\alpha_k^{\mathrm{Y}} = \frac{2}{\sqrt{\left(\dfrac{1}{\alpha_{k-1}^{\mathrm{SD}}} - \dfrac{1}{\alpha_k^{\mathrm{SD}}}\right)^2 + 4\dfrac{\|\nabla\varphi_k\|_2^2}{\|s_{k-1}\|_2^2} + \dfrac{1}{\alpha_{k-1}^{\mathrm{SD}}} + \dfrac{1}{\alpha_k^{\mathrm{SD}}}}},$$

其中 $s_{k-1} = x_k - x_{k-1}$; $\varphi(x) = \dfrac{1}{2}(Ax, Ax) - (Ax, y)$.

下面给出 BB 方法的一般描述. 与最速下降法不同的是, BB 方法按下面两种方式选取参数 α_k,

$$\alpha_k^{BB} = \frac{g_{k-1}^{\mathrm{T}} g_{k-1}}{g_{k-1}^{\mathrm{T}} H g_{k-1}}$$

和

$$\alpha_k^{BB'} = \frac{g_{k-1}^{\mathrm{T}} H g_{k-1}}{g_{k-1}^{\mathrm{T}} H^2 g_{k-1}}.$$

其中 $g_k = \mathrm{grad}[J(x_k)]$, $H = A^{\mathrm{T}}A$. BB 算法是基于修改算法 5.2.1 中的步长因子得到的. 上述算法是 R-超线性收敛的, 收敛阶可以达到 $\sqrt{2}$.

兰德韦伯–弗里德曼 (Landweber-Fridman) 迭代法是一类特殊的梯度下降算法, 简称为兰德韦伯 (Landweber) 迭代法. 该类方法的迭代格式为

$$x_k = x_{k-1} + \omega A^*(y - Ax_{k-1}), \tag{5.2.3}$$

其中 $0 < \omega \leqslant \dfrac{1}{\|A\|^2}$ 为松弛因子, $x_0 = x^*$, x^* 为初始猜测值. 若 $\|A^*\| \leqslant 1$, 公式 (5.2.3) 退化为下述迭代格式:

$$x_k = x_{k-1} + A^*(y - Ax_{k-1}). \tag{5.2.4}$$

不难发现, 兰德韦伯迭代法和上节提到的最速下降法很相似: 它们的迭代格式相同, 唯一不同之处是迭代的步长的选取不同. 最速下降法要求每次迭代进行一维搜索获得最优步长, 而兰德韦伯迭代法把迭代步长限定在区间 $[0, \|A\|^{-2}]$ 上取定值.

由于最速下降法的迭代步长通过线搜索获得, 而兰德韦伯迭代步长在一定区间取定值 (非最优值), 因而最速下降法要比兰德韦伯迭代法收敛速度快. 但兰德韦伯迭代法由于迭代格式特殊, 因而可以构造特殊的正则化生成函数, 从而有着十分完备的正则化理论 (王彦飞, 2007).

共轭梯度法是求解最小二乘问题的合适的方法. 因而也常用来求解数据拟合的反问题求解. 共轭梯度法是共轭方向法的一种特殊情况. 给定一个一般的寻优问题: 求出在空间 $\mathbb{R}^n$: $h^{(0)}, \cdots, h^{(n-1)} \in \mathbb{R}^n$ 中的方向 (向量), 沿这些方向进行最小化可以得到函数 $f(x)$ 的最小值 $f(x^{(n)}) = \min\limits_{x\in\mathbb{R}^n} f(x)$, $\forall x^{(0)} \in \mathbb{R}^n$, $x^{(k+1)} = x^{(k)} + \alpha_k h^{(k)}$, $\alpha_k = \arg\min\limits_{\alpha} f(x^{(k)} + \alpha h^{(k)})$, $-\infty < \alpha < +\infty$. 如果这些方向可以得出, 那该方法对于二阶泛函就具有在有限步骤内的收敛性.

下面给出几个基本概念.

定义 5.2.2 向量 $h', h'' \neq 0$ 称为相对于矩阵 A 共轭的, 如果 $(Ah', h'')=0$.

如果引入内积 $(x, y)_1 = (Ax, y)$ (假定 A 为正定对称矩阵), 在欧几里得空间 $\mathbb{R}^n$ 相对于矩阵 A 的共轭性与在同样空间的正交性, 在新内积的情况下, 是相同的.

定义 5.2.3 非零向量 $h^{(0)}, \cdots, h^{(k-1)} \in \mathbb{R}^n$ 称为相对于矩阵 A 彼此共轭的, 如果 $(Ah^{(i)}, h^{(j)}) = 0$, 对于 $\forall i \neq j,\ i, j = 0, \cdots, k-1$.

推论 5.2.4 如果向量相对于矩阵 A 共轭, 则它们线性无关. 这样, 如果我们在空间 $\mathbb{R}^n$ 中找到了向量系 $h^{(0)}, \cdots, h^{(k-1)} \in \mathbb{R}^n (k = 0, 1, \cdots, n-1)$, 且它们相对于矩阵 A 是共轭的, 则这就是空间 $\mathbb{R}^n$ 的基.

推论 5.2.5 设非零向量 $h^{(k)} (k = 0, \cdots, m-1\ (m \leqslant n))$ 关于矩阵 A 彼此共轭, 若 $m = n$, 则 $f(x^{(n)}) = \min\limits_{x \in \mathbb{R}^n} f(x)$.

共轭梯度法的最小化方向按如下方式构建. 给定初始零逼近 $x^{(0)}$, 就像在最速下降法中：$h^{(0)} = -f'(x^{(0)})$, 令

$$h^{(k)} = -f'(x^{(k)}) + \beta_{k-1} h^{(k-1)}, \quad k \geqslant 1, \tag{5.2.5}$$

其中 $f'(x) = Ax + b$, β_{k-1} 依据向量 $h^{(k)}$ 与 $h^{(k-1)}$ 的共轭性条件决定, 假设 $f'(x^{(k)}) \neq 0$ (如果 $f'(x^{(k)}) = 0$, 则可以终止最小化过程).

引理 5.2.6 设 $x^{(0)} \in \mathbb{R}^n$ 为共轭梯度法中的任意初始逼近值, 而 $h^{(0)}, \cdots, h^{(n-1)}$ 是按共轭梯度法公式构建的, 并且 $f'(x^{(i)}) \neq 0$, $i = \overline{0, n-1}$. 那么向量 $h^{(0)}, \cdots, h^{(n-1)}$ 相对于矩阵 A 彼此共轭, 而 $f'(x^{(0)}), \cdots, f'(x^{(n-1)})$ 彼此正交.

定理 5.2.7 应用共轭梯度法, 理论上可以在有穷维欧几里得空间 $\mathbb{R}^n$ 不超过 n 个迭代步求得二阶泛函 $f(x) = \dfrac{1}{2}(Ax, x) + (b, x)$ 的最小值, 这里 $A > 0$ 为对称矩阵.

下面给出公式 (5.2.5) 中关于参数 β_k 的几个典型取法. 在二阶泛函的情况下, 参数 β_k 的表达式如下, 且产生相同的迭代点列 $x^{(k)}$：

$$\beta_{k-1} = \frac{\left(f'(x^{(k)}), f'(x^{(k)}) - f'(x^{(k-1)})\right)}{\|f'(x^{(k-1)})\|^2}, \tag{5.2.6a}$$

$$\beta_{k-1} = \frac{\|f'(x^{(k)})\|^2}{\|f'(x^{(k-1)})\|^2}, \tag{5.2.6b}$$

$$\beta_{k-1} = \frac{\left(f'(x^{(k)}), f'(x^{(k)}) - f'(x^{(k-1)})\right)}{\left(h^{(k-1)}, f'(x^{(k)}) - f'(x^{(k-1)})\right)}, \tag{5.2.6c}$$

$$\beta_{k-1}=\frac{\left\|f'(x^{(k)})\right\|^2}{(h^{(k-1)},f'(x^{(k)})-f'(x^{(k-1)}))},\tag{5.2.6d}$$

上述 4 个公式导出的共轭梯度算法分别称为 PRP-CG 法、FR-CG 法、HS-CG 法和 DY-CG 法, 分别由两个分子和两个分母的组合得到.

对于一般的非线性泛函, 上述 4 个公式 (5.2.6a)—(5.2.6d) 并不相互等价, 从而得到不同类型的共轭梯度算法, 对于不同的应用问题, 收敛特性也有所不同, 需要用户慎重选择.

上述 4 个公式也可以做适当的组合得到共轭梯度法簇, 比如:

$$\beta_{k-1}^{hybrid}=\alpha\beta_{k-1}^{PRP\text{-}CG}+(1-\alpha)\beta_{k-1}^{FR\text{-}CG},$$

$$\beta_{k-1}^{hybrid}=\alpha\beta_{k-1}^{FR\text{-}CG}+(1-\alpha)\beta_{k-1}^{DY\text{-}CG}.$$

也可以引入多个参数 $\alpha_1,\alpha_2,\cdots$ 对分子和分母做适当的组合. 但任何的组合, 都需要理论上证明其收敛性, 否则算法就失去了理论基础.

5.2.1 l_2-l_q 极小化问题的梯度法

我们考虑稍微复杂一点的问题, 即一个 l_2-l_q 范数下的极小化问题

$$J_{2,q}^{\alpha}[m]:=\frac{1}{2}\|Lm-d\|_{l_2}^p+\alpha\|m\|_{l_q}^q\to\min,\quad q\geqslant 0,\tag{5.2.7}$$

其中 $\alpha>0$ 为正则化参数. 目标函数 $J_{2,q}^{\alpha}[m]$ 的梯度可以导出

$$g(m)=\nabla J_{2,q}^{\alpha}[m]=L^{\mathrm{T}}Lm-L^{\mathrm{T}}d+\alpha q\,|m|^{q-1}\,\mathrm{sign}(m),$$

其中向量 $|m|$ 的每个分量, 由 m 的相应分量取绝对值得到, 由此不难理解的 $|m|^{q-1}$ 含义; $\mathrm{sign}(\cdot)$ 是符号函数. 假定模型向量非 0, 对梯度 $g(m)$ 求导, 得到 $J_{2,q}^{\alpha}[m]$ 的黑塞 (Hessian) 矩阵

$$H(m)=\nabla g(m)=L^{\mathrm{T}}L+\alpha q(q-1)\mathrm{diag}(|m|^{q-2}),\tag{5.2.8}$$

其中 $\mathrm{diag}(\cdot)$ 表示一个对角线向量.

记 m_k 为第 k 个迭代点, 则下一个迭代点如下更新

$$m_{k+1}=m_k+\tau_k s_k,\tag{5.2.9}$$

其中 $s_k=-g_k=-g(m_k)$ 为搜索方向, τ_k 为迭代步长. 比如可以用阿米茹–戈尔德斯坦 (Armijo-Goldstein) 线搜索得到, 即 τ_k 满足下述关系式

$$\begin{aligned}&J_{2,q}^{\alpha}[m_k]-J_{2,q}^{\alpha}[m_k+\tau_k s_k]\geqslant -b_1\tau_k s_k^{\mathrm{T}}g_k,\\&J_{2,q}^{\alpha}[m_k]-J_{2,q}^{\alpha}[m_k+\tau_k s_k]<-b_2\tau_k s_k^{\mathrm{T}}g_k,\end{aligned}\tag{5.2.10}$$

其中 $b_1 < b_2$ 为两个正数. 一般, 取 b_1 和 b_2 分别为 0.4 和 0.9 就可以算得很好.

在目标函数 $J_{2,q}^{\alpha}$ 的梯度为利普希茨 (Lipschitz) 连续的条件下, 可以证明目标函数序列 $\{J_{2,q}^{\alpha}[m_k]\}$ 是递减的, 且满足

$$J_{2,q}^{\alpha}[m_k] - J_{2,q}^{\alpha}[m_k + \tau_k s_k] \geqslant \frac{b_1(1-b_2)}{C}\|g_k\|^2 \cos^2\langle s_k, -g_k\rangle,$$

其中 C 为利普希茨常数, $\langle s_k, -g_k\rangle$ 指的是搜索方向 s_k 和负梯度方向 $-g_k$ 的夹角.

我们考虑梯度法的加速技巧.

由于 $J_{2,q}^{\alpha}[m] \geqslant \alpha\|m\|_{l_q}^q$, 因此 $J_{2,q}^{\alpha}$ 下有界. 由方程 (5.2.8), 我们得到

$$(Le_i)^{\mathrm{T}}(Le_i) + \alpha q(q-1)|m|_i^{q-2} \geqslant 0,$$

对 $i = 1, 2, \cdots$ 成立, 其中 e_i 是恒等矩阵 (也即单位对角矩阵) I 的第 i 列. 这表明 $|m|_i \geqslant \left(\frac{\alpha q(1-q)}{\|Le_i\|^2}\right)^{1/(2-q)}$. 假定 $\mathcal{M}_q^*$ 由极小化问题 (5.2.8) 的局部极小值组成 ($p = 2$, $q \in (0,1)$), 并令 $B_i = \left(\frac{\alpha q(1-q)}{2\|l_i\|_{l_2}^2}\right)^{\frac{1}{2-q}}$, $i = 1, 2, \cdots, N$, 其中记 l_i 为矩阵 L 的第 i 列, 则 B_i 对每个 i ($i = 1, 2, \cdots$) 其大小是固定的. 于是对任意的 $m^* \in \mathcal{M}_q^*$, 由目标函数 $J_{2,q}^{\alpha}[m]$ 的第二必要条件, 即在极小点处黑塞矩阵的正定性条件, 我们得出：若 $m_i^* \neq 0$, 则 $|m_i^*| \geqslant B_i$. 于是可给出下面的定理.

定理 5.2.8 令 $B_i = \left(\frac{\alpha q(1-q)}{2\|l_i\|_{l_2}^2}\right)^{\frac{1}{2-q}}$, l_i 为矩阵 L 的第 i 列, $\alpha > 0$, $q \in (0,1)$. 若迭代点列 m_i^* 满足 $m_i^* \in (-B_i, B_i)$, $i = 1, 2, \cdots, N$, 则 $m_i^* \equiv 0$.

注 5.2.9 对于迭代公式 (5.2.4), 当 $m_k + \tau_k s_k$ 被 B_i 界定时, 则 m_{k+1} 不必更新, 因此梯度下降算法得到加速.

详细的例子, 在 Xu 和 Wang(2018) 给出, 我们建议读者自行阅读和领会.

此外, 还有一类特殊的梯度算法就是随机梯度类算法. 这类算法是伴随着大数据分析出现的.

5.2.2 随机梯度法

为了适应日趋庞大的数据量以及计算量, 国内外学者不断对梯度法进行改进, 并提出新的梯度下降方法, 其中重要的一类就是随机梯度类下降法, 此类算法伴随着大数据与深度学习迅速发展起来, 文献众多, 建议看人工智能神经网络计算相关的会议 (AI) 论文集, 比如 NIPS (neural information processing systems) 即可.

随机梯度下降法 (stochastic gradient descent, SGD) 主要是针对机器学习中的数据拟合问题提出的, 它用观测数据随机取样替代完整的数据样本, 其主要作

用是提高迭代速度, 避免陷入庞大计算量泥潭中. 一般情况下, 随机梯度下降法求解的是下面的极小化问题

$$\min_{x\in\mathbb{R}^p} f(x) = \frac{1}{n}\sum_{i=1}^{n} f_i(x), \tag{5.2.11}$$

其中, 其中 f_i 是对给定的第 i 个数据集中的每个元素进行错误分类的成本函数, x 表示样本向量. 很明显上述问题是一个求期望极小化的问题.

上述极小化问题的梯度法公式可以很方便地写出

$$x_{t+1} = x_t - \eta_t \frac{1}{n}\sum_{i=1}^{n} \nabla f_i(x_t),$$

当样本量小的时候, 上述方法当然是最简单不过的. 但梯度下降对于样本数目比较多的时候有一个很大的劣势, 那就是每次需要求出所有样本的梯度, 对于大样本数据导致计算量大增. 为此, 人们引入了随机梯度下降方法.

随机梯度法可以作为梯度下降的近似方法, 在每次迭代中, 我们将梯度近似为

$$\nabla f_i(x_t) \approx \nabla f(x_t).$$

因此可以给出随机梯度迭代公式如下:

$$x_{t+1} = x_t - \eta_t \nabla f_i(x_t),$$

其中 $\eta_t > 0$ 为搜索步长 (在机器学习中, 也称为学习率 (learning rate)).

上述随机梯度法, 每次只对一个样本进行梯度下降, 所以大部分时候迭代点列是向着极小值靠近的, 但也有一些是偏离极小值的, 因为那些样本指向远离极小值的方向. 所以看起来会有很多噪声, 但整体趋势逼近极小值.

针对大样本数据, 梯度法也可以批量进行. 针对全样本的梯度法就是全批量梯度下降法 (batch gradient descent). 当每次迭代处理样本的个数在全批量和随机梯度之间时, 就是小批量梯度下降法 (mini-batch gradient descent).

随机梯度法也可以在每次迭代中, 选一小批量进行, 因而也可以引入小批量随机梯度下降法 (mini-batch SGD). 但算法的严格收敛性需要更苛刻的条件.

注 5.2.10 随机梯度下降并不是沿着 $f(x)$ 下降最快的方向收敛, 每个 $\nabla f_i(x_t)$ 在迭代中都有所不同, 此外, 当达到极小点 x^* 时, $\nabla f(x^*) = 0$, 但 $\nabla f_i(x^*)$ 不一定都为零.

注 5.2.11 关于搜索步长 η_t 的选取有多种方式, 常见的有以下几种.

(1) 取步长 η_t 为一个常数, 即 $\eta_t = \eta^*$, 该方法最为简单, 每次迭代不用再求目标函数值, 但不是最优的搜索步长;

(2) 回溯线搜索 (backtracking line search). 基本思想是：在搜索方向上, 先设置一个初始步长 η_0, 如果步长太大, 则缩减步长, 直到合适为止. 判别标准可以采用如 (5.2.10) 的阿米茹–戈尔德斯坦准则. 搜索步长的缩减可以通过人为设置一个参数 ζ 来控制, 比如可令 $\eta_j = \zeta\eta_{j-1}$, $\zeta \in (0,1)$.

(3) 选一个步长 η_t 序列, 满足

$$\sum_{i=1}^{\infty}\eta_t = \infty \text{ 且 } \sum_{i=1}^{\infty}\eta_t^2 < \infty,$$

比如可取几何序列 $\eta_t = \dfrac{\delta}{t}$, 此处, $\delta > 0$. 当然满足上述条件的 η_t 不一定是严格单调递减的序列.

注 5.2.12　在传统的 SGD 中, 由于收敛的速度太慢, 人们提出了各种改进措施, 从而导出各种不同的随机梯度类算法, 不加证明地列出以下几种.

(1) 随机平均梯度法 (SAG)：在每次迭代前随机选取一个 $i_k \in \{1,2,\cdots,n\}$, 迭代公式为

$$x_{t+1} = x_t - \eta_t\frac{1}{n}\sum_{i=1}^{n} y_i^t,$$

其中,

$$y_i^t = \begin{cases} \nabla f_i(x_t), & \text{若 } i = i_t, \\ y_i^{t-1}, & \text{其他}. \end{cases}$$

随机平均梯度法可以对随机梯度类法作加速. 这可以从上述公式看出来, 在每次计算时, 需要用到两个梯度的值, 一个是前一次迭代的梯度值, 另一个是新的梯度; 当然这两个梯度值都只是随机选取一个样本来计算的.

算法 5.2.13　随机平均梯度法

第 1 步　制定一个存储表, 记录所有关于函数 f_i 的梯度：$g_i = \nabla f_i(x)$, $i = 1,2,\cdots,n$;

第 2 步　初始化, 给定 x_0, 计算 $g_i^{(0)} = \nabla f_i(x_0)$, $i = 1,2,\cdots,n$;

第 3 步　在所有的迭代步数 $k=1,2,\cdots$ 中选取一个随机数 $i_k\in\{1,2,\cdots,n\}$, 并计算 f_i 最近更新的一个梯度值

$$g_{i_k}^{(k)} = \nabla f_i(x_{k-1}),$$

同时令 $g_i^{(k)} = g_i^{(k-1)}$, 当 $i \neq i_k$ 时;

第 4 步 按下述公式更新下一个迭代点：

$$x_k = x_{k-1} - \eta_k \cdot \frac{1}{n}\sum_{i=1}^{n} g_i^{(k)};$$

第 5 步 判断是否满足停止迭代准则, 否则, 转第 3 步.

(2) 快速增量随机梯度法 (SAGA):在每次迭代前随机选取一个 $i_k \in \{1, 2, \cdots, n\}$, 迭代公式为

$$x_{t+1} = x_t - \eta_t \left(\nabla f_{i_t}(x_t) - y_{i_t}^{t-1} + \frac{1}{n}\sum_{i=1}^{n} y_i^t \right),$$

其中 y_i^t 同上定义. 该方法之所以称为快速增量随机梯度法, 是因为它具有解决强凸、凸、非强凸 (可以很容易转化为强凸)、近端正则化等问题的特点.

针对 SAGA, 类似算法 5.2.13 的描述也可以给出.

(3) 随机方差既约梯度法 (SVRG)：迭代公式为

$$x_{t+1} = x_t - \eta_t \left(\nabla f_{i_t}(x_t) - \nabla f_{i_t}(\tilde{x}) + \frac{1}{n}\sum_{i=1}^{n} \nabla f_{i_t}(\tilde{x}) \right),$$

其中 $\tilde{x}$ 可以取为上一步迭代点的值. 顾名思义, 该方法具有既约方差 (或者说方差缩减) 的特点. 该方法的收敛性分析中, 利用 $\nabla f_{i_t}(x_t) - \nabla f_{i_t}(\tilde{x}) + \frac{1}{n}\sum_{i=1}^{n} \nabla f_{i_t}(\tilde{x})$ 这一特殊的更新项来让方差有一个可以不断减少的上界, 因此也就做到了线性收敛, 这一点也是该算法的核心所在.

针对 SVRG, 类似算法 5.2.13 的描述也可以给出.

新的随机梯度类算法还会不断提出.

关于随机梯度类算法的一些理论性结果可参阅, 比如 Polyak 和 Juditsky (1992), Bottou (2010), Johnson 和 Zhang (2013) 等.

随机梯度类算法还有很多改进措施. 再介绍一个非常适用的适应性动量随机优化算法 (adaptive moment optimization, Adam 算法). 很明显, 该方法是把物理学的 "动量" 概念与梯度下降结合起来. 该方法主要是为了解决一般梯度下降法下降比较慢的情况, 通过引入类比物体运动时的动量来调整前进的方向, 运动物体受到外力的前进方向与当前的动量有关, 在物理中动量是质量乘以速度, 可以设置一个超参数表示之前的梯度对现在搜索方向的影响, 在很多情况下动量法可以解决黑塞矩阵病态的问题. 在数学上相当于每次选择更新下降方向的时候, 考虑了上一步下降方向.

继续以一个一般的期望极小化问题 (5.2.5) 为例来说明. 该算法描述如下.

算法 5.2.14 (适应性动量随机优化法)

第 1 步　初始化.

- 给定: 步长 (学习率) $\alpha > 0$; 矩估计的指数衰减速率, 超参数 $\rho_1, \rho_2 \in [0, 1)$; 以及用于数值稳定的小常数 $\varepsilon > 0$;
- 输入初始参数 x_0; 初始化一阶和二阶矩变量：$m_0 = 0$, $v_0 = 0$;
- 初始迭代指数：$t = 0$.

第 2 步　对迭代指数 t, 执行下列运算.

- $t = t + 1$;
- 从数据训练集中采包含 p 个样本 $\{x^{(1)}, \cdots, x^{(p)}\}$ 的小批量, 并计算梯度: $g_t = \dfrac{1}{p}\sum\limits_{i=1}^{p} \nabla f_i(x_t^{(i)})$;
- 更新有偏一阶矩估计：$m_t = \rho_1 m_{t-1} + (1-\rho_1) g_t$;
- 更新有偏二阶原始矩估计：$v_t = \rho_2 v_{t-1} + (1-\rho_2) g_t \odot g_t$;
- 修正一阶矩：$\tilde{m}_t = \dfrac{m_t}{1-\rho_1^t}$;
- 修正二阶矩：$\tilde{v}_t = \dfrac{v_t}{1-\rho_2^t}$;
- 更新变量：$x_t = x_{t-1} - \alpha \dfrac{\tilde{m}_t}{\sqrt{\tilde{v}_t} + \varepsilon}$.

第 3 步　若满足收敛性条件, 则输出 x_t.

在算法 5.2.14 中, 运算符号 $g_t \odot g_t$ 表示的是梯度 g_t 对应元素的平方组成的向量 (可以简单记作 g_t^2), ρ_i^t 表示 ρ_i 的 t 次幂. 一些典型的预先给定的参数值: $\alpha = 0.001$, $\rho_1 = 0.9 < \rho_2 = 0.999$, $\epsilon = 1.0 \times 10^{-8}$ 通常会带来不错的收敛效果.

当然搜索步长也可以迭代选取, 比如可取 $\alpha_t = \dfrac{\alpha\sqrt{1-\rho_2^t}}{1-\rho_1^t}$, 这时迭代公式变成

$$x_t = x_{t-1} - \alpha_t \frac{\tilde{m}_t}{\sqrt{\tilde{v}_t} + \varepsilon}$$

即可.

注 5.2.15　适应性动量随机优化算法用于机器学习 (比如深度学习), 具有很好的性质: ① 保持惯性的能力: Adam 算法记录了梯度的一阶矩 (相当于 $E(g_t)$, 即梯度的期望), 即过往所有梯度与当前梯度的平均, 使得每一次更新时, 上一次更新的梯度与当前更新的梯度不会相差太大, 即梯度平滑、稳定的过渡, 可以适应不稳定的目标函数; ② 环境感知的能力：Adam 算法记录了梯度的二阶矩 (相当

于 $E(g_t^2)$), 即过往梯度平方与当前梯度平方的平均, 这体现了环境感知能力, 从而为不同参数产生适应性的学习速率, 这也是该算法名称中 "适应性 (adaptive)" 的所在; ③ 超参数 α, ρ_1, ρ_2 及 ε 具有很好的物理解释性, 且通常无需调整或仅需很少的微调. 比如说, 步长因子 α, 它控制了权重的更新比率, 较大的值在学习率更新前会有更快的初始学习, 而较小的值会令训练收敛到更好的性能; 参数 ρ_1 和 ρ_2 在最优化寻优的过程中被看作动量 (一般值设为趋于 1 的数, 比如 0.9), 但其物理意义与摩擦系数更一致, 该参数有效地抑制了速度, 降低了系统的动能, 不然质点在谷底运动永远不会停下来; 参数 ε 是非常小的数, 其为了防止在计算机模拟中分母为零.

动量法有很多变种, 比如 Nesterov (2003) 的加速动量梯度算法等, 不再赘述.

5.3 拟牛顿法

牛顿法一般针对的是非线性反问题. 比如考虑非线性算子方程 $F(x) = y$, 其中 $F : X \to Y$ 为非线性算子, X, Y 均为希尔伯特空间. 我们希望: 任取 $y \in Y$, 存在 $x \in X$ 使得 $F(x) = y$. 同样如同第 4 章, 可以给出适定问题的提法. 定义 $G(x) = F(x) - y$. 则非线性方程等价于求如下泛函:

$$L(x) = \|G(x)\|^2$$

的全局极小解 x^*, 并使得 $L(x^*) = 0$.

极小化泛函 $L(x)$ 的一个通常的技巧是迭代化高斯–牛顿 (Gauss-Newton) 法

$$x_{k+1} = x_k - \tau_k[G'(x_k)^*G'(x_k)]^{-1}G'(x_k)^*G(x_k), \quad 0 < \tau_k \leqslant 1, \tag{5.3.1}$$

其中 τ_k 为松弛因子使得每步迭代都有 $L(x_{k+1}) < L(x_k)$.

由上可见, 迭代过程 (5.3.1) 要求算子 G'^*G' 在方程 $G(x) = 0$ 的解的附近可逆, 但这并不总是可能的, 于是给实际计算带来了困难. 克服 G'^*G' 奇异性的一个有效的技巧就是信赖域方法 (见下一节).

作为一个特例, 考虑一个离散化的线性反问题

$$h = \mathcal{K}f + e,$$

其中 $\mathcal{K} \in \mathbb{R}^{N\times N}$, $f, h, e \in \mathbb{R}^N$; 噪声 e 通常不能忽略, $\mathcal{K}$ 也是病态的. 这样的问题, 可以由第一类弗雷德霍姆积分算子方程导出, 比如点扩展算子 (大气、图像处理领域经常用到的算子) 导出.

求解上述问题的吉洪诺夫正则化方法就是下面的极小化问题

$$J[f] := \frac{1}{2}f^{\mathrm{T}}Af + \frac{\alpha}{2}f^{\mathrm{T}}f - h^{\mathrm{T}}\mathcal{K}f \to \min, \tag{5.3.2}$$

其中 $A := \mathcal{K}^{\mathrm{T}}\mathcal{K}$.

当然也可以用高斯–牛顿法求解. 只不过当求解大问题时, 为了节省内存, 通常用拟牛顿方法求解. 为此, 考虑下面的盒子约束问题

$$\begin{cases} \min \quad q(x) := \dfrac{1}{2}x^{\mathrm{T}}Ax - b^{\mathrm{T}}x, \\ \text{s.t.} \quad l \leqslant x \leqslant u, \end{cases} \tag{5.3.3}$$

其中 $A \in \mathbb{R}^{m\times m}$ 是一个 (半) 正定矩阵, b, l, u 为空间 $\mathbb{R}^m$ 的向量. 如果令 $x := f$, $A := A + \alpha I = \mathcal{K}^{\mathrm{T}}\mathcal{K} + \alpha I$, $b := \mathcal{K}^{\mathrm{T}}h$, $l := 0$ 及 $u := \infty$, 则极小化问题 (5.3.2) 就转化为极小化问题 (5.3.3) 来求解.

定义一个区域 Ω 上的投影算子为

$$(P_{\Omega}x)(t) = \chi_{\Omega}(t)x(t),$$

其中 $\chi_{\Omega}(t)$ 为区域 Ω 上的示性函数. 假定当前迭代点 x_k 是可行点, 则下一个迭代点如下生成

$$x_{k+1} = P_{\Omega}(x_k + \alpha_k d_k), \tag{5.3.4}$$

其中 d_k 为搜索方向, α_k 为迭代步长.

牛顿法 (Newton method) 指的是下面的迭代格式

$$x_{k+1} = x_k - \alpha_k A^{-1}g_k,$$

其中 x_{k+1} 为第 $k+1$ 步的更新, g_k 是在当前点 x_k 的梯度, α_k 为迭代步长, 可以由线搜索 (line search) 计算, 目的是保证目标函数 $q(x)$ 的充分下降, A 为黑塞矩阵. 在许多情况下, 特别是地球物理反问题, 直接求矩阵 A 的逆是不可行的, 这是因为要么 A 太大, 要么严重病态.

我们还是想利用牛顿法的快速收敛性质, 因此, 考虑拟牛顿法. 对于一般的非线性函数 $q(x)$(上述的二次型是特例), 所谓拟牛顿法, 就是近似逼近黑塞矩阵逆的迭代法, 基本思想利用梯度差和步长构造矩阵满足拟牛顿方程:

$$B_{k+1}s_k = y_k,$$

其中 B_{k+1} 是 $\nabla^2 q(x_{k+1})$ 的某种近似. 这里记 $s_k = x_{k+1} - x_k$, $y_k = g_{k+1} - g_k$.

一个经常使用的拟牛顿法是 BFGS 迭代法, 公式如下

$$H_{k+1} = H_k - \frac{H_k y_k s_k^{\mathrm{T}} + s_k y_k^{\mathrm{T}} H_k}{y_k^{\mathrm{T}} s_k} + \left(1 + \frac{y_k^{\mathrm{T}} H_k y_k}{s_k^{\mathrm{T}} y_k}\right) \frac{s_k s_k^{\mathrm{T}}}{s_k^{\mathrm{T}} y_k}.$$

即将前述牛顿法中的 A^{-1} 用上述公式对 H_k 作迭代来逼近.

该方法在应用反问题中得以流行的原因之一是, 它具有 "有限内存" 特性, 即只要知道最后 m 个迭代步信息就可以了, 这样, 只要存储最后 m 个梯度的信息, 因而叫做有限内存拟牛顿法 (L-BFGS)

$$H_{k+1} = \left(I - \frac{s_k y_k^{\mathrm{T}}}{s_k^{\mathrm{T}} y_k}\right) H_k \left(I - \frac{y_k s_k^{\mathrm{T}}}{s_k^{\mathrm{T}} y_k}\right) + \frac{s_k s_k^{\mathrm{T}}}{s_k^{\mathrm{T}} y_k}.$$

将上述迭代公式改成更简洁的形式:

$$H_{k+1} = V_k^{\mathrm{T}} H_k V_k + \rho_k s_k s_k^{\mathrm{T}},$$

其中 $\rho_k = \dfrac{1}{s_k^{\mathrm{T}} y_k}$, 且

$$V_k = I - \rho_k y_k s_k^{\mathrm{T}}.$$

在有限内存拟牛顿法中辅之以线搜索技巧获得步长 α_k, 可以保证目标函数的充分下降. 假定 x_{k+1}^* 是 (5.3.3) 在 x_k 的解, 若公式 (5.3.4) 中的步长 α_k 沿搜索方向 $d_k = x_{k+1}^* - x_k$ 满足下述的沃尔夫 (Wolfe) 线搜索条件, 则有限内存拟牛顿法是收敛的,

$$\begin{cases} q(x_k + \alpha_k d_k) \leqslant q(x_k) + \gamma_1 \alpha_k g_k^{\mathrm{T}} d_k, \\ |g(x_k + \alpha_k d_k)^{\mathrm{T}} d_k| \leqslant \gamma_2 |g(x_k)^{\mathrm{T}} d_k|, \end{cases} \tag{5.3.5}$$

其中 γ_1 和 γ_2 为用户事先给定的常数. 该线搜索条件可以确保迭代点列位于可行域内.

算法 5.3.1 投影 L-BFGS 算法

第 1 步 选取 x_0, m, $0 < \gamma_1 < \dfrac{1}{2}$, $\gamma_1 < \gamma_2 < 1$, 并给定一个初始正定矩阵 H_0; 令 $k := 0$.

第 2 步 若满足停止迭代条件, 则停止; 否则, 执行第 3 步.

第 3 步 计算

$$d_k = -H_k g_k,$$
$$x_{k+1} = P_\Omega(x_k + \alpha_k d_k),$$

其中 α_k 满足沃尔夫条件 (5.3.5).

第 4 步 令 $\hat{m} = \min\{k, m-1\}$, 检查条件 $y_k^{\mathrm{T}} s_k > 0$ 是否被满足:

若否: 令 $H_{k+1} = I$(最速下降步), 并删除数对 $\{y_i, s_i\}_{i=k-\hat{m}}^{k}$;

若是: 应用数对 $\{y_i, s_i\}_{i=k-\hat{m}}^{k}$ 对矩阵 H_0 做 $\hat{m}+1$ 次更新, 即令

$$\begin{aligned}H_{k+1} = &(V_k^{\mathrm{T}} V_{k-1}^{\mathrm{T}} \cdots V_{k-\hat{m}}^{\mathrm{T}}) H_0 (V_{k-\hat{m}} \cdots V_{k-1} V_k) \\ &+ \rho_{k-\hat{m}} (V_k^{\mathrm{T}} V_{k-1}^{\mathrm{T}} \cdots V_{k-\hat{m}+1}^{\mathrm{T}}) s_{k-\hat{m}} s_{k-\hat{m}}^{\mathrm{T}} (V_{k-\hat{m}+1} \cdots V_{k-1} V_k) \\ &+ \rho_{k-\hat{m}+1} (V_k^{\mathrm{T}} V_{k-1}^{\mathrm{T}} \cdots V_{k-\hat{m}+2}^{\mathrm{T}}) s_{k-\hat{m}+1} s_{k-\hat{m}+1}^{\mathrm{T}} (V_{k-\hat{m}+2} \cdots V_{k-1} V_k) \\ &+ \cdots \\ &+ \rho_k s_k s_k^{\mathrm{T}}.\end{aligned}$$

第 5 步　令 $k := k+1$, 转到第 2 步.

求解泛函 $L(x) = \|G(x)\|^2$ 极小化的另一个改进的拟牛顿方法就是莱文贝格–马夸特 (Levenberg-Marquardt) 方法. 该方法把 $L(x) = \|G(x)\|^2$ 的极小化转化为下面的线性最小二乘问题

$$\min_d \frac{1}{2} \|G_k + J_k d\|, \tag{5.3.6}$$

其中 $J_k = G'(x_k)$ 为 $G(x)$ 的雅可比矩阵在 x_k 点的值. 若 $J_k^{\mathrm{T}} J_k$ 是非奇异的, 则 (5.3.6) 有唯一解: $d_k = -(J_k^{\mathrm{T}} J_k)^{-1} J_k^{\mathrm{T}} G_k$.

不幸的是, 对于不适定反问题, $J_k^{\mathrm{T}} J_k$ 总是奇异的. 为了克服 $J_k^{\mathrm{T}} J_k$ 奇异性带来的解的不稳定性, 莱文贝格 (Levenberg, 1944) 和马夸特 (Marquardt, 1963) 独自提出了解决此类问题的方法 (称为 L-M 方法), 即引入非负参数 α_k, 在每次迭代计算下面的更新公式

$$x_{k+1} = x_k - (J_k^{\mathrm{T}} J_k + \alpha_k I)^{-1} J_k^{\mathrm{T}} F_k.$$

这样, 即使 $J_k^{\mathrm{T}} J_k$ 是奇异的, 适当选择参数 $\alpha_k > 0$ 总可以使得 $J_k^{\mathrm{T}} J_k + \alpha_k I$ 非奇异, 因而 L-M 方法是良定义的. 如果雅可比矩阵满足利普希茨连续条件, 且在非线性算子方程组 $G(x) = 0$ 的解处非奇异, 则对适当的参数 $\alpha_k > 0$, L-M 方法是二次收敛的.

不难看出 L-M 方法就是吉洪诺夫正则化方法在算子方程离散化后的特例. 因而相关的正则参数选择方法可以应用到 L-M 方法中来.

5.4　子空间信赖域方法

在非线性优化领域, 信赖域方法是一类重要的求最优值的方法. 已经证明, 信赖域方法可以用来求解反问题, 且在一定的条件下, 可以证明是一种正则化方法 (Wang and Yuan, 2005).

在最优化领域, 信赖域方法针对的是如下的极小化问题

$$\min_{x\in\mathbb{R}^n} f(x). \tag{5.4.1}$$

用信赖域方法求解 (5.4.1), 我们首先给定当前的信赖域试探步长 Δ_c (习惯上称其为信赖域半径), 然后求解一个逼近问题 (5.4.1) 的二次子问题

$$\begin{cases} \min & \psi(x_c+\xi)=f(x_c)+(g(x_c),\xi)+\dfrac{1}{2}(H_c\xi,\xi), \\ \text{s.t.} & \|\xi\|\leqslant \Delta_c. \end{cases} \tag{5.4.2}$$

信赖域试探步 Δ_c 刻画了在多大程度上我们可以相信该二次逼近模型, 并称由此得到的算法为信赖域算法.

对于一般非线性反问题的信赖域算法的详细算法步骤及收敛性分析, 请见相关著作 (王彦飞, 2007).

5.4.1 信赖域法的一般形式

考虑用信赖域方法求解离散的算子方程

$$\mathcal{K}f=h, \tag{5.4.3}$$

其中 $\mathcal{K}\in\mathbb{R}^{m\times n}$ 为一离散算子 (比如弗雷德霍姆算子的离散化形式), $f\in\mathbb{R}^n$ 为待求的输入, $h\in\mathbb{R}^m$ 为测量或观测到的数据. 首先我们形成如下的无约束最小二乘问题

$$\min \mathcal{M}[f]=\frac{1}{2}\|\mathcal{K}f-h\|^2. \tag{5.4.4}$$

泛函 $\mathcal{M}[f]$ 的梯度和黑塞矩阵可以分别显式地计算为

$$\text{grad}(\mathcal{M}[f])=\mathcal{K}^*\mathcal{K}f-\mathcal{K}^*h, \quad \text{Hess}(\mathcal{M}[f])=\mathcal{K}^*\mathcal{K}.$$

用信赖域算法求解 (5.4.4), 需要求解如下的信赖域子问题:

$$\min \varphi(s)=(\text{grad}(\mathcal{M}[f]),s)+\frac{1}{2}(\text{Hess}(\mathcal{M}[f])s,s), \quad \text{s.t. } \|s\|\leqslant\Delta. \tag{5.4.5}$$

在其每一轮迭代过程中, 我们都需要精确或非精确地求解子问题 (5.4.5) 来获得下一次迭代点的一试探步. 该试探步, 通常称为信赖域步; 能否值得信赖是依据于一定的标准的. 我们用对目标函数的真实下降量和对逼近模型的预估下降量的比值 r 作为这样的标准. 对一定范围内的 r, 我们接受该试探步; 反之, 我们舍弃该试探步. 具体说来, 令 s_k 为 (5.4.5) 的一个试探解, 我们记

$$\text{Pred}_k=\varphi_k(0)-\varphi_k(s_k)=-\varphi_k(s_k)$$

为逼近模型的预估下降量 (该预估下降量一般总是正的). 我们记

$$\mathrm{Ared}_k = \mathcal{M}[f_k] - \mathcal{M}[f_k + s_k]$$

为目标泛函的真实下降量. 定义真实下降量与预估下降量的比值为

$$r_k = \frac{\mathrm{Ared}_k}{\mathrm{Pred}_k},$$

并用 r_k 的大小来判定是否接受信赖域试探步以及是否调整信赖域半径.

但对于二次模型问题, 我们发现比值 $r_k \equiv 1$, 除非目标泛函附加了一个非线性的非二次项 (稳定泛函项). 我们也可以定义新的比值作为判别标准, 即用

$$r_k = \frac{\mathcal{M}[f_k + s_k]}{\mathcal{M}[f_k]}$$

或

$$r_k = \frac{\|\nabla \mathcal{M}[f_k + s_k]\|}{\|\nabla \mathcal{M}[f_k]\|}$$

来衡量是否接受试探步以及是否调整信赖域半径. 注意这样新定义的比值充分利用了问题的偏差 (或余量) 模, 更好地利用了问题的性质, 从而更好地描述了问题的本质.

算法 5.4.1　信赖域算法的一般描述

第 1 步　给定初始猜测值 $f_0 \in \mathbb{R}^n$, $\varDelta_0 > 0$, $0 < \tau_3 < \tau_4 < 1 < \tau_1$, $0 \leqslant \tau_0 \leqslant \tau_2 < 1$, $\tau_2 > 0$, $k := 1$,

第 2 步　若满足选定的某种停机准则, 则停止迭代; 否则, 求解子问题 (5.4.5) 得到 s_k.

第 3 步　计算 r_k;

$$f_{k+1} = \begin{cases} f_k, & r_k \leqslant \tau_0, \\ f_k + s_k, & \text{其他}; \end{cases}$$

按如下方式选取 Δ_{k+1}:

$$\varDelta_{k+1} \in \begin{cases} [\tau_3\|s_k\|, \tau_4\varDelta_k], & r_k < \tau_2, \\ [\varDelta_k, \tau_1\varDelta_k], & \text{其他}. \end{cases}$$

第 4 步　计算 $\mathrm{grad}(\mathcal{M}[f_k])$ 和 $\mathrm{Hess}(\mathcal{M}[f_k])$; $k := k+1$; 转第 2 步.

在上述算法中常数 $\tau_i (i = 0, \cdots, 4)$ 的选取可由用户来定, 一种典型的取法为 $\tau_0 = 0, \tau_1 = 2, \tau_2 = \tau_3 = 0.25, \tau_4 = 0.5$. 参数 τ_0 通常取零或一很小的正常数. 选

取 $\tau_0 = 0$ 的好处是只要目标泛函函数值有所下降, 我们就接受该试探步, 因而我们不会舍弃任何一个好的迭代点. 这一点在函数运算很复杂的情况下尤为重要.

信赖域方法可以用来求解线性或非线性反问题, 并已证明是一种正则化方法, 大量的地球物理反问题的数值实例证明该方法具有很好的收敛性和稳定性 (Wang and Yuan, 2005; Wang, Cao, Yang, 2011).

5.4.2 非负约束子空间信赖域法

考虑下述非负约束极小化问题

$$\begin{cases} \min \quad \psi(f) := \dfrac{1}{2}\|\mathcal{K}f - h\|^2, \\ \text{s.t.} \quad f \geqslant 0. \end{cases} \tag{5.4.6}$$

记 $\mathcal{F} = \{f : f \geqslant 0\}$ 为可行集, 边界为 $\text{int}(\mathcal{F}) = \{f : f > 0\}$.

上述约束极小化问题的一阶 KKT(Karush-Kuhn-Tucker) 条件可以写成

$$\begin{cases} \nabla\psi(f) - \lambda = 0, \\ \lambda_i f_i = 0, \qquad i = 1, \cdots, n \\ \lambda \geqslant 0, f \geqslant 0, \end{cases}$$

其中 $\nabla\psi(f) = \mathcal{K}^{\mathrm{T}}(\mathcal{K}f - h)$ 为 $\psi(f)$ 的梯度. 上述约束在图像处理中经常遇到, 这时 f 和 h 是一个由图像矩阵按字典排列形成的一个长的向量, 比如 $f_{image} \in \mathbb{R}^{N\times N}$, 则 $f \in \mathbb{R}^n$, $n = N^2$. 上述 KKT 条件的简化形式为

$$D(f)\nabla\psi(f) = 0,$$

这里 $D(f)$ 为对角矩阵, 其对角元为

$$(D(f))_{ii} = \begin{cases} f_i, & (\nabla\psi(f))_i > 0, \\ 1, & (\nabla\psi(f))_i \leqslant 0. \end{cases}$$

极小化问题 (5.4.6) 的子空间信赖域模型可以写成下述形式

$$\begin{cases} \min \quad \varPhi(s) := g_k^{\mathrm{T}} s + \dfrac{1}{2} s^{\mathrm{T}} \mathcal{K}^{\mathrm{T}} \mathcal{K} s, \\ \text{s.t.} \quad \|D_k^{-1} s\| \leqslant \Delta_k, \\ \qquad s \in S_k, \end{cases} \tag{5.4.7}$$

其中 $g_k = \mathcal{K}^{\mathrm{T}}(\mathcal{K}f_k - h)$, D_k 由 $D(f_k)$ 定义, 事实上是一个缩放矩阵用来限制试探步长 s 的变化, $\varDelta_k$ 是信赖域半径, S_k 为子空间 (由用户选取), 如果子空间取得好的话, 问题就很容易求解.

记信赖域子问题 (5.4.7) 的解为 s_k^{tr}, 并定义一个新的变量 $\bar{s}_k^{tr}$ 为

$$(\bar{s}_k^{tr})_i = \begin{cases} -\sigma_k(f_k)_i & (s_k^{tr})_i \leqslant -\sigma_k(f_k)_i, \\ (s_k^{tr})_i & (s_k^{tr})_i > -\sigma_k(f_k)_i, \end{cases} \tag{5.4.8}$$

其中 $\sigma_k(f_k) := \max\{\sigma, 1 - \|s_k^{tr}\|\}$, $\sigma \in (0,1)$. 因而 $\bar{s}_k^{tr}$ 可以认为是变量 s_k^{tr} 到内点集合 $\mathrm{int}(\mathcal{F})$ 的投影截断, 即计算过程中步长 $\bar{s}_k^{tr}$ 会作微调以保持在可行集内部.

记沿着 $-D_k^2 g_k$ 在可行集 $\mathcal{F}$ 上信赖域子问题 (5.4.7) 的解为 s_k^c, 即

$$s_k^c = \arg\min\{\Phi(s) : s = -\tau D_k^2 g_k, \|D_k^{-1} s\| \leqslant \Delta_k, f_k + s \in \mathcal{F}\}.$$

在实际计算过程中, 这个步长的作用是保证 f_k 属于内点集合 $\mathrm{int}(\mathcal{F})$. 因此我们定义柯西步长 $\bar{s}_k^c$ 如下:

$$\bar{s}_k^c := \theta_k s_k^c, \tag{5.4.9}$$

其中 $\theta_k = 1$, 当 $f_k + s_k^c \in \mathrm{int}(\mathcal{F})$ 时; $\theta_k = \max\{\theta, 1 - \|s_k^c\|\}$, 当 $\theta \in (0,1)$ 时.

于是试探步长 s_k 由 $\bar{s}_k^{tr}$ 和 $\bar{s}_k^c$ 生成. 为保证算法的全局收敛性, 我们要求步长 s_k 满足

$$\rho_k^c := \frac{\Phi(s_k)}{\Phi(\bar{s}_k^c)} \geqslant \beta_c, \tag{5.4.10}$$

其中 $\beta_c \in (0,1)$.

满足不等式条件 (5.4.10) 的 s_k 可以通过线搜索得到. 定义一条线段为 $\phi(t)$. 由于 $\bar{s}_k^{tr}$ 和 $\bar{s}_k^c$ 都是 (5.4.7) 好的搜索方向, 因此我们沿着线段 $\phi(t)$ 作线搜索, 即对 $\bar{s}_k^{tr}$ 和 $\bar{s}_k^c$ 作凸组合,

$$\phi(t) = t\bar{s}_k^{tr} + (1-t)\bar{s}_k^c.$$

我们给出信赖域步长计算的算法如下.

算法 5.4.2　计算信赖域步

第 1 步　计算信赖域子问题 (5.4.7) 的解 s_k^{tr}: 令 $\bar{s}_k^{tr}$ 和 $\bar{s}_k^c$ 分别如 (5.4.8) 和 (5.4.9) 计算, 并令 $t = 1$, $iter = 1$. 给定 $\beta_c, \gamma \in (0,1)$ 及正整数 $Maxiter$;

第 2 步　对 $iter = 1 : Maxiter$ 执行下述迭代:

利用判别式 (5.4.10), 计算 $s_k = t\bar{s}_k^{tr} + (1-t)\bar{s}_k^c$ 和 ρ_k^c;

若 $\rho_k^c < \beta_c$, 令 $t := \gamma t$, $iter := iter + 1$; 否则, 跳出这个循环;

第 3 步　令 $s_k = \bar{s}_k^c$, 停止迭代.

注 5.4.3　在算法 5.4.2 中, 我们首先需要检验当 $s_k = \bar{s}_k^{tr}$ 时, 不等式 (5.4.10) 是否成立. 若 (5.4.10) 不被满足, 则需要缩小 t 的值, 以使得步长 $s_k(t) = t\bar{s}_k^{tr} + (1-t)\bar{s}_k^c$ 靠近 $\bar{s}_k^c$. 当执行第 3 步时, 意味着即使缩小 t 若干次 (5.4.10) 也不可

能被满足, 这时我们就令 $s_k = \bar{s}_k^c$ 即可, 此时 (5.4.10) 自然满足. 此外, 在第 1 步中, s_k^{tr} 的计算量要考虑在内, 也就是说, 对于大问题, 要从全空间转到低维空间去计算, 从而减少运算量. 详见算法 5.4.9.

在得到满足 (5.4.10) 的试探步 s_k 后, 我们需要判断该步长是否是我们想要的. 我们提出下述判别准则, 即 $\psi(f_k+s_k)$ 相比于 $\psi(f_k)$ 是否有所减小. 记 ρ_k^f 为 $\psi(f_k+s_k)$ 和 $\psi(f_k)$ 的比值:

$$\rho_k^f = \frac{\psi(f_k+s_k)}{\psi(f_k)}. \tag{5.4.11}$$

在我们给出的算法中, 若 $\rho_k^f < \eta$ 则接受该试探步 s_k, 其中 $\eta \in (0,1)$ 是一个预先给定的常数. 该判别准则利用了模型和数据之间的偏差, 可以更精确地刻画迭代求解的逼近程度.

需要指出的是, 当信赖域半径 Δ_k 趋于零时, 搜索方向 $\bar{s}_k^{tr}$ 逼近于缩放的梯度方向. 因此, 信赖域半径的调整对于生成一个好的迭代步长来说也是十分重要的. 但我们并不希望该信赖域半径一定要把迭代点限定在可行域内部. 事实上, 试探步长跨越或达到边界也是可行的, 只要满足边界条件即可.

我们给出下面的内点信赖域算法.

算法 5.4.4　子空间内点信赖域算法

第 1 步　给定 $\varepsilon, \beta_c, \gamma_0 \in (0,1)$, $1 = \mu_2 \geqslant \mu_1 \geqslant \eta > 0$, $\gamma_2 \geqslant \gamma_1 > 1$, $x_0 \in \operatorname{int}(\mathcal{F})$, $\Delta_0 > 0$ 并令 $k := 0$.

第 2 步　若 $\|D_k g_k\| < \varepsilon$, 则停止迭代, 否则向下执行.

第 3 步　计算 $\psi(f_k)$ 和 g_k; 并依据 (5.4.7) 定义二次函数 Φ.

第 4 步　利用算法 5.4.2 计算试探步 s_k.

第 5 步　利用公式 (5.4.11) 计算比值 ρ_k^f.

若 $\rho_k^f < \eta$, 则令 $f_{k+1} := f_k + s_k$.

否则, 则令 $f_{k+1} := f_k$.

第 6 步　记 $k := k+1$; 按下面公式更新信赖域半径 Δ_k, 并转到第 2 步.

若 $\rho_k^f \geqslant \mu_2$, 则令 $\Delta_{k+1} = \gamma_0 \Delta_k$.

若 $\mu_1 \leqslant \rho_k^f < \mu_2$, 则令 $\Delta_{k+1} \in [\Delta_k, \gamma_1 \Delta_k]$.

否则, 则令 $\Delta_{k+1} \in [\gamma_1 \Delta_k, \gamma_2 \Delta_k]$.

注 5.4.5　值得指出的是, 在算法 5.4.4 中, 调整信赖域半径 Δ_k 的原则是使得 $1 = \mu_2 \geqslant \mu_1 \geqslant \eta > 0$ 及 $\gamma_2 \geqslant \gamma_1 > 1$. 这些条件可以保证算法的理论上的收敛性. 当实际计算时, 这些要求可以放宽. 比如说可以令 $\mu_2 \leqslant 1$ 且 (趋近于 1) ,

经验上, 这些取值可以使得计算结果良好: $\eta = \mu_1 = 0.95$, $\mu_2 = 0.9995$, $\gamma_0 = 0.8$, $\gamma_1 = 1.5$ 和 $\gamma_2 = 2.0$.

下面证明, 在适当的条件下, 子空间信赖域算法是收敛的.

假设条件 1 给定初值 $f_0 \in \mathcal{F}$, 假定 $\mathcal{L}$ 是紧的, 该集合是水平集, 即 $\mathcal{L} = \{f : f \in \mathcal{F}$ 且 $\psi(f) \leqslant \psi(f_0)\}$.

假设条件 2 存在一个正数 χ_g 使得对于 $f \in \mathcal{L}$, 有 $\|g(f)\|_\infty < \chi_g$.

在上述两个假设条件下, 我们有下面的收敛性定理.

定理 5.4.6 给定假设条件 1 和 2, 且迭代步 $\{s_k\}$ 满足不等式 (5.4.10), 并记 $\hat{g}_k = D_k g_k$; 此外由于 $\psi : \mathbb{R}^{N^2} \to \mathbb{R}$ 在 $\mathcal{F}$ 上连续可微, 则

$$\liminf_{k \to \infty} \|\hat{g}_k\| = 0.$$

下面这个定理将建立缩放梯度序列 $\{D_k g_k\}$ 的收敛性.

定理 5.4.7 给定假设条件 1 和 2, 且设 $\{f_k\}$ 由算法 5.4.4 算得, 由于 $g(f) = \nabla \psi(f)$ 在 $\mathcal{F}$ 上连续可微, 则

$$\lim_{k \to \infty} \|D_k g_k\| = 0.$$

为了证明上述两个定理, 我们需要下面的引理.

引理 5.4.8 若 s_k 满足 (5.4.10), 则

$$\varPhi(0) - \varPhi(s_k) \geqslant \beta_c \theta \left(1 - \frac{1}{2}\theta\right) \|\hat{g}_k\| \min\left\{\varDelta_k, \frac{\|\hat{g}_k\|}{\|h_k\|_\infty}, \frac{\|\hat{g}_k\|}{\|\hat{B}_k\|}\right\},$$

其中 θ 和 β_c 分别是 (5.4.9) 和 (5.4.10) 中定义的参数, $\hat{g}_k = D_k g_k$, $\hat{B}_k = D_k \mathcal{K}^{\mathrm{T}} \mathcal{K} D_k$, $h_k \in \mathbb{R}^n$ 定义作

$$(h_k)_i = \frac{|(D_k^2 g_k)_i|}{(f_k)_i}, \quad i = 1, \cdots, n.$$

证明 由

$$\varPhi(-\tau D_k^2 g_k) = -\tau g_k^{\mathrm{T}} D_k^2 g_k + \frac{1}{2}\tau^2 g_k^{\mathrm{T}} D_k^2 \mathcal{K}^{\mathrm{T}} \mathcal{K} D_k^2 g_k,$$

我们得到

$$\tau_k^* = \frac{g_k^{\mathrm{T}} D_k^2 g_k}{g_k^{\mathrm{T}} D_k^2 \mathcal{K}^{\mathrm{T}} \mathcal{K} D_k^2 g_k}$$

是沿方向 $-D_k^2 g_k$ 的函数 $\varPhi$ 的极小值. 因为 s_k^c 沿方向 $-D_k^2 g_k$ 函数 $\varPhi$ 在信赖域和可行集的极小值, 则由约束条件 $\|\tau D_k g_k\| \leqslant \varDelta_k$ 和 $f_k - \tau D_k^2 g_k \geqslant 0$, 有

$$0 < \tau \leqslant T_k,$$

其中 T_k 定义作

$$T_k=\min\left\{\frac{\Delta_k}{\|D_kg_k\|},\min\left\{\frac{(f_k)_i}{(D_k^2g_k)_i}:(g_k)_i>0\right\}\right\}.$$

可以看出

$$T_k\geqslant\min\left\{\frac{\Delta_k}{\|\hat{g}_k\|},\frac{1}{\|h_k\|_\infty}\right\}.$$

若 $\tau_k^*<T_k$, 则

$$\begin{aligned}\Phi(\bar{s}_k^c)&=(\theta_ks_k^c)\\&=\Phi(-\theta_k\tau_k^*D_k^2g_k)\\&=-\theta_k\left(1-\frac{1}{2}\theta_k\right)\frac{(g_k^{\mathrm{T}}D_k^2g_k)^2}{g_k^{\mathrm{T}}D_k^2\mathcal{K}^{\mathrm{T}}\mathcal{K}D_k^2g_k},\end{aligned}$$

若 $\tau_k^*\geqslant T_k$, 则

$$g_k^{\mathrm{T}}D_k^2\mathcal{K}^{\mathrm{T}}\mathcal{K}D_k^2g_k\leqslant\frac{g_k^{\mathrm{T}}D_k^2g_k}{T_k},$$

于是

$$\begin{aligned}\Phi(\bar{s}_k^c)&=\Phi(\theta_ks_k^c)\\&=\Phi(-\theta_kT_kD_k^2g_k)\\&=-\theta_kT_kg_k^{\mathrm{T}}D_k^2g_k+\frac{1}{2}\theta_k^2T_k^2g_k^{\mathrm{T}}D_k^2\mathcal{K}^{\mathrm{T}}\mathcal{K}D_k^2g_k\\&\leqslant\theta_kT_k\left(-g_k^{\mathrm{T}}D_k^2g_k+\frac{1}{2}\theta_kT_k\cdot\frac{g_k^{\mathrm{T}}D_k^2g_k}{T_k}\right)\\&=-\theta_k\left(1-\frac{1}{2}\theta_k\right)T_kg_k^{\mathrm{T}}D_k^2g_k,\end{aligned}$$

因而有

$$\Phi(\bar{s}_k^c)\leqslant-\theta_k\left(1-\frac{1}{2}\theta_k\right)g_k^{\mathrm{T}}D_k^2g_k\min\left\{T_k,\frac{g_k^{\mathrm{T}}D_k^2g_k}{g_k^{\mathrm{T}}D_k^2\mathcal{K}^{\mathrm{T}}\mathcal{K}D_k^2g_k}\right\}.$$

由于 $\theta\leqslant\theta_k\leqslant1$, 因此

$$\theta_k\left(1-\frac{1}{2}\theta_k\right)\geqslant\theta\left(1-\frac{1}{2}\theta\right).$$

由 (5.4.10), 得到不等关系式

$$\Phi(0)-\Phi(s_k)\geqslant\beta_c(\Phi(0)-\Phi(\bar{s}_k^c))$$

$$
\begin{aligned}
&\geqslant \beta_c\theta_k\left(1-\frac{1}{2}\theta_k\right)g_k^{\mathrm{T}}D_k^2g_k\min\left\{T_k,\frac{g_k^{\mathrm{T}}D_k^2g_k}{g_k^{\mathrm{T}}D_k^2\mathcal{K}^{\mathrm{T}}\mathcal{K}D_k^2g_k}\right\}\\
&\geqslant \beta_c\theta\left(1-\frac{1}{2}\theta\right)\|\hat{g}_k\|\min\left\{\Delta_k,\frac{\|\hat{g}_k\|}{\|h_k\|_\infty},\frac{\|\hat{g}_k\|}{\|\hat{B}_k\|}\right\}.
\end{aligned}
$$

从而引理得证.

下面证明定理 5.4.7. 反证法. 假定存在一个 $\varepsilon>0$, 使得对充分大的 k, 有不等式 $\|\hat{g}_k\|\geqslant\varepsilon$ 成立.

若 $\boldsymbol{s}_k$ 是算法 5.4.4 的迭代解, 我们就说第 k 次迭代是充分的, 否则就是不充分的. 因此若存在一有限序列迭代, 则对充分大的 k 有 $\Delta_{k+1}=\gamma_0\Delta_k$ 且

$$
\sum_{k=1}^{\infty}\Delta_k<+\infty.
$$

此处只要注意到 $\gamma_0\in(0,1)$ 即可.

若存在一个无穷的充分迭代序列 $\{k_i\}$, 并注意到 $\{\psi(f_k)\}$ 是个非递增序列且下有界, 则

$$
0\leqslant\sum_{k=0}^{\infty}(\psi(f_k)-\psi(f_{k+1}))<+\infty.
$$

由引理 5.4.8, 当充分迭代 k 步时, 有

$$
\begin{aligned}
\psi(f_k)-\psi(f_{k+1})&=\Phi(0)-\Phi(s_k)\\
&\geqslant\beta_c\theta\left(1-\frac{1}{2}\theta\right)\|\hat{g}_k\|\min\left\{\Delta_k,\frac{\|\hat{g}_k\|}{\chi_h},\frac{\|\hat{g}_k\|}{\chi_{\hat{B}}}\right\}.
\end{aligned}\tag{5.4.12}
$$

因此得到

$$
\sum_{i=1}^{\infty}\Delta_{k_i}<+\infty.
$$

若迭代不成功 (不满足收敛性条件), 则 $\Delta_{k+1}=\gamma_0\Delta_k$; 若迭代是成功的 (满足收敛性条件), 则 $\Delta_{k+1}\leqslant\gamma_2\Delta_k$, 因此

$$
\begin{aligned}
\sum_{k=1}^{\infty}\Delta_k&=\sum_{i=1}^{\infty}\Delta_{k_i}+\sum_{i=1}^{\infty}\sum_{j=1}^{k_{i+1}-k_i-1}\Delta_{k_i+j}\\
&\leqslant\sum_{i=1}^{\infty}\Delta_{k_i}+\sum_{i=1}^{\infty}(\gamma_2+\gamma_0\gamma_2+\gamma_0^2\gamma_2+\cdots+\gamma_0^{k_{i+1}-k_i-2}\gamma_2)\Delta_{k_i}\\
&\leqslant\sum_{i=1}^{\infty}\left(1+\frac{\gamma_2}{1-\gamma_0}\right)\Delta_{k_i}<+\infty.
\end{aligned}
$$

这说明

$$\Delta_k \to 0, \quad \text{当 } k \to \infty \text{ 时} \tag{5.4.13}$$

但由关系式 (5.4.9), (5.4.11) 以及

$$\psi(f_k) - \psi(f_k + s_k) = \Phi(0) - \Phi(s_k),$$

我们得到：对充分大的 k, $\rho_k^f < 1 \leqslant \mu_2$. 因此, 算法 5.4.4 产生的序列 $\{\Delta_k\}$ 不收敛于 0, 这与 (5.4.13) 矛盾, 说明定理为真.

值得指出的是, 假设条件 1 和 2 暗含了存在正的常数 χ_D, $\chi_{\hat{B}}$, $\chi_{\hat{g}}$ 和 χ_h 使得

$$\|D_k\| \leqslant \chi_D, \quad \|\hat{B}_k\| \leqslant \chi_{\hat{B}}, \quad \|\hat{g}_k\| \leqslant \chi_{\hat{g}}, \quad \|h_k\|_\infty \leqslant \chi_h.$$

下面证明定理 5.4.6. 仍然用反证法. 令 $\varepsilon_1 \in (0,1)$ 是一个给定的数, 并假定存在序列 $\{m_i\}$ 使得 $\|\hat{g}_{m_i}\| \geqslant \varepsilon_1$. 定理 5.4.2 表明对任意的 $\varepsilon_2 \in (0, \varepsilon_1)$, 都存在一个子列 $\{m_i\}$ (不失一般性, 假定是全序列) 和序列 $\{l_i\}$ 使得

$$\|\hat{g}_k\| \geqslant \varepsilon_2, \quad m_i \leqslant k < l_i, \quad \|\hat{g}_{l_i}\| < \varepsilon_2. \tag{5.4.14}$$

若第 k 次迭代是成功的, 则由不等式 (5.4.12), 得到

$$\psi(f_k) - \psi(f_{k+1}) > \beta_c \theta \left(1 - \frac{1}{2}\theta\right) \varepsilon_2 \min\left\{\Delta_k, \frac{\varepsilon_2}{\chi_h}, \frac{\varepsilon_2}{\chi_{\hat{B}}}\right\}, \quad m_i \leqslant k < l_i.$$

由于 $\psi(f)$ 在 $\mathcal{L}$ 上下有界且序列 $\{\psi(f_k)\}$ 是不增的, 则 $\{\psi(f_k)\}$ 收敛且 $\{\psi(f_k) - \psi(f_{k+1})\}$ 趋于零. 注意到 $\|f_{k+1} - f_k\| \leqslant \chi_D \Delta_k$, 从而得出对于充分大的 i 有

$$\psi(f_k) - \psi(f_{k+1}) \geqslant \varepsilon_3 \|f_{k+1} - f_k\|, \quad m_i \leqslant k < l_i, \tag{5.4.15}$$

其中 $\varepsilon_3 = \dfrac{\beta_c \theta \left(1 - \dfrac{1}{2}\theta\right) \varepsilon_2}{\chi_D}$.

由 (5.4.15) 和三角不等式, 则得

$$\psi(f_{m_i}) - \psi(f_{k_i}) \geqslant \varepsilon_3 \|f_{k_i} - f_{m_i}\|, \quad m_i \leqslant k_i \leqslant l_i.$$

利用 $g(f)$ 的一致连续性 (注意到 $\mathcal{L}$ 的紧性) 以及序列 $\{\psi(f_k)\}$ 的收敛性, 导出

$$\|g_{m_i} - g_{l_i}\| \leqslant \varepsilon_2 \tag{5.4.16}$$

对充分大的 i 都成立.

考虑序列 l_i 的一个子列 (不失一般性, 假定是全序列) 使得 $\{f_{l_i}\}$ 收敛于 f_*. 则 $\{f_{m_i}\}$ 收敛于 f_*. 定义 $v(f)$ 为 $D(f)$ 的对角线向量. 若 g_* 的第 j 个组分非零, 则由 KKT 条件 (见本节开始部分), f_{l_i} 和 f_{m_i} 的第 j 个元素将达到边界值. 假定达到的是上界, 则

$$(f_{l_i})_j \to 0 \text{ 和 } (f_{m_i})_j \to 0, \quad \text{当 } i \to \infty \text{ 时}.$$

因而 $\{\mathrm{diag}(v_{m_i} - v_{l_i})g_{l_i}\}$ 收敛于 0. 因此对充分大的 i, 下式成立

$$\|(D_{m_i} - D_{l_i})g_{l_i}\| = \|\mathrm{diag}(v_{m_i} - v_{l_i})g_{l_i}\| \leqslant \varepsilon_2. \tag{5.4.17}$$

对任意的 m 和 l, 由三角不等式有

$$\|\hat{g}_m\| \leqslant \|D_m\|\,\|g_m - g_l\| + \|(D_m - D_l)g_l\| + \|\hat{g}_l\|. \tag{5.4.18}$$

把 (5.4.18) 与 (5.4.14) 联合起来, 并结合 (5.4.16) 和 (5.4.17), 得到

$$\varepsilon_1 \leqslant (\chi_D + 2)\varepsilon_2.$$

ε_2 可以为 $(0, \varepsilon_1)$ 内的任意数, 这与假设矛盾. 于是定理为真.

那么, 如何选择子空间 S_k 并高效求解子问题 (5.4.7) 呢? 首先, 缩放梯度 $-D_k^2 g_k$ 应当包含在子空间内; 其次, 子空间 S_k 上的点列应该充分逼近牛顿方向 $-(\mathcal{K}^{\mathrm{T}}\mathcal{K})^{-1}g_k$. 对于大问题, 不一定精确求解牛顿方向, 只要求解一个逼近方向 s_k^N(拟牛顿方向) 就够了, 即

$$\mathcal{K}^{\mathrm{T}}\mathcal{K}s = -g_k, \tag{5.4.19}$$

要求逼近精度为 η_k:

$$\begin{cases} \mathcal{K}^{\mathrm{T}}\mathcal{K}s_k^N = -g_k + r_k, \\ \text{s.t.} \dfrac{\|r_k\|}{\|g_k\|} \leqslant \eta_k. \end{cases} \tag{5.4.20}$$

所以, 我们可以在一个二维子空间内选取 S_k

$$S_k = \mathrm{span}\{\boldsymbol{s}_k^N, -D_k^2 g_k\}.$$

方程 (5.4.19) 可以用共轭梯度法求解, 计算量主要是矩阵–向量乘积运算. 对于特殊问题, 如果矩阵具有特殊结构 (比如托普利兹 (Toeplitz) 结构、对角型结构), 可以构造特殊的矩阵-向量乘积算法简化计算量. 可以看出, 试探步 s_k^N 存在于 $\mathcal{S}_r := \{g_k, Hg_k, H^2 g_k, \cdots, H^r g_k\}$(对某个 r) 张成的子空间内, 其中 $H = \mathcal{K}^{\mathrm{T}}\mathcal{K}$.

这里 r 是未知的, 但这对于共轭梯度法就够了, 我们只要保证非精确牛顿方向在在子空间 $\mathcal{S}_r$ 内即可.

下面给出子问题 (5.4.7) 的高效率求解算法. 为此, 定义

$$s_1 = \frac{s_k^N}{\|s_k^N\|} \tag{5.4.21}$$

并计算

$$s_2 = -D_k^2 g_k + ((D_k^2 g_k)^{\mathrm{T}} s_1) s_1. \tag{5.4.22}$$

令 $s_2 = \dfrac{s_2}{\|s_2\|}$, $S = [s_1, s_2] \in \mathbb{R}^{n\times 2}$. 则对任意的向量 $s \in S_k$, 都存在一个二维向量 $\alpha = [\alpha_1, \alpha_2]^{\mathrm{T}} \in \mathbb{R}^2$ 使得 $s = S\alpha$ 成立. 因此子问题 (5.4.7) 可以转化为一个二维信赖域子问题来求解, 即

$$\begin{cases} \min \quad \Phi(\alpha) := g_k^{\mathrm{T}} S\alpha + \dfrac{1}{2}\alpha^{\mathrm{T}} S^{\mathrm{T}} \mathcal{K}^{\mathrm{T}} \mathcal{K} S\alpha \\ \text{s.t.} \quad \|D_k^{-1} S\alpha\| \leqslant \Delta_k. \end{cases} \tag{5.4.23}$$

下面给出子问题 (5.4.23) 的具体算法.

算法 5.4.9 求解信赖域子问题

第 1 步 分别利用公式 (5.4.21) 和 (5.4.22) 计算 s_1 和 s_2.

第 2 步 令 $s_2 = \dfrac{s_2}{\|s_2\|}$ 及 $S = [s_1, s_2] \in \mathbb{R}^{n\times 2}$.

第 3 步 求解子问题 (5.4.23) 得到 α.

第 4 步 令 $s_k^{tr} = S\alpha$.

5.4.3 l_1 范数约束子空间信赖域法

先给出 l_p 范数的定义. 长度为 l 的向量 m 的 p 范数定义作

$$\|m\|_{l_p} = \left(\sum_{i=1}^{l} |m_i|^p\right)^{\frac{1}{p}}.$$

当 $p=1$ 时, 向量 m 的 l_1 范数就是 $\|m\|_{l_1} = \sum\limits_{i=1}^{l} |m_i|$; 当 $p=2$ 时, 向量 m 的 l_2 范数就是 $\|m\|_{l_2} = \left(\sum\limits_{i=1}^{l} m_i^2\right)^{\frac{1}{2}}$; 当 $p=\infty$ 时, 向量 m 的 l_∞ 范数就是 $\|m\|_{l_\infty} = \max\limits_i |m_i|$. 对于一般的 p 值, 按上述公式定义即可.

先给出一般情况下定义在 $l_p - l_q$ 空间的极小化模型如下:

$$J^\alpha[m] := \frac{1}{2}\|Lm - d\|_{l_p}^p + \frac{\alpha}{2}\|m\|_{l_q}^q \to \min, \quad p, q \geqslant 0, \tag{5.4.24}$$

其中 $\alpha>0$ 为正则化参数. 目标函数 $J^\alpha[m]$ 的梯度矩阵和黑塞矩阵分别计算为

$$\text{grad}_{J^\alpha}[m]=\tfrac{1}{2}pL^{\mathrm{T}}\begin{pmatrix}|r_1|^{p-1}\text{sign}(r_1)\\|r_2|^{p-1}\text{sign}(r_2)\\\vdots\\|r_m|^{p-1}\text{sign}(r_m)\end{pmatrix}+\frac{1}{2}\alpha q\begin{pmatrix}|m_1|^{q-1}\text{sign}(m_1)\\|m_2|^{q-1}\text{sign}(m_2)\\\vdots\\|m_n|^{q-1}\text{sign}(m_n)\end{pmatrix}$$

和

$$\begin{aligned}\text{Hess}_{J^\alpha}[m]=&\frac{1}{2}p(p-1)L^{\mathrm{T}}\text{diag}(|r_1|^{p-2},|r_2|^{p-2},\cdots|r_m|^{p-2})L\\&+\frac{1}{2}\alpha q(q-1)\text{diag}(|m_1|^{q-2},|m_2|^{q-2},\cdots,|m_n|^{q-2}),\end{aligned}$$

其中 $r=(r_1,r_2,\cdots,r_m)^{\mathrm{T}}=Lm-d$ 定义了模拟数据与观测数据的余量; $\text{sign}(\cdot)$ 为向量符号函数; 像通常那样, 其分量可在 -1, 0 或 $+1$ 取值, 视该向量的分量为负、为零或为正而定; $\text{diag}(v)$ 是一个对角线矩阵, 非零元素只在对角线上, 它的第 i 个对角元就是向量 v 的第 i 个分量. 显然, 当 $p=2$, $q=0$ 或 $q=1$ 时, l_p-l_q 极小化模型就是我们熟知的 l_0 极小化问题或 l_1 极小化问题. 通常, 适当地选取 p 和 q, l_p-l_q 模型可以更精确地刻画复杂结构, 对某些特殊的反问题非常有效.

考虑 $p=2$ 及 $q=1$ 的情形, 这时有下述的极小化问题

$$f(m)=\|Lm-d\|_{l_2}^2+\alpha\|m\|_{l_1}\to\min. \tag{5.4.25}$$

正则化参数 $\alpha>0$ 是一个给定的常数 (也可以优化这个参数, 但这是额外的学术问题). 显然, 函数 f 当 $m=0$ 时不可微. 为了便于计算, 我们把 $\|m\|_{l_1}$ 用 $\sum\limits_{i=1}^{l}\sqrt{(m_i,m_i)+\varepsilon}$ $(\varepsilon>0)$ 代替, 其中 l 为向量 m 的长度, $(\cdot,\cdot)$ 表示内积.

简化记号, 令 $A=L^{\mathrm{T}}L$,

$$\gamma(m^k)=\left(\frac{m_1^k}{\sqrt{(m_1^k,m_1^k)+\varepsilon}},\cdots,\frac{m_i^k}{\sqrt{(m_i^k,m_i^k)+\varepsilon}},\cdots,\frac{m_n^k}{\sqrt{(m_n^k,m_n^k)+\varepsilon}}\right)^{\mathrm{T}},$$

$$\chi_p(m^k)=\text{diag}\left(\frac{\varepsilon}{((m_1^k,m_1^k)+\varepsilon)^{\frac{p}{2}}},\cdots,\frac{\varepsilon}{((m_i^k,m_i^k)+\varepsilon)^{\frac{p}{2}}},\cdots,\frac{\varepsilon}{((m_n^k,m_n^k)+\varepsilon)^{\frac{p}{2}}}\right),$$

其中 $\text{diag}(\cdot)$ 定义如上. 分别计算函数 f 在点 m^k 的梯度和黑塞矩阵为

$$g_k:=g(m^k)\approx L^{\mathrm{T}}(Lm^k-d)+\alpha\gamma(m^k),$$

$$H_k:=H(m^k)\approx L^{\mathrm{T}}L+\alpha\chi_3(m^k).$$

于是信赖域子问题写成下述的不等式约束优化形式:

$$\begin{aligned} \min_{\xi\in X} \quad & \varphi_k(\xi) := (g_k,\xi) + \frac{1}{2}(H_k\xi,\xi), \\ \text{s.t.} \quad & \|\xi\|_{l_1} \leqslant \Delta_k. \end{aligned} \tag{5.4.26}$$

类似在广义的光滑球上信赖域子问题的求解, 我们引入拉格朗日乘子 (Lagrangian multiplier) λ, 则得到一个无约束优化问题

$$L(\lambda,\xi) = \varphi_k(\xi) + \lambda(\Delta_k - \|\xi\|_{l_1}) \to \min. \tag{5.4.27}$$

求极值, 得到

$$\xi = \xi(\lambda) = -(H_k + \lambda\varepsilon^{-1}\chi_1(\xi))^{-1}g_k. \tag{5.4.28}$$

由 (5.4.28) 看出, 试探步长 ξ 可以写成迭代的形式计算出来

$$\xi^{j+1}(\lambda) = -(H_k + \lambda\epsilon^{-1}\chi_1(\xi^j))^{-1}g_k. \tag{5.4.29}$$

在第 k 步, 拉格朗日乘子 λ 可以通过求解下面的非线性方程获得

$$\|\xi_k(\lambda)\|_{l_1} = \varDelta_k.$$

记 $\Gamma(\lambda) = \dfrac{1}{\|\xi_k(\lambda)\|_{l_1}} - \dfrac{1}{\varDelta_k}$, 则拉格朗日乘子 λ 可以用牛顿迭代法得到

$$\lambda_{l+1} = \lambda_l - \frac{\Gamma(\lambda_l)}{\Gamma'(\lambda_l)}, \quad l = 0,1,\cdots. \tag{5.4.30}$$

注意到函数 $\Gamma(\lambda)$ 的导数为

$$\frac{d}{d\lambda}\left(\frac{1}{\rho(\lambda)}\right) = -\frac{\rho'(\lambda)}{\rho^2(\lambda)} = -\frac{\rho'(\lambda)}{\|\xi_k(\lambda)\|_{l_1}^2},$$

其中 $\rho(\lambda) := \|\xi_k(\lambda)\|_{l_1}$. 于是在第 k 步, 我们导出

$$\rho'(\lambda) \approx \begin{pmatrix} \dfrac{\xi_1^k(\lambda)}{\sqrt{\xi_1^k(\lambda)^{\mathrm{T}}\xi_1^k(\lambda)+\varepsilon}} \\ \vdots \\ \dfrac{\xi_i^k(\lambda)}{\sqrt{\xi_i^k(\lambda)^{\mathrm{T}}\xi_i^k(\lambda)+\varepsilon}} \\ \vdots \\ \dfrac{\xi_n^k(\lambda)}{\sqrt{\xi_n^k(\lambda)^{\mathrm{T}}\xi_n^k(\lambda)+\varepsilon}} \end{pmatrix}^{\mathrm{T}} * \frac{d}{d\lambda}\xi_k(\lambda) = \gamma(\xi_k)^{\mathrm{T}}[\varepsilon H_k + \lambda\chi_1(\xi_k)]^{-1}\chi_1(\xi_k)\xi_k(\lambda).$$

于是最优的拉格朗日乘子参数 λ^* 可以由 (5.4.30) 迭代得到. 由于最优 λ^* 计算得到了, 则最优迭代步长 ξ^* 可以由 (5.4.29) 迭代逼近得到.

可以证明 (留作练习):

(1) $\{\lambda_k\}$ 有界;

(2) $\|\xi_k(\lambda)\|_{l_1}$ 有界.

5.4.4 矩阵优化算法简介

矩阵优化问题指的是求解下面的模型

$$LM = D, \tag{5.4.31}$$

其中 $D = [d_1, d_2, \cdots, d_l]$ 是由 l 个观测组成的观测矩阵, $M = [m_1, m_2, \cdots, m_l]$ 为由列向量组成的模型 (参数) 矩阵.

定义参数矩阵 M 的 $l_{2,p}$ 范数为

$$\|M\|_{2,p}^p = \sum_k^K \|m^k\|_2^p, \quad p \in (0, 1],$$

其中 m^k 是矩阵 M 的第 k 行, $\|m^k\|_2$ 是欧几里得范数. 矩阵优化问题指的是求解下面的极小化问题

$$\min_M J(M) = \|LM - D\|_{2,q}^q + \|\Lambda M\|_{2,p}^p, \quad q > 0, p > 0, \tag{5.4.32}$$

其中 $\|LM - D\|_{2,q}$ 表示余量 $LM - D$ 的 $l_{2,q}$ 矩阵范数, $\Lambda = \mathrm{diag}\{\alpha_k\}_{k=1}^K$ 是一个对角型正则化矩阵, 其对角元素 $\alpha_k > 0$ 对应着矩阵 M 的第 k 行. 显然, 当参数矩阵 M 只有 1 列以及 Λ 是一个标量时, (5.4.32) 就是 (5.4.24) 的形式, 显然可以用向量优化的算法, 比如信赖域算法求解.

下面给出矩阵优化的计算方法. 我们把矩阵范数 $\|\Lambda M\|_{2,p}^p$ 重新写作

$$\|\Lambda M\|_{2,p}^p = \mathrm{Tr}(M^{\mathrm{T}} H M),$$

其中

$$H = \mathrm{diag}\left\{\frac{\alpha_1}{\|m^1\|_2^{2-p}}, \frac{\alpha_2}{\|m^2\|_2^{2-p}}, \cdots, \frac{\alpha_K}{\|m^K\|_2^{2-p}}\right\},$$

其中 m^k $(k = 1, 2, \cdots, K)$ 为矩阵 M 的第 k 行向量, $\mathrm{Tr}(\cdot)$ 表示矩阵的迹运算.

我们只考虑一个常用的形式

$$J(M) := \|LM - D\|_{2,2}^2 + \|\Lambda M\|_{2,p}^p$$

$$= \mathrm{Tr}((LM - D)^{\mathrm{T}}(LM - D)) + \mathrm{Tr}(M^{\mathrm{T}}HM)$$

其中参数 $q = 2, p \in (0, 1]$. 我们写出 KKT 方程

$$\frac{\partial J(M)}{\partial M} = 2L^{\mathrm{T}}(LM - D) + pHM = 0. \tag{5.4.33}$$

因而求解 (5.4.32) 的问题转化为求解 (5.4.33) 的解.

若 H 固定, 且矩阵 $N = L^{\mathrm{T}}L + \frac{p}{2}H$ 可逆, 则 (5.4.33) 可以由下式算得,

$$M = N^{-1}L^{\mathrm{T}}D = \left(L^{\mathrm{T}}L + \frac{p}{2}H\right)^{-1} L^{\mathrm{T}}D. \tag{5.4.34}$$

我们注意到, 若参数矩阵 M 的某一行为 0, 则矩阵 H 的对角元就不能生成, 因而矩阵 N 的对角元也不能生成. 为避免计算过程中, 由于 N 的因素, (5.4.34) 出现崩溃, 我们利用谢尔曼–莫里森–伍德伯里 (Sherman-Morrison-Woodbury) 公式重新写出 N^{-1}. 记

$$G = \left(\frac{p}{2}H\right)^{-1} = \frac{2}{p}\mathrm{diag}\left\{\frac{\|m^1\|_2^{2-p}}{\alpha_1}, \frac{\|m^2\|_2^{2-p}}{\alpha_2}, \cdots, \frac{\|m^K\|_2^{2-p}}{\alpha_K}\right\}, \tag{5.4.35}$$

则迭代公式 (5.4.34) 变成

$$M = N^{-1}L^{\mathrm{T}}D = [G - GL^{\mathrm{T}}(I_m + LGL^{\mathrm{T}})^{-1}LG]L^{\mathrm{T}}D, \tag{5.4.36}$$

其中 I_m 是一个 m 维恒等算子.

现在令矩阵 G 和 M 分别由公式 (5.4.35) 和 (5.4.36) 计算, 则得到下面的迭代公式

$$G_t = \frac{2}{p}\mathrm{diag}\left\{\frac{\|m_t^1\|_2^{2-p}}{\alpha_1}, \frac{\|m_t^2\|_2^{2-p}}{\alpha_2}, \cdots, \frac{\|m_t^K\|_2^{2-p}}{\alpha_K}\right\},$$
$$M_{t+1} = [G_t - G_tL^{\mathrm{T}}(I_m + LG_tL^{\mathrm{T}})^{-1}LG_t]L^{\mathrm{T}}D.$$

于是可以给出下面的算法.

算法 5.4.10 矩阵优化迭代算法

第 1 步 输入矩阵 $L \in \mathbb{R}^{m\times K}$, $D \in \mathbb{R}^{m\times l}$. 选取稀疏度参数 $p \in (0, 1]$ 及对角化正则化参数矩阵 $\Lambda = \mathrm{diag}\{\alpha_1, \alpha_2, \cdots, \alpha_K\} \succ 0$ (此处 $\succ$ 是正定符号). 给定终止迭代参数 $\varepsilon > 0$.

第 2 步 令 $t = 1$ 并初始化 $M_1 \in \mathbb{R}^{K\times l}$.

第 3 步 对 $t = 1, 2, \cdots$ 执行迭代, 当 $\rho_t \leqslant \varepsilon$ 时跳出循环:

$$G_t = \frac{2}{p}\mathrm{diag}\left\{\frac{\|m_t^1\|_2^{2-p}}{\alpha_1}, \frac{\|m_t^2\|_2^{2-p}}{\alpha_2}, \cdots, \frac{\|m_t^K\|_2^{2-p}}{\alpha_K}\right\};$$

$$M_{t+1} = [G_t - G_t L^{\mathrm{T}}(I_m + LG_t L^{\mathrm{T}})^{-1} LG_t] L^{\mathrm{T}} D;$$

$$\rho_t = \frac{\|M_{t+1} - M_t\|_F}{\|M_t\|_F}.$$

上述算法还可以进一步得到优化, 这依赖于问题的结构, 建议读者阅读文献 (Wang L P and Wang Y F, 2018), 并给出自己的理解.

思考题

1. 写出一些基本定义和定理.

(1) 写出积分方程离散化的数值积分法的几个公式.

(2) 写出基于分段线性基函数的积分方程离散化的公式.

(3) 什么是伽辽金方法?

(4) 什么是配置法?

(5) 仿最速下降法, 写出共轭梯度法的一个算法.

(6) 矩阵优化与向量优化的不同是什么?

(7) 写出矩阵的迹.

2. 以下命题和定理属于理论问题, 要求会证明.

(1) 证明: 最小二乘法是伽辽金方法的一个特例.

(2) 证明: 二阶泛函的情况下, 几种参数 β_k 选取的等价性.

(3) 证明: 二阶泛函的情况下, 在有穷维欧几里得空间 $\mathbb{R}^n$, 最多不超过 n 个迭代步共轭梯度法收敛, 其中 n 为未知变量个数.

(4) 证明: l_1 范数约束子空间信赖域法中, 拉格朗日乘子序列 $\{\lambda_k\}$ 有界.

(5) 证明: l_1 范数约束子空间信赖域法中, 迭代模量 $\|\xi_k(\lambda)\|_{l_1}$ 有界.

第 6 章 统计反演策略

6.1 引　　言

给定两个规范化的概率密度函数 $p_1(x)$ 和 $p_2(x)$, 定义函数 p_1 关于 p_2 的相对信息量为

$$I(p_1|p_2) = \int_A p_1(x) \log \frac{p_1(x)}{p_2(x)} dx.$$

不同的 log 函数基底对应不同的信息度量, 常用的基底是 2, 对应的信息量单位是比特 (bit).

令 $p_2(x) = \mu(x)$, 其中 μ 是归一化的均匀概率密度函数, 则函数 p_1 关于 μ 的相对信息量为

$$I(p_1|\mu) = \int_A p_1(x) \log \frac{p_1(x)}{\mu(x)} dx.$$

显然, 当 $p_1 = \mu$ 时, 信息量为 0. 定义

$$\phi(x) = \frac{p_1(x)}{\mu(x)}$$

则当 $\phi(x)$ 取极大值时, 可以求得相应的极大似然点, $\phi(x)$ 称为极大似然函数. 据此, 我们可以定义一个损失函数 $S(x) = -\log \phi(x)$, 则 $S(x) \to \min$ 时, $\phi(x)$ 取得极大似然点. 上述信息量刻画的方式就是香农 (Shannon) 信息量刻画方式. 由于 $\mu(x)$ 是均匀概率密度函数, 不会发生变化, 对损失函数的极小化无贡献, 因而用香农信息量刻画方式获得极大似然估计可能是不稳定的.

贝叶斯理论通过先验分布和似然函数来表示模型参数的后验概率密度分布, 结合了已知的先验信息和观测数据去获得模型参数的最佳拟合解, 同时用概率分布描述可信度的反演结果可以让我们更好地认识反演多解性.

假设模型参数 m, d 为观测数据, G 为模型空间到数据空间的已知映射. 基于贝叶斯理论的统计反演就是将所求的反演参数 m 看作是服从某一概率分布 $p(m)$ 的随机变量通过最大化后验概率密度函数 $p(m|d)$ 去获得相应的解. 其中, $p(m)$ 称为先验概率, 比如在勘探地震学上, 模型参数的先验概率通常都是通过测井或地质统计等方法获得的, 这相当于在反演中引入了额外的约束信息, 类似吉洪诺

夫的思想, 起到了正则化项的作用, 能够降低反演的多解性. 同时, $p(d|m)$ 称为似然函数, 描述了在给定模型参数 m 时观测数据真值为 d 的条件概率密度, 其代表了在给定模型参数 m 的情况下, 通过正演计算出的模型值与真值间的近似程度. 根据概率统计教科书中的贝叶斯公式 (见下式 (6.1.1)), 可得到在已知观测数据和先验分布情况下, 推测后验概率 $p(m|d)$ 及其分布参数:

$$p(m|d) = \frac{p(m)p(d|m)}{p(d)}, \tag{6.1.1}$$

其中, $p(d)$ 为常数, 可作为归一化常数, 一般可以忽略, 所以上面的式子可以写为

$$p(m|d) \sim p(m)p(d|m). \tag{6.1.2}$$

用贝叶斯方法来估计参数的后验概率分布, 可认为是由先验概率分布函数通过与似然函数函数作用得到后验概率分布的过程. 在地球物理反演中, 给定测量数据 d 时, 模型参数 m 的后验概率一般为

$$p(m|d, m^0) \sim p(m|m^0)p(d|m, m^0), \tag{6.1.3}$$

其中, m^0 为地质信息, 在给定先验分布 $p(m|m^0)$ 和模型观测数据的条件概率分布 $p(d|m, m^0)$ 之后, 我们就可以获得最终的后验概率密度函数. 模型的先验分布可以有效降低反演的不适定性.

在地球物理反演中, 根据不同的反演要求与实际地质情况, 模型参数的先验分布可以服从不同的统计分布：如高斯分布、柯西分布以及长尾分布等. 基于参数服从长尾分布的假设, 我们可以获得较高分辨率的稀疏脉冲反演结果; 基于参数服从柯西分布的假设, 通过引入相关矩阵, 可以获得反演的稀疏解. 下面我们介绍常用的先验分布, 以及基于该常用分布的贝叶斯框架下的解.

6.2 先验分布

对于一般应用科学中的反问题, 模型参数的先验分布可以服从不同的统计分布：如高斯分布、柯西分布、长尾分布 (long-tailed distribution)、重尾分布 (heavy-tailed distribution) 以及随机游走等 (Arfken et al., 2012). 在地球物理反演中, 根据不同的反演要求与实际地质情况, 假定模型服从某种类型的分布, 常用的有高斯分布、柯西分布以及条件分布的粒子滤波方法.

6.2.1 高斯分布

高斯分布是应用比较广泛的一种分布. 假定先验信息中每一个变量都服从高斯分布, 则可知模型参数服从 M 维高斯分布, 先验概率分布函数为

$$p(m|m^0) = \text{const} \cdot \exp\left[-\frac{1}{2}(m-\mu_m)^{\mathrm{T}} C_m^{-1}(m-\mu_m)\right], \tag{6.2.1}$$

其中常数 const 与为初值 (地质信息)m^0 有关, 对于具有 M 个变量的多维参数模型, C_m 为 $M \times M$ 的参数协方差矩阵, 对角元素代表模型参数的方差, 非对角元素表示参数之间的互相关性. μ_m 为先验模型参数, 代表先验信息中最可能的模型. 在地球物理反演中, 可以通过速度和密度测井资料获得 C_m 和 μ_m 参数.

6.2.2 柯西分布

柯西分布又名柯西–洛伦兹 (Cauchy-Lorentz) 分布, 其概率密度函数为

$$p(m, m_0, \gamma) = \frac{1}{\pi\gamma\left[1+\left(\dfrac{m-m_0}{\gamma}\right)^2\right]}, \tag{6.2.2}$$

其中 m_0 为分布峰值的位置参数, γ 为尺度参数, 表示概率密度函数最大值的 1/2 处半宽的数值. 当 $m_0 = 0$ 时, $\gamma = 1$ 为标准的柯西分布, 其概率密度函数为

$$p(m, 0, 1) = \frac{1}{\pi\left(1+m^2\right)}. \tag{6.2.3}$$

标准柯西分布又是自由度为 1 的学生 t 分布 (student-t distribution) 的一种特殊情况. 带 v 个自由度的学生 t 分布公式为

$$p_v(t) = \frac{\Gamma\left(\dfrac{v+1}{2}\right)}{\sqrt{\pi v}\,\Gamma\left(\dfrac{v}{2}\right)}\left(1+\frac{t^2}{v}\right)^{-(v+1)/2},$$

其中 $\Gamma(\cdot)$ 为 Γ 函数, $\Gamma(x) = \int_0^{\infty} t^{x-1}e^{-t}dt\ (x>0)$, 满足 $\Gamma(x+1) = x\Gamma(x)$. 图 6.2.1 给出了单一自变量不同自由度下 ($v = 1, 2, 3$), 学生 t 分布与高斯分布的对比, 其中 $v = 1$ 为标准柯西分布.

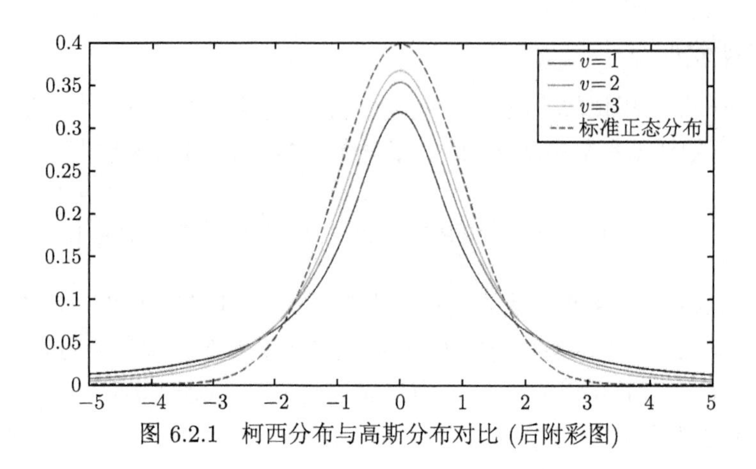

图 6.2.1 柯西分布与高斯分布对比 (后附彩图)

6.2.3 其他分布

概率统计学有许多不同类型的分布, 对应着自然界的各种现象. 指数分布在 $x \to \infty$ 的时候是以指数的速度趋近于 0, 那么以指数分布为分界线, 我们把 $x \to \infty$ 时下降速度更快的称为瘦尾分布, 比如正态分布; 把 $x \to \infty$ 时下降速度慢于指数分布的称为重尾分布, 这个重尾分布是尾概率 (又称生存函数) 按多项式衰减的分布; 把当 x 很大的时候, 很有可能 x 实际上更大的分布称为长尾分布; 把在远离峰值的远端稀有事件会有相当概率发生的分布称为肥尾分布, 即在 x 较大的地方, 肥尾分布趋于 0 的速度是明显慢于指数分布和正态分布的; 在任意维度的空间里, 一个点随机地向任意方向前进随机长度的距离, 然后重复这一步骤的过程, 比如布朗运动 (Brownian motion), 这个分布叫做随机游走.

重尾分布、长尾分布以及肥尾分布的公式分别为

$$
\begin{aligned}
&\lim_{x\to\infty} e^{\lambda x}\bar{F}(x) = \infty, \quad \forall\lambda > 0,\\
&\lim_{x\to\infty} Pr(X > x+t|X > x) = 1, \text{ 或 } \bar{F}(x+t) \sim \bar{F}(x),\\
&\lim_{x\to\infty} Pr(X > x) \sim x^{-\alpha}, \quad \alpha > 0,
\end{aligned}
$$

其中 $\bar{F}(x) \equiv Pr(X > x)$ 定义为尾分布函数. 这些不同的分布, 使得模型参数空间的稀疏表达成为可能. 比如重尾和肥尾分布, 统计曲线上就是柯西分布的形式, 因而柯西分布可以看作是一种重尾或肥尾分布, 用于地学异常体的稀疏性表示.

6.2.4 粒子滤波

粒子滤波是在线贝叶斯学习框架下的一种序贯蒙特卡罗方法. 它的基本思想是根据系统状态向量的经验分布, 在状态空间产生一组随机的样本 (粒子), 每个

样本都有相应的权值. 根据系统的观测值去不断更新粒子和粒子的权重, 让修正后的经验条件分布去逼近系统状态向量的真实条件分布.

假设非线性动态系统的状态空间模型为

$$\begin{cases} m_k = f(m_{k-1}, w_{k-1}), \\ d_k = h(m_k, v_k), \end{cases} \tag{6.2.4}$$

其中, $m_k \in \mathbb{R}^n$ 与 $d_k \in \mathbb{R}^m$ 分别是系统在 k 时刻的状态向量和量测向量. $f_{k-1}(\cdot) : \mathbb{R}^n \to \mathbb{R}^n$ 和 $h_k(\cdot) : \mathbb{R}^n \to \mathbb{R}^m$ 分别为系统非线性状态转移函数和测量函数; $w_k \in \mathbb{R}^p$ 和 $v_k \in \mathbb{R}^q$ 分别为系统的过程噪声和观测噪声, 它们相互独立.

在概率状态空间模型中, 我们将所考虑的非线性滤波表示如下:

$$m_k \sim p(m_k|m_{k-1}), \quad d_k \sim p(d_k|m_k), \quad k = 1, 2, \cdots . \tag{6.2.5}$$

在 (6.2.5) 中, $m_k \in \mathbb{R}^n$ 为系统 t_k 时刻的状态向量; $d_k \in \mathbb{R}^m$ 为系统 t_k 时刻的测量向量; $p(m_k|m_{k-1})$ 为动态模型; $p(d_k|m_k)$ 为量测模型.

上式成立的条件是假设系统状态服从一阶马尔可夫过程并且量测值只与该时刻的状态值有关, 即为

- $p(m_k|m_{1:k-1}, d_{1:k-1}) = p(m_k|m_{k-1})$,
- $p(d_k|m_{1:k}, d_{1:k-1}) = p(d_k|m_k)$.

粒子滤波的主要思想是根据一组带有相应权值的已知随机样本来表示当前的后验概率密度. 并且考虑到样本退化的情况进行了重采样, 并基于这些已知的随机样本和权值来估计状态估计值. 我们考虑在已知观测值 $d_{1:k}$ 下的状态 $m_{1:k}$ 全后验概率密度分布情况:

$$\begin{aligned} p(m_{0:k}|d_{1:k}) &\propto p(d_k|m_{0:k}, d_{1:k-1}) p(m_k|m_{0:k-1}, d_{1:k-1}) p(m_{0:k-1}|d_{1:k-1}) \\ &= p(d_k|m_k) p(m_k|m_{k-1}) p(m_{0:k-1}|d_{1:k-1}). \end{aligned}$$

根据重要性采样方法, 给定重要性密度函数分布 $\pi(m_{0:k}|d_{1:k})$, 并采 N 个独立同分布样 $m_{0:k}^i$, 即 $m_{0:k}^i \sim \pi(m_{0:k}|d_{1:k})$,

$$w_k^{(i)} \propto \frac{p(d_k|m_k^{(i)}) p(m_k^{(i)}|m_{k-1}^{(i)}) p(m_{0:k-1}^{(i)}|d_{1:k-1})}{\pi(m_{0:k}^{(i)}|d_{1:k})}. \tag{6.2.6}$$

为了得到一种递归的计算方法, 可以将重要性密度函数分解为以下的形式:

$$\pi(m_{0:k}|d_{1:k}) = \pi(m_k|m_{0:k-1}, d_{1:k}) \pi(m_{0:k-1}|d_{1:k-1}). \tag{6.2.7}$$

同时根据上面的马尔可夫性质假设, 我们有

$$\begin{cases} p(m_{0:k}) = p(m_0) \prod_{j=1}^{k} p(m_j|m_{j-1}), \\ p(d_{1:k}|m_{0:k}) = \prod_{j=1}^{k} p(d_j|m_j). \end{cases} \tag{6.2.8}$$

将 (6.2.7) 和 (6.2.8) 代入 (6.2.6) 中, 我们可以得到关于权值的递推公式：

$$w_k^{(i)} = \frac{p(d_k|m_k^{(i)})p(m_k^{(i)}|m_{k-1}^{(i)})}{\pi(m_k^{(i)}|m_{0:k-1}^{(i)}, d_{1:k})} w_{k-1}^{(i)}. \tag{6.2.9}$$

重要性密度函数按照 (6.2.7) 进行分解, 权值的方差必然会随着时间增加而增大. 经过若干次迭代, 除了少数粒子外, 大部分粒子的权值趋于零. 这就导致了粒子的退化问题, 从而大量的计算时间浪费在对逼近结果贡献较小的粒子上面. 为了解决这个问题, 可以定义粒子退化程度的度量

$$N_{eff} \approx \frac{1}{1 + \sum_{i=1}^{N} w_k^{i2}}, \tag{6.2.10}$$

其中, N_{eff} 为有效粒子容量, w_k^i 为 k 时刻第 i 个粒子的归一化的权值. 当 $N_{eff} < N_{thr}$ 时, 认为系统的粒子退化. 减少这种作用的最好做法是采用较大的样本数 N. 然而, 扩大样本容量将大量增加计算耗时, 这在很多时候是不太现实的一种方案. 所以需要采取其他方法来降低退化现象带来的负面影响. 一个好的重要性密度函数能够抑制权值的退化. 那么如何选取好的重要性函数呢？应该从以下几个方面考虑：

(1) 定义域是否涵盖所有的后验概率分布;

(2) 是否具有适当的线性复杂度;

(3) 是否易于采样等特点.

在粒子滤波中, 我们还可以利用重采样的方法来降低粒子退化带来的影响. 重采样方法通过减少权值较小的粒子数目, 复制权值较大的粒子数来抑制粒子退化, 将原来的粒子集 $\{m_k^i; w_k^i\}$ 映射到具有相等权值的新的粒子集 $\left\{m_k^j; \dfrac{1}{N}\right\}$ 上.

传统的重采样算法有多项式重采样、残差重采样、系统重采样等, 这三种重采样方式的计算复杂度均为 $O(N)$, 且运算时间也很接近, 但从性能上看, 系统重采样算法要优于多项式重采样和残差重采样 (Kitagawa, 1996).

虽然重采样算法在一定程度上抑制了粒子权值的退化现象, 但是过度的重采样会使得粒子多样性降低, 可以通过连续函数的平滑来避免高权值粒子的过多复制, 从而抑制粒子退化现象; 针对粒子贫化问题, 另一种有效的解决方法是对重采样后的每一个粒子引入马尔可夫–蒙特卡罗步骤, 在引入核函数变换后仍可以得到一组粒子服从后验分布, 新的粒子有可能移动到更有希望的区域去, 同时减少粒子间的相关性. 但结合蒙特卡罗方法的粒子滤波抑制了粒子贫化问题, 也大大增加了计算时间, 因而提高计算效率也是值得考虑的.

6.2.5 扩展卡尔曼滤波

卡尔曼滤波是一种时域估计方法, 通过实时更新均值和协方差执行滤波过程, 主要有状态更新和量测更新两个方面.

考虑如下的非线性离散系统:

$$\begin{cases} m_k = f_{k-1}(m_{k-1}, u_{k-1}, w_{k-1}), \\ d_k = h_k(m_k, v_k), \end{cases} \tag{6.2.11}$$

其中, f 为非线性状态转移函数, h 为测量函数, $m_k \in \mathbb{R}^n$ 与 $d_k \in \mathbb{R}^m$ 分别是系统在 k 时刻的状态向量和测量向量; $w_k \in \mathbb{R}^p$ 和 $v_k \in \mathbb{R}^q$ 分别为系统的过程噪声和观测噪声, 它们互不相关.

关于系统过程噪声和量测噪声的统计特性, 假定有如下形式:

$$\begin{cases} E(w_k) = q_k, \\ E(w_k w_k^{\mathrm{T}}) = Q_k \delta_{kj}, \\ E(v_k) = r_k, \\ E(v_k v_k^{\mathrm{T}}) = R_k \delta_{kj}, \\ E(w_k v_j^{\mathrm{T}}) = 0, \end{cases}$$

其中, q_k, r_k 分别表示相应的期望值, Q_k, R_k 为对应的矩阵, δ_{kj} 为狄拉克函数.

在卡尔曼滤波中, 我们利用一阶泰勒展开来对系统方程进行近似, 即

$$\begin{cases} m_k \approx f_{k-1}(\hat{m}_{k-1}, u_{k-1}, w_{k-1}) + \dfrac{\partial f}{\partial \hat{m}_{k-1}}(m_{k-1} - \hat{m}_{k-1}) + \dfrac{\partial f}{\partial w_{k-1}}(w_{k-1} - q_{k-1}), \\ d_k \approx h_k(\hat{m}_{k|k-1}, v_k) + \dfrac{\partial h}{\partial \hat{m}_{k|k-1}}(m_k - \hat{m}_{k|k-1}) + \dfrac{\partial h}{\partial v_k} v_k. \end{cases} \tag{6.2.12}$$

在 (6.2.12) 中, 引入一些记号重新表示上述变量,

$$\Phi_{k,k-1} = \frac{\partial f}{\partial \hat{m}_{k-1}},$$
$$\Gamma_{k,k-1} = \frac{\partial f}{\partial w_{k-1}},$$
$$U_{k-1} = f_{k-1}(\hat{m}_{k-1}, u_{k-1}, w_{k-1}) - \frac{\partial f}{\partial \hat{m}_{k-1}} \hat{m}_{k-1},$$
$$H_k = \frac{\partial h}{\partial \hat{m}_{k|k-1}},$$
$$y_k = h_k(\hat{m}_{k|k-1}, v_k) - \frac{\partial h}{\partial \hat{m}_{k|k-1}} \hat{m}_{k|k-1},$$
$$\Lambda_k = \frac{\partial h}{\partial v_k},$$

则可以获得化简之后的系统状态方程和量测方程为

$$\begin{cases} m_k \approx \Phi_{k,k-1} m_{k-1} + U_{k-1} + \Gamma_{k,k-1}(w_{k-1} - q_{k-1}), \\ z_k \approx H_k m_k + y_k + \Lambda_k (v_k - r_k). \end{cases} \tag{6.2.13}$$

从上述公式可以发现, 扩展卡尔曼滤波是一个反复预测–修正的过程, 一旦得到当前时刻的测量数据, 就可以算出当前时刻的滤波值, 在求解时不需要存储大量数据, 因此这种方法便于计算机实时处理和实现.

6.3 贝叶斯反演框架

把模型参数的先验信息 (先验分布) 作为反演约束条件, 并取不同光滑度的似然函数, 则可以导出不同形式的贝叶斯反演格式. 我们给出两种形式的解.

1. 基于高斯分布的贝叶斯优化问题的解

假设数据 d_{obs} 的观测噪声服从高斯分布, m^0 为待反演参数初值, 则似然函数可取为误差分布函数 $p(d_{\text{obs}}|m)$ 为光滑函数, 即

$$p(d_{\text{obs}}|m, m^0) = \text{const} \cdot \exp\left[-\frac{1}{2}(g(m) - d_{\text{obs}})^{\mathrm{T}} C_n^{-1} (g(m) - d_{\text{obs}})\right].$$

根据贝叶斯公式, 后验概率密度分布函数可表示为

$$\begin{aligned} & p^{\text{Gauss}}(m|d_{\text{obs}}, m^0) \\ = & \text{const} \cdot \exp\left[-\frac{1}{2}(m - \mu_m)^{\mathrm{T}} C_m^{-1} (m - \mu_m) - \frac{1}{2}(g(m) - d_{\text{obs}})^{\mathrm{T}} C_n^{-1} (g(m) - d_{\text{obs}})\right], \end{aligned}$$

其中, C_m 为模型参数协方差矩阵, C_n 为数据的协方差矩阵.

构建目标函数:

$$J^{\text{Gauss}}(m) = -\log\left[p^{\text{Gauss}}(m|d_{\text{obs}}, m^0)\right], \tag{6.3.1}$$

则当 $J^{\text{Gauss}}(m) \to \min$ 时, 根据第 3 章的极值原理, 得到 (6.3.1) 的极小解满足

$$m = (G^{\text{T}}C_n^{-1}G + C_m^{-1})^{-1}(G^{\text{T}}C_n^{-1}d_{\text{obs}} + C_m^{-1}\mu_m). \tag{6.3.2}$$

后验估计的协方差表达式可以用下式给出

$$C = (G^{\text{T}}C_n^{-1}G + C_m^{-1})^{-1}.$$

2. 基于柯西分布的贝叶斯解

假设数据 d_{obs} 的观测噪声服从柯西分布, 考虑一个特殊的柯西分布形式:

$$\begin{cases} p(m|m^0) = p^0 \exp\left[-2\sum_{i=1}^{M}\ln(1 + m^{\text{T}}\varPhi^i m)\right], \\ p^0 = \dfrac{1}{\pi^{2M}|\varPsi|^{M/2}}, \\ \varPhi^i = (D^i)^{\text{T}}\varPsi^{-1}D^i, \end{cases} \tag{6.3.3}$$

其中 $\varPsi$ 为标量矩阵 (尺度/缩放矩阵), 该矩阵与高斯分布中的相关矩阵具有相同的意义, 包含了待反演参数间的相关信息, D^i 是一个选择算子, 即从模型参数 m 中选择第 i 个参数样本, 这样定义是考虑了模型参数 m 是由多个不同的参数样本组成的, 地质上常常如此, 比如模型参数 m 是由 P 波速度、S 波速度以及密度组成的组合参数; 此外, 综合地球物理联合反演中, 也经常出现这种形式.

类似基于高斯分布的贝叶斯优化问题的求解方式, 可以获得后验概率密度分布函数为

$$p(m|d, m^0) = \text{const} \cdot \exp[-\frac{1}{2}(Gm - d_{\text{obs}})^{\text{T}}C_n^{-1}(Gm - d_{\text{obs}}) - 2\sum_{i=1}^{M}\ln(1 + m^{\text{T}}\varPhi^i m)].$$

构建目标函数:

$$J^{\text{Cauchy}}(m) = -\log\left[p^{\text{Cauchy}}(m|d, m^0)\right], \tag{6.3.4}$$

则当 $J^{\text{Cauchy}}(m) \to \min$ 时, 根据第 3 章的极值原理, 得到 (6.3.4) 的极小解满足

$$(G^{\text{T}}C_n^{-1}G + 2Q)m = G^{\text{T}}C_n^{-1}d_{\text{obs}}.$$

其中, Q 是一个非对角矩阵, 其矩阵元素为 Q_{kn} 为

$$Q_{kn} = \sum_{i=1}^{M} \frac{2\Phi_{kn}^{i}}{1 + m^{\mathrm{T}}\Phi^{i}m}, \quad k, n = 1, 2, \cdots.$$

在 (6.3.3) 中, 若取尺度矩阵 Ψ 为单位矩阵 (恒等矩阵) I, 则 (6.3.4) 给出的就是稀疏解.

3. $l_p - l_q$ 空间下贝叶斯优化问题的解

我们取误差分布函数 $p(d|m)$ 为 l_p 空间的函数

$$p(d|m) = \frac{p^{1-\frac{1}{p}}}{2\sigma_p\Gamma\left(\frac{1}{p}\right)} \exp\left(-\frac{1}{p}\frac{\|d - Lm\|_{l_p}^{p}}{(\sigma_p)^p}\right),$$

其中 $\Gamma(\cdot)$ 为 Γ 函数满足 $\Gamma(x+1) = x\Gamma(x)$. 则当 $p = 2$ 时, 误差分布函数 $p(d|m)$ 在 l_2 空间可以表示为

$$p(d|m) = \frac{1}{\sqrt{2\pi\sigma_2^2}} \exp\left(-\frac{1}{2}\frac{\|d - Lm\|_{l_2}^{2}}{(\sigma_2)^2}\right);$$

当 $p = 1$ 时, 误差分布函数 $p(d|m)$ 在 l_1 空间可以表示为

$$p(d|m) = \frac{1}{2\sigma_1} \exp\left(-\frac{1}{\sigma_1}\|d - Lm\|_{l_1}\right).$$

于是我们可以构建函数

$$J_p(m) := -\log \frac{p^{1-\frac{1}{p}}}{2\sigma_p\Gamma\left(\frac{1}{p}\right)} \exp\left(-\frac{1}{p}\frac{\|d - Lm\|_{l_p}^{p}}{(\sigma_p)^p}\right) - \log p(m).$$

当 $J_2(m) \to \min$ 或 $J_1(m) \to \min$ 时, 则分别对应着 l_2 规划或 l_1 规划. l_1 规划的好处是可以处理 "野值" (outliers), 保持反演的稀疏性, 但失去了连续性; 而 l_2 规划则更好地保持了连续性和光滑性. 处理 "野值" 或不连续点的另一个思路是取 $J_2(m)$ 并取先验约束 $p(m)$ 为某种半范 (semi-norm), 比如说全变差 (total variation) 函数或胡贝尔 (Huber) 函数 (王彦飞, 2007; 王彦飞等, 2011).

6.4 与吉洪诺夫反演框架的等价性

基于贝叶斯推理的反演框架给出了反演公式, 但计算上还得回归数值代数反演的形式. 我们来对贝叶斯反演格式和吉洪诺夫正则化形式做个对比.

仍然以基于高斯分布的贝叶斯反演为例. 从上一节我们知道, 贝叶斯形式的解为

$$m = (G^{\mathrm{T}} C_n^{-1} G + C_m^{-1})^{-1} (G^{\mathrm{T}} C_n^{-1} d_{\mathrm{obs}} + C_m^{-1} \mu_m). \tag{6.4.1}$$

在实际问题中, 比如地表参数反演、地震参数反演等地学反问题, 通常假设观测数据的噪声项是不相关的, 于是噪声协方差矩阵 C_n 就转化成一个对角矩阵的形式, 进一步假定模型参数的非对角线元素的互相关性很差, 则模型参数协方差矩阵 C_m 也可以近似为一个对角矩阵的形式, 即

$$C_n \sim \sigma_n^2 I, \quad C_m \sim \sigma_m^2 I,$$

则在上述假设下, (6.4.1) 显然就是吉洪诺夫正则化的一个特殊形式, 正则化参数就是信噪比的逆.

在统计学上, 正则化参数估计就是超参数估计问题, 可以通过特殊的统计检验方式获得; 而对于吉洪诺夫正则化方法, 正则化参数的估计需要代数求解非线性优化问题.

第 7 章 典型实例

7.1 位场问题

地球物理勘探通过研究和观测各种地球物理场的变化来探测地层岩性、地质构造等地质条件. 地球物理勘探方法, 包括地震勘探、重力勘探、电法勘探以及磁法勘探等, 它们依赖于不同的地下介质的物性特征.

地震勘探是油气资源勘探的重要手段, 是所有物探方法中分辨率和精度最高的方法, 可以用来解决构造、沉积、岩性和油气检测等领域的问题, 但该方法同时存在着采集难度大, 成本高昂的缺点. 关于模型驱动的地震勘探积分法的例子, 作者已经在《地球物理反演问题》(2011) 一书中有了较为详细的叙述, 本章就不再作为应用实例做数值算法说明.

重力勘探和磁法勘探是两类重要的位场勘探方法. 重力勘探是利用地球重力场, 研究地球内部构造, 通常通过测量重力异常来推导地下异常体存在的空间位置和几何形状. 磁法勘探则通过观察地下介质由磁性差异引起的磁异常数据, 分析、获取地下磁异常体的物性参数, 包括磁导率、磁化率、异常体的埋深以及结构分布等信息, 广泛应用于矿产资源勘探、地球深部构造等研究.

由于地球物理勘探的根本任务是从海量采集的地震、重力、磁法、电磁以及测录井等物探数据中恢复漫长地质历史时期的构造运动和沉积演化规律, 从而找寻地下油气及固体矿产资源的赋存模式, 因而这天然是一个大数据驱动的交叉学科, 其中人工智能方法和技术不但在该领域可以得到广泛应用, 而且可以推动地球物理勘探的发展. 在本章的最后, 作为反问题的一个应用, 概要介绍一下人工智能辅助的地震波形反演问题.

本章先以磁法勘探为例, 介绍第一类积分方程的数值解法.

7.1.1 磁位场正问题

考虑常用的磁偶极子场源 $\boldsymbol{m}$ 产生的磁场 $\boldsymbol{B}_{field\,dipole}$, 写成方程为

$$\boldsymbol{B}_{field\,dipole} = \frac{\mu_0}{4\pi}\left(\frac{3(\boldsymbol{m}\cdot\boldsymbol{r})\boldsymbol{r}}{r^5} - \frac{\boldsymbol{m}}{r^3}\right),$$

其中 $\boldsymbol{m}=m_x\boldsymbol{i}+m_y\boldsymbol{j}+m_z\boldsymbol{k},\boldsymbol{r}=(x-x_s)\boldsymbol{i}+(y-y_s)\boldsymbol{j}+(z-z_s)\boldsymbol{k}$, 测点 (x_s,y_s,z_s) 与偶极子场源点 (x,y,z) 之间的距离用 $r=\sqrt{(x-x_s)^2+(y-y_s)^2+(z-z_s)^2}$ 来表示, μ_0 为真空磁导率 (permeability).

磁场 $\boldsymbol{B}_{field\,dipole}$ 可以写成下述形式

$$\begin{aligned}&\boldsymbol{B}_{field\,dipole}\\&=B_{x\,dipole}\boldsymbol{i}+B_{y\,dipole}\boldsymbol{j}+B_{z\,dipole}\boldsymbol{k}\\&=\frac{\mu_0}{4\pi}\left(\frac{3(\boldsymbol{m}\cdot\boldsymbol{r})(x-x_s)}{r^5}-\frac{m_x}{r^3}\right)\boldsymbol{i}+\left(\frac{3(\boldsymbol{m}\cdot\boldsymbol{r})(y-y_s)}{r^5}-\frac{m_y}{r^3}\right)\boldsymbol{j}\\&\quad+\left(\frac{3(\boldsymbol{m}\cdot\boldsymbol{r})(z-z_s)}{r^5}-\frac{m_z}{r^3}\right)\boldsymbol{k}.\end{aligned}$$

定义变量 $i=(x,y,z)$, $p=(p_x,p_y,p_z)\equiv(x_s,y_s,z_s)$, 于是, 我们得到矢量场 $\boldsymbol{B}_{field\,dipole}$ 各组分的表达式如下:

$$\boldsymbol{B}_{i\,dipole}=\frac{\mu_0}{4\pi}\left(\frac{3(\boldsymbol{m}\cdot\boldsymbol{r})(i-p_i)}{r^5}-\frac{m_i}{r^3}\right).$$

对每个组分 $\boldsymbol{B}_{i\,dipole}$ 关于空间变量 $i=x,y,z$ 和 $j=x,y,z\neq i$ 求偏导, 我们得到 $\boldsymbol{B}_{tensor}$ 的主对角元和非对角元的张量矩阵元素为

$$\begin{aligned}B_{ii}&=\frac{\mu_0}{4\pi}\left(\frac{6m_i(i-p_i)}{r^5}+\frac{3(\boldsymbol{m}\cdot\boldsymbol{r})}{r^5}-\frac{15(m\cdot r)(i-p_i)(i-p_i)}{r^7}\right),\\B_{ij}&=\frac{\mu_0}{4\pi}\left(\frac{3m_i(j-p_j)}{r^5}+\frac{3m_j(i-p_i)}{r^5}-\frac{15(\boldsymbol{m}\cdot\boldsymbol{r})(i-p_i)(j-p_j)}{r^7}\right).\end{aligned}$$

定义全张量磁梯度场为 $\boldsymbol{B}_{tensor}$, 我们可以立刻发现张量场与传统的磁感应场 (总场) $\boldsymbol{B}_{field\,dipole}$ 的不同, 前者有 9 个分量, 后者只有 3 个分量, 写成矩阵形式为

$$\boldsymbol{B}_{tensor}\equiv[B_{ij}]\equiv\begin{pmatrix}\dfrac{\partial B_x}{\partial x}&\dfrac{\partial B_x}{\partial y}&\dfrac{\partial B_x}{\partial z}\\\dfrac{\partial B_y}{\partial x}&\dfrac{\partial B_y}{\partial y}&\dfrac{\partial B_y}{\partial z}\\\dfrac{\partial B_z}{\partial x}&\dfrac{\partial B_z}{\partial y}&\dfrac{\partial B_z}{\partial z}\end{pmatrix}\equiv\begin{pmatrix}B_{xx}&B_{xy}&B_{xz}\\B_{yx}&B_{yy}&B_{yz}\\B_{zx}&B_{zy}&B_{zz}\end{pmatrix},$$

其中, $\dfrac{\partial B_x}{\partial y}=\dfrac{\partial B_y}{\partial x}$, $\dfrac{\partial B_x}{\partial z}=\dfrac{\partial B_z}{\partial x}$, $\dfrac{\partial B_y}{\partial z}=\dfrac{\partial B_z}{\partial y}$, $\dfrac{\partial B_x}{\partial x}+\dfrac{\partial B_y}{\partial y}+\dfrac{\partial B_z}{\partial z}=0$. 因此, 张量场只有 5 个独立分量.

对于地下待观测的容积为 V 地质异常体来说, 待求的磁矩密度为 $\boldsymbol{M}$ ($\boldsymbol{M}=M_x\boldsymbol{i}+M_y\boldsymbol{j}+M_z\boldsymbol{k}$), 于是得到下述的三维第一类弗雷德霍姆积分方程

$$\boldsymbol{B}_{field\,dipole}=\frac{\mu_0}{4\pi}\iiint\limits_V\left(\frac{3(\boldsymbol{M}\cdot\boldsymbol{r})\boldsymbol{r}}{r^5}-\frac{\boldsymbol{M}}{r^3}\right)dv,$$

$$\boldsymbol{B}_{ii}=\frac{\mu_0}{4\pi}\iiint\limits_V\left(\frac{6m_i(i-p_i)}{r^5}+\frac{3(\boldsymbol{M}\cdot\boldsymbol{r})}{r^5}-\frac{15(\boldsymbol{M}\cdot\boldsymbol{r})(i-p_i)(i-p_i)}{r^7}\right)dv,$$

$$\boldsymbol{B}_{ij}=\frac{\mu_0}{4\pi}\iiint\limits_V\left(\frac{3m_i(j-p_j)}{r^5}+\frac{3m_j(i-p_i)}{r^5}-\frac{15(\boldsymbol{M}\cdot\boldsymbol{r})(i-p_i)(j-p_j)}{r^7}\right)dv,$$

也可以简单地写成

$$\boldsymbol{B}_{field\,dipole}(x_s,y_s,z_s)=\frac{\mu_0}{4\pi}\iiint\limits_V\boldsymbol{K}_{TMI}(x-x_s,y-y_s,z-z_s)\boldsymbol{M}(x,y,z)dv,$$

$$\boldsymbol{B}_{tensor\,dipole}(x_s,y_s,z_s)=\frac{\mu_0}{4\pi}\iiint\limits_V\boldsymbol{K}_{MGT}(x-x_s,y-y_s,z-z_s)\boldsymbol{M}(x,y,z)dv,$$

其中 $\boldsymbol{B}_{field\,dipole}=(B_x\ B_y\ B_z)^{\mathrm{T}}$, $\boldsymbol{B}_{tensor\,dipole}=(B_{xx}\ B_{xy}\ B_{xz}\ B_{yz}\ B_{zz})^{\mathrm{T}}$. 总场核函数 $\boldsymbol{K}_{TMI}$ 和张量场核函数 $\boldsymbol{K}_{MGT}$ 分别记作

$$\begin{aligned}&\boldsymbol{K}_{TMI}(x-x_s,y-y_s,z-z_s)\\&=\frac{1}{r^5}\begin{pmatrix}3(x-x_s)^2-r^2 & 3(x-x_s)(y-y_s) & 3(x-x_s)(z-z_s)\\ 3(y-y_s)(x-x_s) & 3(y-y_s)^2-r^2 & 3(y-y_s)(z-z_s)\\ 3(z-z_s)(x-x_s) & 3(z-z_s)(y-y_s) & 3(z-z_s)^2-r^2\end{pmatrix},\end{aligned}$$

$$\begin{aligned}&\boldsymbol{K}_{MGT}(x-x_s,y-y_s,z-z_s)\\&=\frac{3}{r^7}\begin{pmatrix}(x-x_s)[3r^2-5(x-x_s)^2] & (y-y_s)[r^2-5(x-x_s)^2] & (z-z_s)[r^2-5(x-x_s)^2]\\ (y-y_s)[r^2-5(x-x_s)^2] & (x-x_s)[r^2-5(y-y_s)^2] & -5(x-x_s)(y-y_s)(z-z_s)\\ (z-z_s)[r^2-5(x-x_s)^2] & -5(x-x_s)(y-y_s)(z-z_s) & (x-x_s)[r^2-5(z-z_s)^2]\\ -5(x-x_s)(y-y_s)(z-z_s) & (z-z_s)[r^2-5(y-y_s)^2] & (y-y_s)[r^2-5(z-z_s)^2]\\ (x-x_s)[r^2-5(z-z_s)^2] & (y-y_s)[r^2-5(z-z_s)^2] & (z-z_s)[3r^2-5(z-z_s)^2]\end{pmatrix}.\end{aligned}$$

令

$$V\subset P=\{(x,y,z):\ L_x\leqslant x\leqslant R_x,\ L_y\leqslant y\leqslant R_y,\ L_z\leqslant z\leqslant R_z\}$$

和

$$Q=\{(x_s,y_s,z_s)\equiv(s,t,r):\ L_s\leqslant s\leqslant R_s,\ L_t\leqslant t\leqslant R_t,\ L_r\leqslant r\leqslant R_r\}$$

为两个长方体, 分别对应着地下地质体和地面观测区域, 则上述两个方程可以统一为

$$\boldsymbol{A}\boldsymbol{M}=\frac{\mu_0}{4\pi}\int_{L_x}^{R_x}\int_{L_y}^{R_y}\int_{L_z}^{R_z}\boldsymbol{K}(s,t,r,x,y,z)\boldsymbol{M}(x,y,z)dxdydz=\boldsymbol{B}(s,t,r),$$

其中 $\boldsymbol{B}(s,t,r)$ 和 $\boldsymbol{M}(x,y,z)$ 均为向量函数; $\boldsymbol{B}=(B_x\ B_y\ B_z\ B_{xx}\ B_{xy}\ B_{xz}\ B_{yz}\ B_{zz})^{\mathrm{T}}$, $\boldsymbol{M}=(M_x\ M_y\ M_z)^{\mathrm{T}}$, $\boldsymbol{K}(s,t,r,x,y,z)$ 是一个矩阵函数 (对应于张量场和总场观测): $\boldsymbol{K}=(\boldsymbol{K}_{TMI}\ \boldsymbol{K}_{MGT})^{\mathrm{T}}$.

7.1.2 反问题的吉洪诺夫正则化

令 $\boldsymbol{M}\in W_2^2(P)$, $\boldsymbol{B}\in L_2(Q)$, 并设算子 $\boldsymbol{A}$(其核函数为 $\boldsymbol{K}$) 是一对一的映射. 定义右端和待求问题解的范数分别为

$$\begin{aligned}&\|\boldsymbol{B}\|_{L_2}\\=&\sqrt{\|B_x\|_{L_2}^2+\|B_y\|_{L_2}^2+\|B_z\|_{L_2}^2+\|B_{xx}\|_{L_2}^2+\|B_{xy}\|_{L_2}^2+\|B_{xz}\|_{L_2}^2+\|B_{yz}\|_{L_2}^2+\|B_{zz}\|_{L_2}^2},\end{aligned}$$

$$\|\boldsymbol{M}\|_{W_2^2}=\sqrt{\|M_x\|_{W_2^2}^2+\|M_y\|_{W_2^2}^2+\|M_z\|_{W_2^2}^2}.$$

记 $\bar{\boldsymbol{B}}$ 和 $\boldsymbol{A}$ 为不带误差的观测和观测系统 (算子), 它们的逼近值分别为 $\boldsymbol{B}_\delta$ 和 $\boldsymbol{A}_h$, 使得 $\|\boldsymbol{B}_\delta-\bar{\boldsymbol{B}}\|_{L_2}\leqslant\delta$, $\|\boldsymbol{A}-\boldsymbol{A}_h\|_{W_2^2\to L_2}\leqslant h$. 应用第 4 章给出的吉洪诺夫正则化方法, 我们极小化下面的泛函

$$F^\alpha[\boldsymbol{M}]=\|\boldsymbol{A}_h\boldsymbol{M}-\boldsymbol{B}_\delta\|_{L_2}^2+\alpha\|\boldsymbol{M}\|_{W_2^2}^2,$$

其中 $\alpha>0$ 是正则化参数, 上述吉洪诺夫泛函有唯一的极小值 $\boldsymbol{M}_\eta^\alpha$, $\eta=\{\delta,h\}$, 使得 $F^\alpha[\boldsymbol{M}]$ 达到最小. 正则化参数 $\alpha=\alpha(\eta)$ 的选取可以采用广义偏差原则决定 (王彦飞, 2007; Morozov, 1984), 它是下面广义偏差方程的根,

$$\rho(\alpha)=\|\boldsymbol{A}_h\boldsymbol{M}_\eta^\alpha-\boldsymbol{B}_\delta\|_{L_2}^2-\left(\delta+h\|\boldsymbol{M}_\eta^\alpha\|_{W_2^2}\right)^2=0.$$

在 W_2^2 空间, $\boldsymbol{M}_\eta^\alpha$ 收敛于问题的真解, 当 $\eta\to0$ 时.

当 $\alpha>0$ 先验给定 (固定) 时, 也可以采用迭代的方法来求解, 如第 5 章中提到的低阶和高阶优化算法.

7.1.3 一个数值算法

采用适当的离散化形式 (见第 5 章) 获得离散化向量 M, 该向量是下述 SLAE 的解

$$(\boldsymbol{A}_h^{\mathrm{T}}\boldsymbol{A}_h+\alpha\tilde{R}^{\mathrm{T}}\tilde{R})M=\boldsymbol{A}_h^{\mathrm{T}}B_\delta,$$

其中 $\tilde{R}$ 是算子 $\boldsymbol{R}$: $\|\boldsymbol{M}\|_{W_2^2}=\|\boldsymbol{RM}\|_{L_2}$ 的有限差分逼近, $\boldsymbol{A}_h$ 的维数为 $(N_A\times N)$, 矩阵 $\tilde{R}$: $(N_R\times N)$, 向量 M: $(N\times 1)$.

由于上述 SLAE 左边矩阵的对称正定性, 我们采用共轭梯度法, 下面给出具体描述.

记 $M^{(s)}$ 是一个极小化序列, $p^{(s)}$, $q^{(s)}$ 为辅助向量, $p^{(0)}=0$, $M^{(1)}$ 为初值. 则用求解 SLAE 的共轭梯度法的解 $M^{(N)}$ 可由下述算法实现.

算法 7.1.1　位场反演的共轭梯度法

对 $s=1,2,\cdots,N$, 执行下列操作:

$$r^{(s)}=\begin{cases}A_h^{\mathrm{T}}(A_hM^{(s)}-B_\delta)+\alpha\tilde{R}^{\mathrm{T}}(\tilde{R}M^{(s)}), & s=1,\\ \dfrac{r^{(s-1)}-q^{(s-1)}}{\left(p^{(s-1)},q^{(s-1)}\right)}, & s\geqslant 2,\end{cases}$$

$$p^{(s)}=p^{(s-1)}+\frac{r^{(s)}}{\left(r^{(s)},r^{(s)}\right)},$$

$$q^{(s)}=A_h^{\mathrm{T}}(A_hp^{(s)})+\alpha\tilde{R}^{\mathrm{T}}(Rp^{(s)}),$$

$$M^{(s+1)}=M^{(s)}-\frac{p^{(s)}}{\left(p^{(s)},q^{(s)}\right)}.$$

注 7.1.2　在上述迭代法中, $\alpha>0$ 由用户给定, 通常取一个很小的正数, 也可以取 $\alpha=0$; 初始解 $M^{(1)}$ 可由地质约束得到 (即给一个物理约束的初值), 数学上通常取 $M^{(1)}=0$; 对于迭代算法, 迭代步数 s 起着正则化参数的作用 (肖庭延等, 2003), 这时可取停止迭代准则为

$$\|A_hM^{(s+1)}-B_\delta\|_2\leqslant\left(\delta+h\|M_\eta^\alpha\|_{W_2^2}\right)^2.$$

7.1.4　计算结果

本节给出一个计算结果. 考察算子方程

$$\boldsymbol{AM}=\frac{\mu_0}{4\pi}\int_{L_x}^{\tilde{R}_x}\int_{L_y}^{\tilde{R}_y}\int_{L_z}^{\tilde{R}_z}\boldsymbol{K}(s,t,r,x,y,z)\boldsymbol{M}(x,y,z)dxdydz=\boldsymbol{B}(s,t,r),$$

其中 $\boldsymbol{K}$ 可以为 $\boldsymbol{K}_{TMI}$ 或 $\boldsymbol{K}_{MGT}$.

取积分区域为 $\{x=[-5000,5000];y=[-5000,5000];z=[-105,95]\}$, 其采样点为 $(N_x,N_y,N_z)=(80,80,1)$; 观测平面 $\{x=[-400,-4000];y=[-4000,4000];$ $z=2000\}$, 其采样点为 $(N_s,N_t,N_r)=(350,20,1)$, 由此获得观测数据. 理论模型 (磁矩密度 M) 如图 7.1.1(a) 所示, 利用上述算子方程可以获得模拟数据 B, 我们对数据加入了 4%的随机噪声. 利用算法 7.1.1 的计算结果如图 7.1.1(b) 和图 7.1.1(c) 所示. 我们发现, 张量场数据具有更高的反演精度.

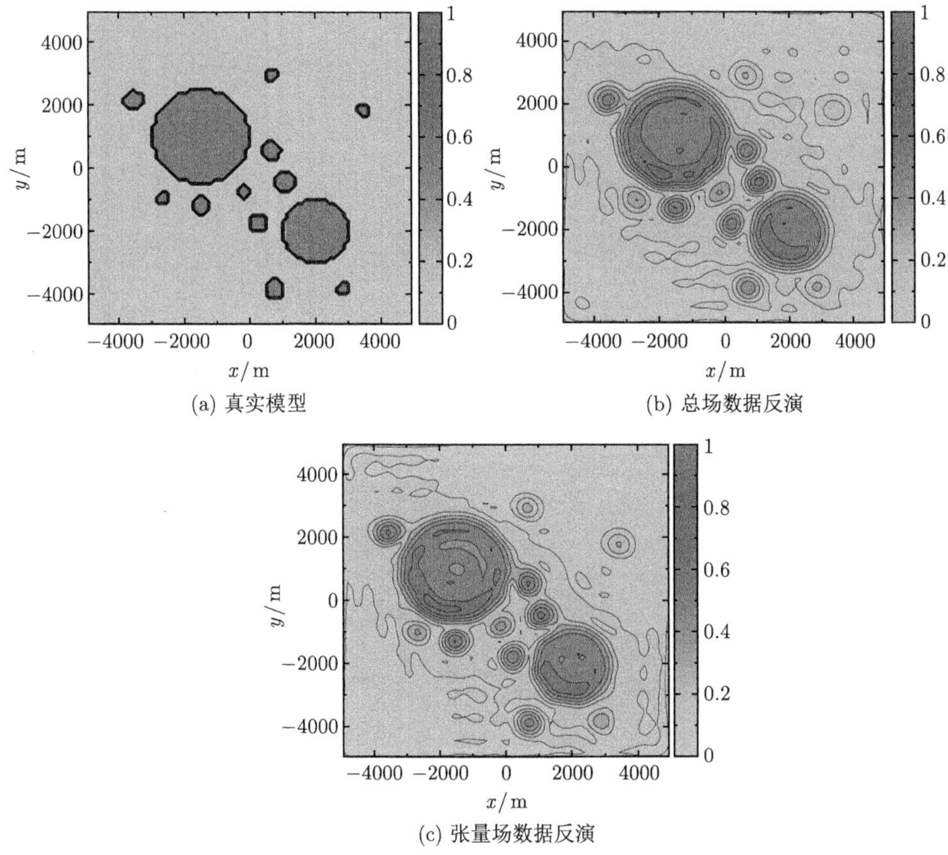

(a) 真实模型　(b) 总场数据反演

(c) 张量场数据反演

图 7.1.1　磁场数据反演 (后附彩图)

7.2　纳米尺度 X 射线成像

X 射线成像是个老问题, 比如可以转化为阿贝尔变换问题求解 (肖庭延等, 2003). 本章描述一个纳米尺度下的相位衬度成像问题. 利用目标物体相位信息的 X 射线相位衬度成像在许多的领域受到关注, 比如页岩的孔隙结构成像、医学异常细胞体成像等. 相位衬度方法在加强物体的边界信息和提高分辨率等方面表现优秀. 对于所有这些方法, 都是将物体结构分布看成是三维的复折射率, $n(r)=1-p(r)+i\beta(r)$, 这里 p 代表相位部分, β 代表吸收部分, r 是物体的三维坐标. β 与吸收系数 μ 有关, 关系是 $\mu=\dfrac{4\pi}{\lambda\beta}$.

光源我们采用的是同步辐射光源, 该光源发出的同步辐射光具有宽频谱、单色性、高准直、高强度和高亮度的特点. 图 7.2.1 是一个典型的同步辐射示意装置.

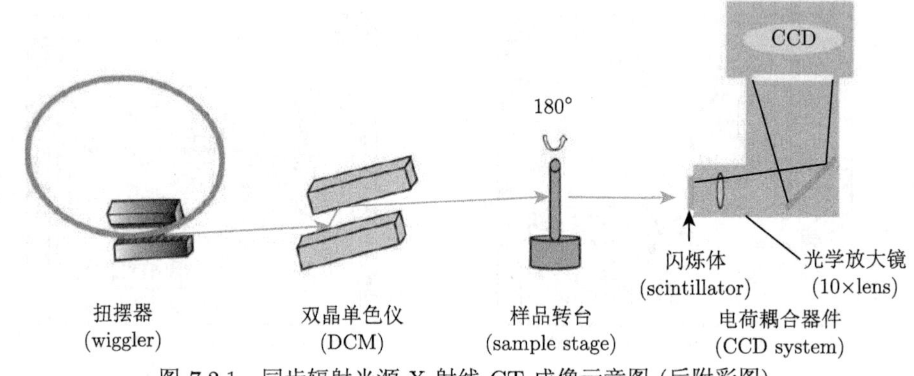

图 7.2.1　同步辐射光源 X 射线 CT 成像示意图 (后附彩图)

7.2.1　正问题

入射光波场 U_i 为平面波, 波长为 λ (考虑到同步辐射光的高准直性, 这个假设是可以实现的), 入射角度为 θ, 经过物体后的波场 U_θ 可以表示为

$$U_\theta(x,y) = T_\theta(x,y)U_i, \tag{7.2.1}$$

其中, $T_\theta(x,y)$ 为物体对光的复透射函数, 它包含了对光强度的吸收和相位的延迟, 可以表示为

$$T_\theta = \exp\left[-\frac{1}{2}\mu_\theta(x,y) + i\phi_\theta(x,y)\right],$$

其中, 吸收和相位延迟满足郎伯特–比尔 (Lambert-Beer) 定律, 有如下积分公式

$$\begin{cases} \mu_\theta(x,y) = \displaystyle\int \mu(x_1,x_2,y) \times \delta(x - x_1\cos\theta - x_2\sin\theta)dx_1dx_2, \\ \phi_\theta(x,y) = \dfrac{2\pi}{\lambda}\int g(x_1,x_2,y) \times \delta(x - x_1\cos\theta - x_2\sin\theta)dx_1dx_2. \end{cases} \tag{7.2.2}$$

记 μ 是物体的线性吸收系数,$g(x_1,x_2,x_3) = \mathrm{real}[n(x_1,x_2,x_3)] - 1$, 其中 n 是物质的复折射率, $\delta(\cdot)$ 是狄拉克函数, (7.2.2) 描述了二维的拉东变换. 在距离物体为 d 的平面可以将光的强度描述为

$$I_\theta^d(x,y) = |h_d * *U_\theta|^2, \tag{7.2.3}$$

上式中 $**$ 代表二维卷积, h_d 代表按如下定义的菲涅耳 (Fresnel) 传播子

$$h_d(x,y) = \frac{\exp(ikd)}{i\lambda d}\exp\left[i\frac{\pi}{\lambda d}(x^2+y^2)\right].$$

重构问题是从 $I_\theta^d(x,y)$ 找到 $g(x_1,x_2,x_3)$ 的过程, 对于上述菲涅耳传播子, 它的傅里叶变换是

$$H_d(\xi,\eta)=\exp(ikd)\exp\left(-i\pi\lambda d\left(\xi^2+\eta^2\right)\right).$$

如果我们考虑近场条件 $\lambda d \ll D^2$(D 为物体尺度, λ 为光波长), 上式就可以近似为

$$H_d(\xi,\eta)\approx\exp(ikd)\left(1-i\pi\lambda d\left(\xi^2+\eta^2\right)\right).$$

根据傅里叶变换性质这样就可以导出近场条件下的光强表达

$$I_\theta^d(x,y)\approx\left|\mathcal{F}^{-1}\left(H_d(\xi,\eta)\cdot\mathcal{F}U_\theta\right)\right|^2=\left|\left(1+\frac{i\lambda d}{4\pi}\nabla^2\right)U_\theta\right|^2, \tag{7.2.4}$$

其中 $\nabla^2=\dfrac{\partial^2}{\partial x^2}+\dfrac{\partial^2}{\partial y^2}$ 为拉普拉斯算子. 为便于计算, 把 (7.2.1) 代入可将其表示为 $\nabla^2 U_\theta=(a_\theta+ib_\theta)$. 其中

$$a_\theta=-\frac{1}{2}\nabla^2\mu_\theta+\frac{1}{4}\left(\frac{\partial\mu_\theta}{\partial x}\right)^2+\frac{1}{4}\left(\frac{\partial\mu_\theta}{\partial y}\right)^2-\left(\frac{\partial\phi_\theta}{\partial x}\right)^2-\left(\frac{\partial\phi_\theta}{\partial y}\right)^2,$$
$$b_\theta=\nabla^2\phi_\theta-\frac{\partial\mu_\theta}{\partial x}\frac{\partial\phi_\theta}{\partial x}-\frac{\partial\mu_\theta}{\partial y}\frac{\partial\phi_\theta}{\partial y}.$$

假设设 I_θ^0 为在入射平面的光强分布, 我们可以对 (7.2.4) 做如下简化:

$$\begin{aligned}
I_\theta^z(x,y)&=\left|\left[1+\frac{i\lambda d}{4\pi}(a_\theta+ib_\theta)\right]U_\theta\right|^2\\
&=I_\theta^0\left|1+\frac{i\lambda d}{4\pi}(a_\theta+ib_\theta)\right|^2\\
&=I_\theta^0\left[1-\frac{\lambda d}{2\pi}b_\theta+\frac{\lambda^2d^2}{16\pi^2}\left(a_\theta^2+b_\theta^2\right)\right]\\
&\approx\left[1-\frac{\lambda d}{2\pi}\nabla^2\phi_\theta+\frac{\lambda d}{2\pi}\left(\frac{\partial\mu_\theta}{\partial x}\frac{\partial\phi_\theta}{\partial x}+\frac{\partial\mu_\theta}{\partial y}\frac{\partial\phi_\theta}{\partial y}\right)\right],
\end{aligned}$$

上述 “≈” 成立的条件是近场条件, 即 $\lambda d \ll D^2$. 若我们进一步假设物体的 μ_θ 变化不大, 这样我们可以得到在近场时候相位与光强的关系式:

$$I_\theta^d(x,y)=I_\theta^0\left[1-\frac{\lambda d}{2\pi}\nabla^2\phi_\theta\right]. \tag{7.2.5}$$

由 (7.2.5) 可知, 投影图像与相位信息 ϕ_θ 的拉普拉斯变换有关, 因此在图像上表现为边缘增强效应. 对于吸收系数和相位移系数的关系有两种假设, 即忽略

吸收 ($\mu \approx 0$) 和吸收与相移耦合 ($\mu \propto p$). 对于第一种假设可以针对很薄的物体或是弱吸收的物体, 如果我们采用吸收相移耦合假设, 令 $T(r)$ 为样品在 r 位置的投影, 可以得到表征投影厚度的强度传输方程 (TIE) 方程

$$\left(-\frac{dp}{\mu}\nabla^2+1\right)e^{-\mu T(r)}=\frac{I_\theta^d}{I^{in}}, \tag{7.2.6}$$

上式右侧是观测值, 左侧表征相位的影响.

7.2.2 反问题

公式 (7.2.6) 给出了生成模拟数据的过程, 反问题则是求解投影厚度 $T(r)$, 并利用滤波反投影法 (FBP) 成像. 为此, 把 (7.2.6) 写成算子表达的形式

$$\mathcal{A}f=u, \tag{7.2.7}$$

其中

$$\mathcal{A}=-\frac{dp}{\mu}\nabla^2+1,\quad f=e^{-\mu T(r)},\quad u=\frac{I_\theta^d}{I^{in}}.$$

显然 (7.2.7) 是一个紧算子方程 (请参阅 2.3 节和 2.4 节, 给出证明, 作为练习), 具有反问题的不适定性特征, 简单的数值代数求解是不稳定的.

7.2.3 一个数值算法

采用有限差分法, 把 (7.2.7) 离散化为下面的 SLAE

$$Af=u_e,$$

其中 A 是算子 $\mathcal{A}=\left(-\frac{dp}{\mu}\nabla^2+1\right)$ 的离散化表达, f 是离散化向量 (用了与 (7.2.7) 同样的记号), u_e 为无噪声干扰的右端项 u 的离散化 (既包含了离散化误差, 又包含了观测误差).

构建吉洪诺夫泛函, 求解极小化问题

$$\min_f J^\alpha[f,u]:=\|Af-u_e\|_{l_2}^2+\alpha\|f\|_{l_2}^2,$$

其中 α 是大于 0 的正则参数, 该问题等价于求解线性代数方程组

$$(A^*A+\alpha I)f=A^*u_e,$$

其中 A^* 为 A 的共轭转置. 从上式可以看出, 可用逼近解 $f_e(\alpha)=(\alpha I+A^*A)^{-1}A^*u_e$ 作为精确解 $f_T=A^+u$ 的近似.

采用 Morozov 偏差原理, 首先我们假设噪声的尺度有如下约束:

$$\|u-u_e\| \leqslant e \leqslant \|u_e\|,$$

这里 e 为误差水平. 假定可以得到一个初始的真解的猜测值 f^0, 则可以得到如下的欧拉方程

$$(A^*A+\alpha I)(f-f^0)=A^*(u_e-Af^0),$$

其中 α 满足非线性方程

$$\varphi(\alpha)=\|Af_e(\alpha)-u_e\|^2-e^2=0.$$

我们可以通过牛顿迭代方法求解上述非线性方程

$$\alpha_{\text{new}}=\alpha-\frac{\varphi(\alpha)}{\varphi'(\alpha)},$$

其中 $\varphi'(\alpha)$ 是 $\varphi(\alpha)$ 的导数, 可以表达为

$$\varphi'(\alpha)=-2\alpha\left(\frac{d}{d\alpha}[f_e(\alpha)],f_e(\alpha)\right),$$

其中 $(\cdot,\cdot)$ 表示内积. 如果我们想求解参数 α, 我们需要求解下列的方程组

$$\begin{cases}(A^*A+\alpha I)(f_e-f^0)=A^*(u_e-Af^0),\\ (A^*A+\alpha I)f_e'(\alpha)=-f_e(\alpha)+f^0.\end{cases}$$

因此我们得到求解该参数的牛顿迭代公式:

$$\alpha_{k+1}=\alpha_k-\frac{\|Af_e(\alpha_k)-u_e\|^2-e^2}{2\alpha_k(f_e'(\alpha_k),f_e(\alpha_k))}.$$

这样, 通过 α_k 的迭代, 可以使得正则化解 $f_e(\alpha_k)$ 越来越逼近于真实解 f_T.

7.2.4 计算结果

在模型的构建上, 根据纳米 CT 实验经验, 我们选取每个像素的大小为 50nm, 选取的分辨率为 512×512, 模型大小相应的为 25μm, 角度分辨率为 1° (对应 180 次扫描), 选定的光强为 30keV, 在此光强下波长约为 40pm, 选定距离为 10cm, 相位移动与吸收比例设定为 1200.

以石英为背景, 模型设计的情况及各成分所占百分比如表 7.2.1 所示.

表 7.2.1　模型成分在 30keV 能量下 β 的理论值

序号	成分	百分比	β (30keV)
1	石英	75.04%	7.4×10^{-10}
2	高岭石	3.20%	6.5×10^{-10}
3	伊蒙间层	3.20%	7.2×10^{-10}
4	斜长石	3.20%	9.0×10^{-10}
5	白云石	2.92%	11.5×10^{-10}
6	伊利石	3.02%	12.4×10^{-10}
7	方解石	3.10%	16.0×10^{-10}
8	绿泥石	3.04%	20.5×10^{-10}
9	孔隙	3.27%	0

线性吸收系数模型如图 7.2.2 所示 (唐巍, 王彦飞, 2017). 正演过程首先计算光强的衰减, 为此需要模拟一个扫描过程, 如图 7.2.3(a) 所示. 理论模型虽然在构

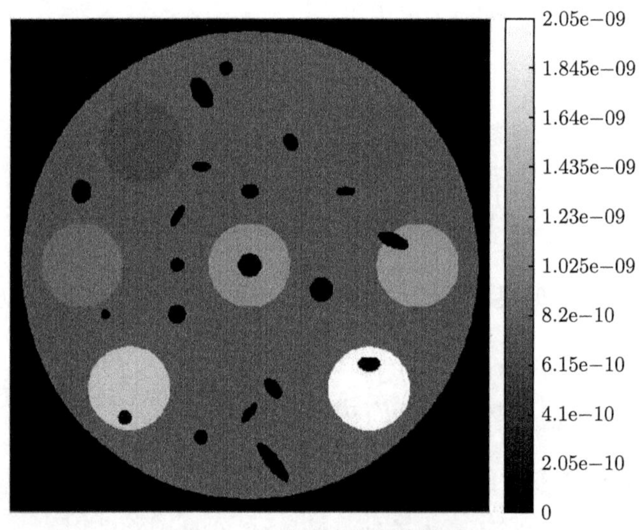

图 7.2.2　线性吸收系数模型

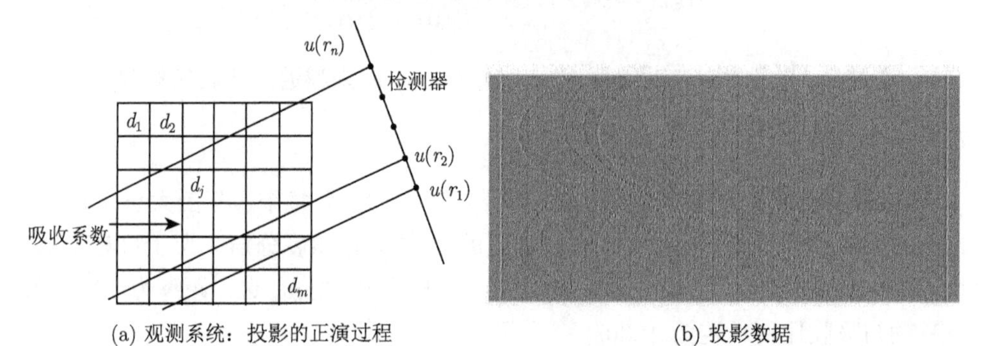

(a) 观测系统：投影的正演过程　　(b) 投影数据

图 7.2.3　线积分离散化获得投影数据

建的时候是由圆形或椭圆形组成, 但在分辨率内每个格点吸收系数恒定, 因此在计算投影值时采用了逐点扫描. 得到逐点扫描的数据后, 再根据 (7.2.3) 做卷积运算就可以获得模拟计算的理论投影数据, 如图 7.2.3(b) 的结果.

不再赘述求解过程 (详见 7.2.3 节), 在给数据加入 1%的噪声后, 我们给出下面的反演结果, 如图 7.2.4 所示. 从图中明显看出正则化算法的求解精度要远远高于直接求解方法 (这里我们用的是高斯消去法).

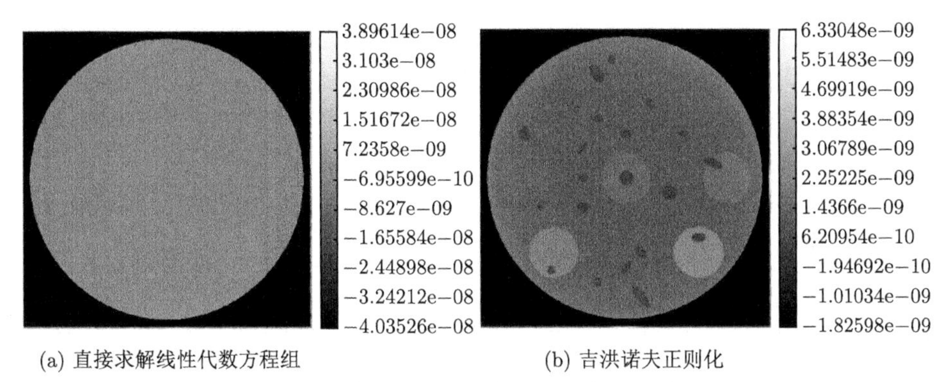

(a) 直接求解线性代数方程组　　(b) 吉洪诺夫正则化

图 7.2.4　加入数据 1%的噪声后的反漫结果

7.3　人工智能辅助地震成像

7.3.1　全波形反演概述

全波形反演 (full waveform inversion, FWI) 是一种高分辨率的地震反演方法, 它能够综合利用来自地下介质的全部波场信息, 包括走时、相位、振幅以及透射波、反射波、回折波等, 通过极小化观测数据和模拟数据之间的残差, 并采用局部或全局优化策略, 来迭代更新地下介质速度模型, 高精度的重建地下物性参数. 全波形反演也是一个全自动化的速度建模方法, 其解决了传统速度建模方法中大量的人工交互, 比如初至走时拾取、速度谱分析等, 能够更大程度上节约人力. 但是, 全波形反演是一个典型的大规模非线性反问题, 其面临的计算量大、对初始模型的依赖、反演的不稳定性和多解性问题使得全波形反演仍然不能大规模应用于实际生产中.

在数学上, FWI 方法为极小化一个目标函数 $f(m)$, 该函数用于测量观测数据和模拟数据之间的差异. 为了简化符号表示, 我们假设仅有一个震源, 对于多个震源问题, 将该公式依据震源进行简单相加即可. 在这些假设下, 传统 FWI 问题归结为偏微分方程 (PDE) 约束的反问题 (He and Wang, 2020), 目标函数定义为

$$\begin{cases} f(m) = \frac{1}{2} \|Ru(m) - d_{obs}\|_2^2, \\ F(u, m) = s, \end{cases} \tag{7.3.1}$$

其中 $\|\cdot\|_2$ 表示 l_2 范数, R 是一个投影运算符, 其作用是仅在每个震源的接收器位置选择波场, m 代表参数化地下的物理参数, s 为震源函数, F 为非线性算子 (比如声波或弹性波算子), d_{obs} 是观测数据, $u(m)$ 代表模拟数据.

局部优化算法具有收敛速度快的优点. 但将局部收敛算法应用于传统的 FWI 方法仍具挑战性, 因为它们受到由其高度非线性和病态性引起的多个局部极小值的阻碍, 以及由维数灾难引起的大规模计算的阻碍. 这意味着, 由于平方可积目标函数在波场相位匹配能力方面的局限性, 传统的 FWI 方法在使用局部收敛算法时需要低频信息或良好的初始模型.

基于上述模型极小化的局部优化方法, 常用的有梯度型或牛顿型迭代方法. 对于迭代方法, 在第 $k+1$ 次迭代中, 针对这些优化方法的参数的更新公式为

$$m_{k+1} = m_k + \alpha_k p_k, \tag{7.3.2}$$

其中, p_k 表示该步的下降方向, α_k 为步长. 例如, 选择 $p_k = -\nabla f(m_k)$ 便得到最速下降法, 选择 $p_k = -B_k^{-1}\nabla f(m_k)$ 便产生牛顿类型的方法, 式中 B_k 是黑塞矩阵 H_k 的对称正定近似.

7.3.2　神经网络概述

目前, 深度神经网络 (deep neural networks, DNN) 是一种功能强大且应用广泛的技术. 自从 DNN 在 2006 年在机器学习社区兴起以来, 并随着现代计算能力的不断提高和反向传播方法的高效实现, 它已成功应用于计算机视觉, 语音识别等许多领域. DNN 的成功可以归因于万能逼近定理. 直到最近, DNN 和其他数据科学技术在求解反问题上逐渐引起人们的注目. 在地球物理应用中, DNN 已经用于故障检测、低频重建和速度模型构建. 然而, 只要有大量高质量的标记训练数据集, 并且正确执行合理的优化算法, DNN 才能针对这些问题生成合适的结果. 一些著名的神经网络, 如生成对抗网络 (generative adversarial networks, GAN), 递归神经网络 (recurrent neural networks, RNN) 和卷积神经网络 (convolutional neural networks, CNN), 可以利用这些深度学习技术求解 FWI. 与 GAN 相比, RNN 和 CNN 都是高效的, 并且在训练过程中不需要大量的标记数据集, 从而使其具有解决大规模 FWI 逆问题的能力.

神经网络学习用于 FWI 的基本思想是：首先利用 DNN 的权重对物理模型空间进行重新参数化. 然后, 将未知参数转化为与未知物理参数相关联的神经网

络权重. 因此, 可以使用 DNN 领域中广泛使用的随机优化方法来有效地确定神经网络权重. 通过引入具有特定功能的神经网络层约束, DNN 辅助的 FWI 可以看作是一种迭代正则化方法, 例如, 卷积层可以提取边界特征信息.

7.3.3 基于 DNN 的模型重参数化及反演方法

数学分析课我们学过, 对于任意对于任何的波莱尔可测函数 (Borel measurable function)$g(x)$, 都有一个分段线性多项式 $p(x)$ 可以以任意所需的精度逼近. 根据 DNN 的思想, 存在一个网络 G, 满足:

$$p(x) = G(w)(x) := G_L[w_L, G_{L-1}(w_{L-1}, \cdots, G_1(w_1))](x), \tag{7.3.3}$$

其中, $G_1, \cdots, G_{L-1}$ 和 G_L 分别是网络的第一层, 第 $L-1$ 层和第 L 层; L 表示深度学习模型的深度; $W = (w_1, \cdots, w_{L-1}, w_L)$ 是神经网络参数. 一种包含激活函数 σ_k 的简单层定义为

$$G_k(W_k)(x) = \sigma_k(W_k x + b_k), \tag{7.3.4}$$

其中, W_k 是仿射映射, b_k 表示偏差. 参数 W_k 和 b_k 构成了可学习的参数, 这些参数在第 k 层中被随机初始化. 非线性函数 σ_k 是连续的并且是逐分量的操作, 例如, 整流线性函数 (rectified linear unit, ReLU) $\mathrm{ReLU} = \max(0, x)$ 及其变体带泄漏 (leaky ReLU) 和参数化修正线性单元 (PReLU).

对于 FWI 问题的参数 m, 我们可以学习到一个网络 $G(w)$, 可以以给定的精度近似逼近参数化 m. 为了简化符号表示, 该近似可以简记为

$$m = G(w), \tag{7.3.5}$$

方程 (7.3.5) 也可以表示为 $m(w) = G(w)$, 以明确其依赖于权重 w. 通过 m 的重新参数化, (7.3.1) 中的目标函数变为

$$J(w) = f(m(w)) = \frac{1}{2}\left\|Ru(G(w)) - d_{obs}\right\|_2^2. \tag{7.3.6}$$

在这种表述中, FWI 的重构问题转化为重建网络 $G(w)$ 的权重 w. 这种重新参数化策略的一个优点是, 它通过引入特殊的层 (例如卷积层) 来提供模型的稀疏表示, 以正则化的方式减轻 FWI 局部极值问题. 此外, 根据物理参数的先验信息, 可以通过构建网络的特殊层来提取一些特定特征. 换句话说, 在 DNN 框架下的反演可以看作是一种隐式正则化方法, 这对于解决 FWI 问题的不适性至关重要. 此外, 可以通过成熟高效的神经网络库, 例如 TensorFlow (https://tensorflow.google.

cn) 或 PyTorch (https://pytorch.org), 使用 GPU 来加速 DNN 的训练过程. 为了引用方便, 我们将此反演方法称为 DNN-FWI 方法.

为了使用梯度型的方法极小化目标函数 (7.3.6), 应该有效地计算目标函数相关于学习参数 w 的梯度. 对方程 (7.3.6) 进行微分并应用链式规则, 我们有

$$\nabla J(w)=\left(\frac{\partial m(w)}{\partial w}\right)^{\mathrm{T}}\frac{\partial f(m(w))}{\partial m}=\left(\frac{\partial G(w)}{\partial w}\right)^{\mathrm{T}}\nabla f(m(w)). \tag{7.3.7}$$

在 (7.3.7) 中, 第一项 $\dfrac{\partial m(w)}{\partial w}$ 是网络的雅可比矩阵, 可以使用反向传播算法有效地进行估算. 因子 $\nabla f(m(w))$ 是常规 FWI 相对于 m 的梯度. 其也可以通过伴随方法有效地进行计算.

在进行 DNN-FWI 训练之前, 必须参数化给定的初始模型 m_0; 选取合适的网络架构, 比如 PyTorch, 通过输入数组 (张量) $\boldsymbol{a}$, 以使网络学习该先验信息. 我们称这种参数化处理为 "预训练". 为了参数化或学习初始模型, 我们需要最小化以下目标函数, 该函数度量了 $G(w)$ 和 m_0 之间的距离:

$$w^*=\underset{w}{\operatorname{argmin}}\, J_{pre}(w)=\|G(w)-m_0\|_1, \tag{7.3.8}$$

其中, $\|\cdot\|_1$ 代表 l_1 范数. l_1 范数可以捕获初始模型的主要特征, 与使用 l_2 范数相比, 异常点值更强大.

在预训练后, 我们开始 DNN-FWI 的训练过程. 常规训练和重新参数化 FWI 训练之间的主要区别是相对于权重的 m 梯度计算. 对于常规训练, 仅将网络输出与给定标记数据之间的差异从输出层向后传播到输入层, 以计算梯度. 对于 DNN-FWI, 向后传播梯度 $\nabla f(m(w))$ 以计算相对于权重 w 的梯度. 因此, DNN-FWI 通过合成记录的数据以确保数据的一致性, 可以利用 PDE 约束的正演模型. 此外, 可以分别在 CPU 和 GPU 上对 $\nabla f(m(w))$ 和网络 $G(w)$ 的偏导数进行并加速. 算法 7.3.1 详细描述了重新参数化的 FWI 算法的框架.

算法 7.3.1　DNN-FWI 算法

输入: $G(w^*)$, $\boldsymbol{a}$, $\varepsilon>0, 0<\alpha<1$, N

输出: $m^*_{fwi}, G(w^*_{fwi})$

(1) 初始化: $k=0, w_0=w^*$;

(2) 循环迭代:

while $(f(m_k)\geqslant\varepsilon$ and $k\leqslant N)$ do

$m_k=G(w_k)(\boldsymbol{a})$

$f(m_k)$

if $(f(m_k) < \varepsilon$ or $k > N)$ then

$$m^*_{fwi} = m_k, w^*_{fwi} = w_k$$

break

endif;

(3) 计算梯度:

$$\nabla J(w_k) = \left(\frac{\partial G(w_k)}{\partial w}\right)^{\mathrm{T}} \nabla f(m_k)$$

$$\nabla f(m_k) = \left(\frac{\partial u}{\partial m}\right)^* R^*(Ru - d_{\mathrm{obs}});$$

(4) 更新模型 (依据某种优化策略):

$$w_{k+1} = w_k + \alpha_k \Delta w_k$$

$$k = k + 1$$

endwhile.

7.3.4 计算结果

本章提出的 DNN-FWI 算法是通用的, 可以适用于时域和频域的声波、弹性以及粘弹性介质反演问题. 为了验证方法的有效性, 我们主要考虑二维频域声波方程的 FWI 问题. 假设密度是常数, 并且模型通过压力波速度 (因此, $m = v_p$) 进行参数化. 在这种情况下, 声波方程可以用亥姆霍兹方程来描述:

$$F(u, m) := \Delta u + \left(\frac{\omega}{v_p}\right)^2 u = s, \tag{7.3.9}$$

其中, ω 表示角频率, v_p 为声波速度, s 为源函数. 记 $A(m)u := \Delta u + \left(\frac{\omega}{v_p}\right)^2 u$, 则该方程可以重写为下述简单的算子表达形式:

$$A(m)u = s. \tag{7.3.10}$$

为了用数值方法求解正问题, 我们用四阶精度的有限差分模板将方程 (7.3.10) 离散化, 并采用完全匹配层 (perfectly matched layers, PMLs) 减少来自有界计算域边界的人工反射. 离散化后, 获得了一个大型的稀疏线性系统, 其解是方程 (7.3.9) 的数值解. 可以使用分层半可分离的结构化 (hierarchically semiseparable structured (HSS) 结构化) 直接求解算法有效地解决这个大型线性系统. 与标准直接求解方法相比, HSS 结构的求解方法在计算成本和存储方面实现了高性能和良好的可伸缩性. 此求解方法采用分布式内存 MPI 和共享内存 OpenMP 并行编程框架下实现.

对于 DNN-FWI 方法和网络更新分别在 MPI 框架下使用高效 C 语言和在 PyTorch 平台框架下使用 Python 语言实现.

我们首先给出用于数值实验的深度学习模型. 该网络主要由 32 层卷积 (Conv) 和反卷积 (DeConv) 操作组成, 以双曲正切 (Tanh) 函数为输出层. Conv 操作用于在较高级别捕获抽象特征, 而 DeConv 层在使前一层的 Conv 层的分辨率增倍. 每个隐藏层添加了非线性激活 ReLU, 以增加网络的非线性度, 使其具有逼近非线性函数的能力. 为每个 Conv 和 DeConv 层引入了批量归一化 (BatchNorm) 层, 以去除均值并归一化方差. BatchNorm 层可以减少梯度对每个隐藏层中参数的比例或其初始值的依赖性, 从而显着加快学习过程. 图 7.3.1 所示为该特定网络. 在该网络中, 为了简化引入了由一个 DeConv 层和四个 Conv 层组成的超级层 CellLayer. CellLayer(I, O) 的参数 I 和 O 分别代表输入和输出通道的数量.

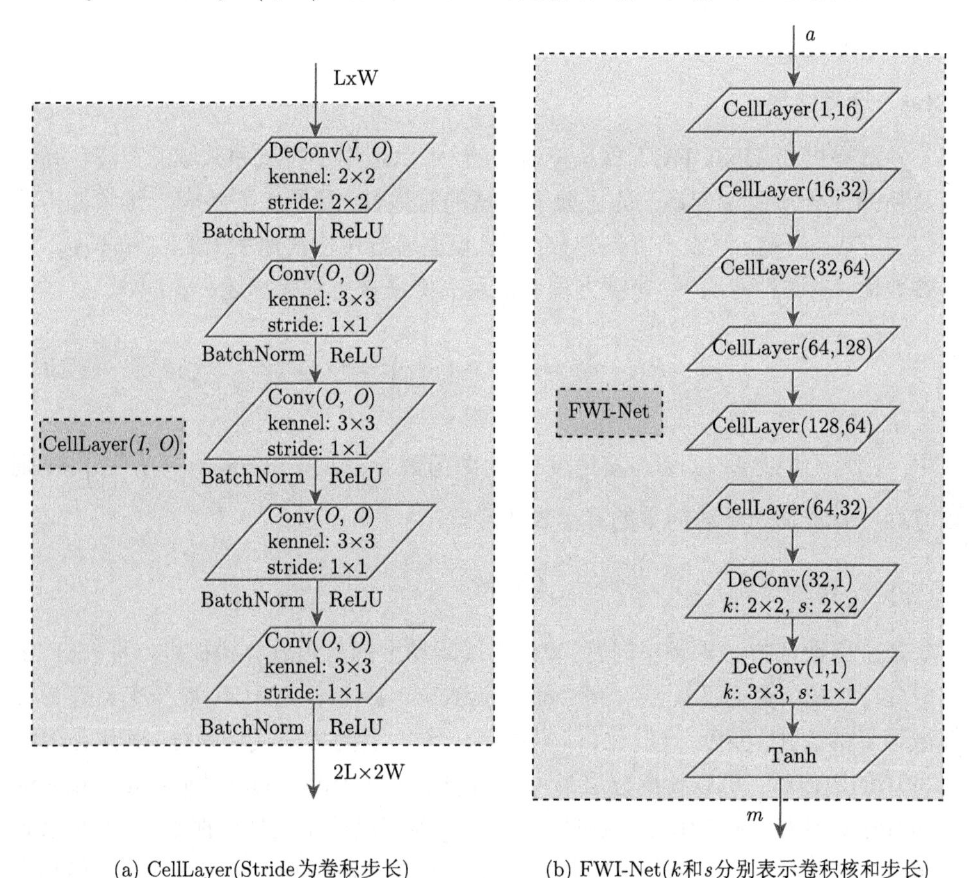

(a) CellLayer(Stride为卷积步长)　　(b) FWI-Net(k和s分别表示卷积核和步长)

图 7.3.1 DNN-FWI 网络结构

为了研究 DNN-FWI 在特征提取和高分辨率成像方面的性能, 我们构建了一个模型来模拟地下矿物分布 (这是国家重点研发计划“深地探测”项目 (2018) 中的一个概念模型). 该模型速度分布在 4500 m/s 至 7500 m/s 之间, 其中不同的值代表不同的矿物. 在该测试中使用模型大小为 512×256, 空间剖分距离为 $\Delta x = \Delta z = 10\text{m}$, 如图 7.3.2(a) 所示. 该模型的微尺度结构对反演方法提出了挑战. 对真实模型进行光滑化 (模糊) 处理以获得用于预训练的初始模型, 如图 7.3.2(b) 所示. 地表采集系统由 119 个震源组成, 均匀分布在顶面下方 50m 处, 间隔 40m. 每个震源由位于顶面下方 50 m 的 472 个接收器记录, 接收器以 10m 的间隔均匀分布.

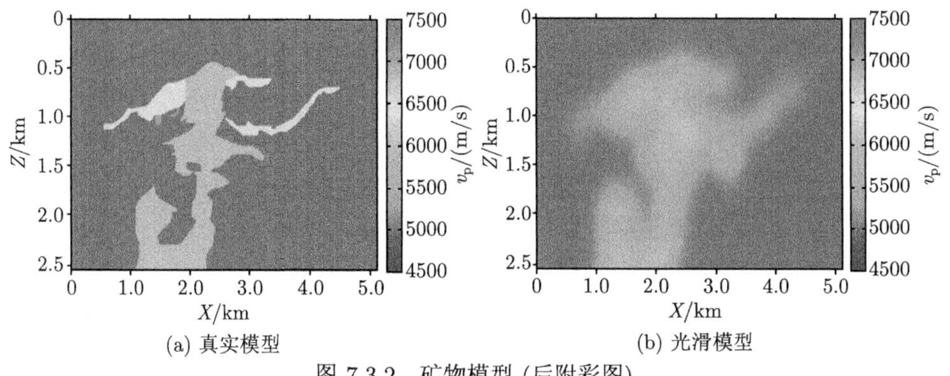

(a) 真实模型 (b) 光滑模型

图 7.3.2 矿物模型 (后附彩图)

神经网络使用的数据存储在多维 NumPy (numerical Python) 数组中, 该数组也叫张量 (Tensor), 张量维数的大小依赖于模型的大小. 给定确定的模型, 对于所使用的神经网络, 张量的维数是确定的. 对于本模型, 在预训练阶段, 输入张量 $\boldsymbol{a}$ 为 $(-0.5, 0.5, -0.5, 0.5; -0.5, 0.5, -0.5, 0.5)^{\mathrm{T}}$, 这是一个 4×2 的数组, 数组中的元素是初始设定的. 事实上, 张量 $\boldsymbol{a}$ 的元素可以是任何实数, 只要它们在区间 $[-1, 1]$ 中即可 (比如用随机数生成), 并且在预训练和 DNN-FWI 阶段保持一致. 预训练的最大迭代为 30000, 学习率为 0.001. 预训练模型旅行时间的均方根误差 (RMSE) 约为 0.14 ms, 这表明该网络能够很好地近似初始模型.

在 DNN-FWI 反演阶段, 使用 50 个离散化频率来计算合成数据集, 频率分布在 [3.0, 45.0] Hz 区间, 且以 0.86 Hz 的恒定采样步长进行采样. 在此阶段, DNN-FWI 的训练采用从低频 (3.0 Hz) 到高频 (45.0 Hz) 的多尺度反演策略. 反演结果如图 7.3.3(a) 所示.

我们同时给出了 DNN-FWI 与基于模型反演的 FWI 方法的对比. 对于后者, 我们的模型采用的是保边结构的全变差 (total variation, TV) 正则化技术, 正则

化模型为

$$f_{reg}(m) = f(m) + \lambda\|m\|_{TV}, \tag{7.3.11}$$

其中 $\lambda > 0$ 是用于平衡数据拟合项 $f(m)$ 和 TV 正则化项 $\|m\|_{TV}$ 的正则化参数; $\|\cdot\|_{TV}$ 表示 TV 正则化项, 定义为

$$\|m\|_{TV} = \sum_{i,j} \varphi_{i,j}(m), \quad \varphi_{i,j}(m) = \sqrt{\left(m_{i,j}^x\right)^2 + \left(m_{i,j}^z\right)^2 + \beta},$$

$$m_{i,j}^x = \frac{m_{i+1,j} - m_{i,j}}{\Delta x}, \quad m_{i,j}^z = \frac{m_{i,j+1} - m_{i,j}}{\Delta z},$$

其中, 引入 $\beta > 0$ 是为了克服正则化项在原点的不可微性, 在计算中将其设置为 1.0×10^{-4}.

最优化迭代方法采用的是第 5 章介绍的 L-BFGS 方法, 不再赘述. 反演结果如图 7.3.3 所示. 结果显示 DNN-FWI 方法的性能优于传统的 FWI 方法, 这可能归因于 DNN 卷积层的正则化和特征提取特性. 此外, DNN-FWI 方法由于其暗含的隐式正则化功能、特征提取和算法的层次结构使其显示出良好的计算效率性能. 在相同的计算环境下, L-BFGS 方法需要更多的计算时间 (78124 s), 因为某些非线性迭代需要多个行搜索步骤, 从而导致更多的函数值和梯度估计; 而 DNN-FWI 需要的计算时间要少得多 (48439 s). 更详细的描述参见 (He and Wang, 2020).

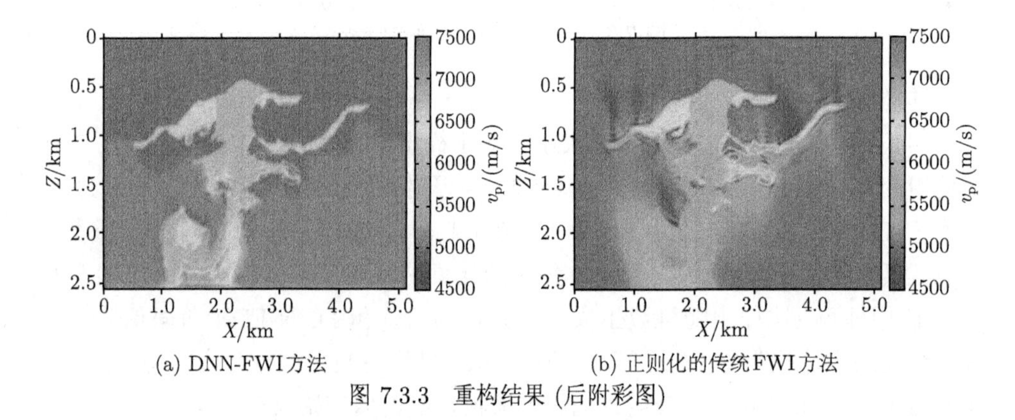

(a) DNN-FWI方法　　(b) 正则化的传统FWI方法

图 7.3.3　重构结果 (后附彩图)

注 7.3.2　预训练的过程是 DNN 深度学习的重要过程, 直接影响最终成像的效果. 我们认为预训练过程起到了正则化的效果. 这是因为预训练过程增加了权重的大小, 并且在标准深层模型中具有 S 形 (sigmoid) 非线性, 这具有使函数更加非线性和成本函数在局部更加复杂以及具有更多拓扑特征 (如峰、谷和坪) 的效果. 这些拓扑特征的存在使得参数空间在局部更难通过梯度下降过程传播明显的距离. 这是预训练过程施加的限制性属性的核心, 因此是其正则化属性的基础.

注 7.3.3 深度网络中的优化是一个复杂的问题, 在很大程度上受训练期间早期示例的影响. 如果我们希望从非常大的训练集中捕获非常复杂的分布, 则可能意味着我们应该考虑使用学习算法来减少早期示例的影响, 从而允许参数从当前学习动态的吸引中逸出.

参考文献

北京大学数学系前代数小组. 2019. 高等代数. 5 版. 北京: 高等教育出版社.
郭柏灵, 蒲学科, 黄凤辉. 2011. 分数阶偏微分方程及其数值解. 北京: 科学出版社.
华东师范大学数学科学学院. 2019. 数学分析: 上、下册. 5 版. 北京: 高等教育出版社.
江泽坚, 孙善利. 1981. 泛函分析. 北京: 高等教育出版社.
李庆扬, 王能超, 易大义. 1999. 数值分析. 武汉: 华中理工大学出版社.
刘光鼎. 2018. 地球物理通论. 上海: 上海科学技术出版社.
刘继军. 2005. 不适定问题的正则化方法及应用. 北京: 科学出版社.
欧高炎, 朱占星, 董彬, 等. 2017. 数据科学导引. 北京: 高等教育出版社.
欧维义. 1997. 数学物理方程. 长春: 吉林大学出版社.
欧阳光中, 朱学炎, 金福临, 等. 2007. 数学分析: 上、下册. 3 版. 北京: 高等教育出版社.
唐巍, 王彦飞. 2017. 基于 TIE 方程的空间域相位恢复迭代算法. 地球物理学报, 60(5): 1851-1860.
王高雄, 周之铭, 朱思铭, 等. 2006. 常微分方程. 3 版. 北京: 高等教育出版社.
王彦飞. 2007. 反演问题的计算方法及其应用 (Computational Methods for Inverse Problems and Their Applications). 北京: 高等教育出版社.
王彦飞, 斯捷潘诺娃 I E, 提塔连科 V N, 等. 2011. 地球物理数值反演问题 (Inverse Problems in Geophysics and Solution Methods). 北京: 高等教育出版社.
肖庭延, 于慎根, 王彦飞. 2003. 反问题的数值解法 (Numerical Methods for the Solution of Inverse Problems). 北京: 科学出版社.
许作良, 马青华. 2018. 金融中的反问题及数值方法. 北京: 科学出版社.
杨文采. 1992. 非线性波动方程地震反演的方法原理及问题. 地球物理学进展, 7: 9-19.
袁亚湘. 1993. 非线性规划数值方法. 上海: 上海科学技术出版社.
袁亚湘, 孙文瑜. 1997. 最优化理论与方法. 北京: 科学出版社.
张恭庆. 1990. 泛函分析讲义: 上、下册. 北京: 北京大学出版社.
张关泉. 1987. 数理方程反演问题. 北京: 中国科学院计算中心.
周志华. 2017. 机器学习. 北京: 清华大学出版社.
自然资源部. 2018. 自然资源科技创新发展规划纲要.
中国科学院. 2020. 数学优化//袁亚湘主编. 中国学科发展战略. 北京: 科学出版社.
Aki K, Richards P. 1980. Quantitative Seismology. New York: Freeman and Company.
Arfken G B, Weber H J, Harris F E. 2012. Mathematical Methods for Physicists——A Comprehensive Guide. Amsterdam: Academic Press.
Azuma K, Yanagi U, Kagi N, Kim H, Ogata M, Hayashi M. 2020. Environmental factors involved in SARS-CoV-2 transmission: effect and role of indoor environmental quality in the strategy for COVID-19 infection control. Environ. Health Prev. Med., 25(1): 66.

Bao G, Symes W W. 1994. On the sensitivity of solutions of hyperbolic equations to the coefficients, Retrieved from the University of Minnesota Digital Conservancy, IMA Preprint Series, 1249. http://hdl.handle.net/11299/2618.

Bao G, Symes W W. 1997. Regularity of an inverse problem in wave propagation//Chavent G, Sabatier P C. Inverse Problems of Wave Propagation and Diffraction. Berlin: Springer.

Barzilai J, Borwein J. 1998. Two-point step size gradient methods. IMA Journal of Numerical Analysis, 8: 141-148.

Becker S, LeCun Y. 1988. Improving the convergence of back-propagation learning with second-order methods. Proceedings of the 1988 Connectionist Models Summer School, CA: Morgan Kaufmann: 29-37.

Bergen K J, Johnson P A, de Hoop M V, Beroza G C. 2019. Machline learning for data-driven discovery in solid Earth geoscience. Science, 363: eaau0323.

Bleistein N, Cohen J K, Stockwell J W. 2001. Mathematics of Multidimensional Seismic Imaging, Migration, and Inversion. New York: Springer.

Bottou L. 2010. Large-scale machine learning with stochastic gradient descent//Lechevallier Y, Saporta G. Proceedings of the 19th International Conference on Computational Statistics (COMPSTAT'2010). Paris: Springer: 177-187.

Carcione J M, Cavallini F, Mainardi F, et al. 2002. Time-domain seismic modeling of constant-Q wave propagation using fractional derivatives. Pure and Applied Geophysics, 159: 1719-1736.

Caron R M, Salzmann F L. 2002. Elementary Linear Algebra and Matrices. Boston: Pearson Custom Publishing.

Cerveny V. 2001. Seismic Ray Theory. Cambridge: Cambridge University Press.

Chen G T, Wang Y F, Wang Z L, et al. 2020. Dispersion-relationship-preserving seismic modelling using the crossrhombus stencil with the finite-difference coefficients solved by an overdetermined linear system. Geophysical Prospecting, 68(6): 1771-1792.

Cheng J, Hofmann B, Lu S. 2014. The index function and Tikhonov regularization for ill-posed problems. Journal of Computational and Applied Mathematics, 265: 110-119.

Cheng J, Yamamoto M. 2000. On new strategy for a priori choice of regularizing parameters in Tikhonov's regularization. Inverse Problems, 16: L31-L38.

Elsgolts L E. 2000. Differential Equations and Calculus of Variations. Moscow: Mir Publishers.

Engl H W, Hanke M, Neubauer A. 1996. Regularization of Inverse Problems. Dordrecht: Kluwer.

Freeden W, Nashed Z, Sonar T, et al. 2010. Handbook of Geomathematics. Heidelberg: Springer-Verlag.

Geng Z, Wang Y F. 2020. Automated design of a convolutional neural network with multi-scale filters for cost-efficient seismic data classification. Nature Communications, 11: 3311.

Goodfellow I, Bengio Y, Courville A. 2016. Deep Learning. Cambridge: MIT Press.

Groetsch C W. 1984. The Theory of Tikhonov Regularization for Fredholm equations of the First Kind. Boston: Pitman Advanced Publishing Program.

Groetsch C W. 1993. Inverse Problems in the Mathematical Science. Braunschweig: Wiesbaden Vieweg.

He Q L, Wang Y F. 2020. Inexact Newton-type methods based on Lanczos orthonormal method and application for full waveform inversion. Inverse Problems, 36: 115007.

He Q L, Wang Y F. 2021. Reparameterized full waveform inversion under the framework of deep neural networks. Geophysics, 86(1): V1-V13.

Johnson R, Zhang T. 2013. Accelerating stochastic gradient descent using predictive variance reduction. Proceedings of the 26th International Conference on Neural Information Processing Systems (NIPS'13), 1: 315-323.

Kelley C T. 1999. Iterative Methods for Optimization. SIAM in Applied Mathematics.

Kitagawa G. 1996. Monte Carlo filter and smoother for non-Gaussian nonlinear state space models. Journal of Computational and Graphical Statistics, 25(7): 245-255.

Klompas M, Baker M A, Rhee C. 2020. Airborne Transmission of SARS-CoV-2: theoretical considerations and available evidence. JAMA, 324(5): 441-442.

Kolmogorov A N, Fomin S V. 1989. Elements of Function Theory and Functional Analysis. New York: Dover Publications.

Krasnov M L, Kiselev A I, Makarenko G I. 2003. Integral Equations Tasks and Examples with Detailed Solutions. Moscow: URSS.

Krasnov M L, Makarenko G I, Kiselev A I. 2002. Calculus of Variations. Tasks and Examples with Detailed Solutions. Moscow: URSS.

Levenberg K. 1944. A method for the solution of certain non-linear problems in least squares. The Quarterly of Applied Mathematics, 2: 164-168.

Marquardt D W. 1963. An algorithm for least-squares estimation of nonlinear parameters. Journal of the Society for Industrial & Applied Mathematics, 11: 431-441.

Morozov V A. 1984. Methods for Solving Incorrectly Posed Problems. New York: Springer.

Morse P, Feshbach H. 1953. Methods of Theoretical Physics (Part I). New York: McGraw-Hill.

Nashed M Z, Scherzer O. 2001. Inverse Problems, Image Analysis, and Medical Imaging. AMS Special Session on Interaction of Inverse Problems and Image Analysis, Jan. 10-13, New Orleans, Louisiana, in Contemporary Mathematics, 313.

Nesterov Y. 2003. Introductory Lectures on Convex Optimization: A Basic Course. New York: Springer.

Polyak B T, Juditsky A B. 1992. Acceleration of stochastic approximation by averaging. SIAM Journal on Control and Optimization, 30(4): 838-855.

Prather K A, Marr L C, Schooley R T, McDiarmid M A, Wilson M E, Milton D K. 2020. Airborne transmission of SARS-CoV-2. Science, 370(6514): 303-304.

Priyanka, Choudhary O P, Singh I, Patra G. 2020. Aerosol transmission of SARS-CoV-2: The unresolved paradox. Travel Med Infect Dis., 37: 101869.

Reed M, Simon B. 1972. Methods of Modern Mathematical Physics: Vols. I-IV. New York: Academic Press.

Reichstein M, Camps-Valls G, Stevens B, Jung M, Denzler J, Carvalhais N, Prabhat. 2019. Deep learning and process understanding for data-driven Earth system science. Nature, 566: 195-204.

Robbins H, Monro S. 1951. A stochastic approximation method. The Annals of Mathematical Statistics, 22: 400-407.

Rumelhart D E, Hinton G E, Williams R J. 1986. Learning representations by back-propagating errors. Nature, 323: 533-536.

Schuster G T. 2001. Seismic interferometric/daylight imaging: Tutorial, 63rd Ann. Conference, EAGE Extended Abstracts.

Stoer J, Bulirsch R. 1993. Introduction to Numerical Analysis. 2nd ed. New York: Springer-Verlag.

Tang J, Wang Y F. 2017. PP and PS joint inversion with a posterior constraint with the particle filtering. Journal of Geophysics and Engineering, 14: 1399-1412.

Tang S, Mao Y, Jones R M, Tan Q, Ji J S, Li N, Shen J, Lv Y, Pan L, Ding P, Wang X, Wang Y, MacIntyre C R, Shi X. 2020. Aerosol transmission of SARS-CoV-2? Evidence, Prevention and Control. Environ Int., 144: 106039.

Tarantola A, Noble M, Barnes C. 1992. Recent advances in nonlinear inversion of seismic data. The 62th SEG Meeting Expanded Abstracts: 786-787.

Tikhonov A N. 1963. On solving incorrectly posed problems and method of regularization. Doklady Akademii Nauk USSR, 151(3): 501-504.

Tikhonov A N. 2009. Inverse and Improperly Posed Problems (Collection of Scientic Works in Ten Volumes, Vol. III). Moscow: Nauka.

Tikhonov A N, Arsenin V Y. 1977. Solutions of Ill-Posed Problems. New York: John Wiley and Sons.

Tikhonov A N, Goncharsky A V, Stepanov V V, et al. 1995. Numerical Methods for the Solution of Ill-Posed Problems. Dordrecht: Kluwer.

Tikhonov A N, Leonov A S, Yagola A G. 1998. Nonlinear Ill-posed Problems (Vol.1 & Vol.2). London: Chapman & Hall.

Trenogin V A, Pisarevsky B M, Sobolev T S. 1984. Tasks and Exercises for Functional Analysis. M.: Nauka.

Trenogin V A. 2002. Functional Analysis. Moscow: Fizmatlit.

Vasilieva A B, Medvedev G N, Tikhonov N A, et al. 2003. Differential and Integral Equations: Calculus of Variations. New York: John Wiley and Sons.

Vasilieva A B, Tikhonov N A. 2002. Integral Equations. Moscow: Fizmatlit.

Vladimirov V S, Vasharin A A. 2001. Collection of Problems on the Equations of Mathematical Physics. Moscow: Fizmatlit.

Vladimirov V S, Zharinov V V. 2001. Equations of Mathematical Physics. Moscow: Fizmatlit.

Volkov V T, Yagola A G. 2007. Integral Equations Variational Calculus (Methods for Solving Problems). Moscow: KDU.

Wang L P, Wang Y F. 2018. A joint matrix minimization approach for seismic wavefield recovery. Scientific Reports, 8: 2188.

Wang Y F, Cui Y, Yang C C. 2011. Hybrid regularization methods for seismic reflectivity inversion. International Journal on Geomathematics, 2(1): 87-112.

Wang Y F, Liang W Q, Nashed M Z, et al. 2016. Determination of finite difference coefficients for the acoustic wave equation using regularized least-squares inversion. Journal of Inverse and Ill-Posed Problems, 24(6): 743-760.

Wang Y F, Liang W Q, Nashed Z, et al. 2014. Seismic modeling by optimizing regularized staggered-grid finite-difference operators using a time-space domain dispersion relationship preserving method. Geophysics, 79(5): T277-T285.

Wang Y F, Cao J J, Yang C C. 2011. Recovery of seismic wavefields based on compressive sensing by an l_1-norm constrained trust region method and the piecewise random sub-sampling. Geophysical Journal International, 187: 199-213.

Wang Y F, Lukyanenko D V, Yagola A G. 2019. Magnetic parameters inversion method with full tensor gradient data. Inverse Problems and Imaging, 13(4): 745-754.

Wang Y F, Ma S Q. 2009. A fast subspace method for image deblurring. Applied Mathematics and Computation, 215(6): 2359-2377.

Wang Y F, Yagola A G, Yang C C. 2011. Optimization and Regularization for Computational Inverse Problems and Applications. New York: Springer.

Wang Y F, Yuan Y X. 2005. Convergence and regularity of trust region methods for nonlinear ill-posed inverse problems. Inverse Problems, 21: 821-838.

Wang Y F, Yagola A G, Yang C C. 2012. Computational Methods for Applied Inverse Problems. Berlin: Walter de Gruyter.

World Health Organization. 2020. Transmission of SARS-CoV-2: implications for infection prevention precautions. Scientific Brief.

Xu F M, Wang Y F. 2018. Recovery of seismic wavefields by an Lq-norm constrained regularization method. Inverse Problems and Imaging, (12): 1157-1172.

Yuan Y X. 2006. A new stepsize for the steepest descent method. J. Comput. Math., 24: 2: 149-156.

Zhdanov M S. 2002. Geophysical Inverse Theory and Regularization Problems. Amsterdam: Elsevier.

Zhu T, Harris J M. 2014. Modeling acoustic wave propagation in heterogeneous attenuating media using decoupled fractional Laplacians. Geophysics, 79(3): T105-T116.

Zill D G. 2000. A First Course in Differential Equations. 5th ed. Pacific Grove, CA: Brooks/Cole.

《运筹与管理科学丛书》已出版书目

1. 非线性优化计算方法　袁亚湘　著　2008 年 2 月
2. 博弈论与非线性分析　俞建　著　2008 年 2 月
3. 蚁群优化算法　马良等　著　2008 年 2 月
4. 组合预测方法有效性理论及其应用　陈华友　著　2008 年 2 月
5. 非光滑优化　高岩　著　2008 年 4 月
6. 离散时间排队论　田乃硕　徐秀丽　马占友　著　2008 年 6 月
7. 动态合作博弈　高红伟〔俄〕彼得罗相　著　2009 年 3 月
8. 锥约束优化——最优性理论与增广 Lagrange 方法　张立卫　著　2010 年 1 月
9. Kernel Function-based Interior-point Algorithms for Conic Optimization　Yanqin Bai　著　2010 年 7 月
10. 整数规划　孙小玲　李端　著　2010 年 11 月
11. 竞争与合作数学模型及供应链管理　葛泽慧　孟志青　胡奇英　著　2011 年 6 月
12. 线性规划计算(上)　潘平奇　著　2012 年 4 月
13. 线性规划计算(下)　潘平奇　著　2012 年 5 月
14. 设施选址问题的近似算法　徐大川　张家伟　著　2013 年 1 月
15. 模糊优化方法与应用　刘彦奎　陈艳菊　刘颖　秦蕊　著　2013 年 3 月
16. 变分分析与优化　张立卫　吴佳　张艺　著　2013 年 6 月
17. 线性锥优化　方述诚　邢文训　著　2013 年 8 月
18. 网络最优化　谢政　著　2014 年 6 月
19. 网上拍卖下的库存管理　刘树人　著　2014 年 8 月
20. 图与网络流理论(第二版)　田丰　张运清　著　2015 年 1 月
21. 组合矩阵的结构指数　柳柏濂　黄宇飞　著　2015 年 1 月
22. 马尔可夫决策过程理论与应用　刘克　曹平　编著　2015 年 2 月
23. 最优化方法　杨庆之　编著　2015 年 3 月
24. A First Course in Graph Theory　Xu Junming　著　2015 年 3 月
25. 广义凸性及其应用　杨新民　戎卫东　著　2016 年 1 月
26. 排队博弈论基础　王金亭　著　2016 年 6 月
27. 不良贷款的回收：数据背后的故事　杨晓光　陈暮紫　陈敏　著　2017 年 6 月

28. 参数可信性优化方法　刘彦奎　白雪洁　杨凯　著　2017 年 12 月
29. 非线性方程组数值方法　范金燕　袁亚湘　著　2018 年 2 月
30. 排序与时序最优化引论　林诒勋　著　2019 年 11 月
31. 最优化问题的稳定性分析　张立卫　殷子然　编著　2020 年 4 月
32. 凸优化理论与算法　张海斌　张凯丽　著　2020 年 8 月
33. 反问题基本理论——变分分析及在地球科学中的应用　王彦飞　V. T. 沃尔科夫　A. G. 亚格拉　著　2021 年 3 月

彩　　图

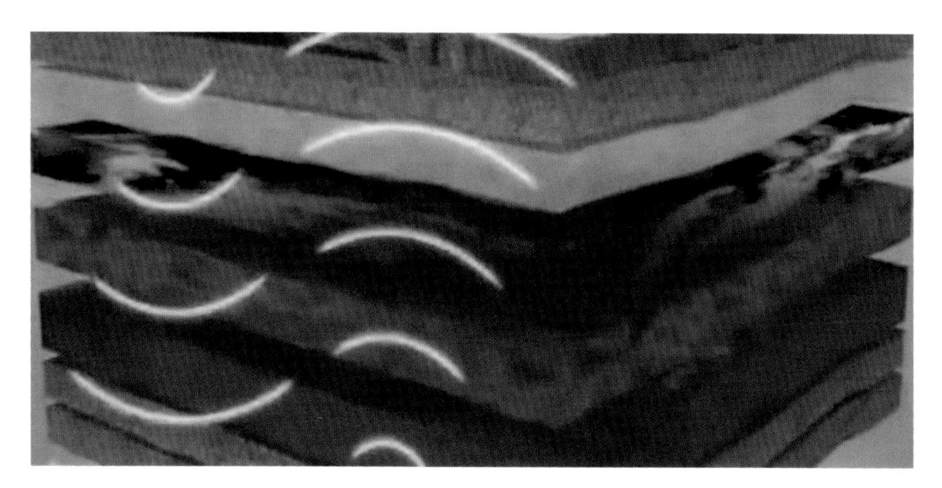

图 1.2.1　地震波在地下传播和反射的过程

(a) 传感器

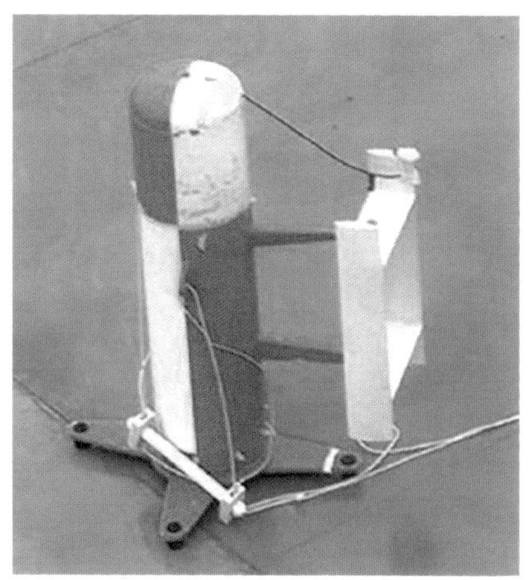

(b) 组装后的实验装置

图 1.2.2　低温 SQUID

图 1.2.3　上海光源同步辐射观测装置

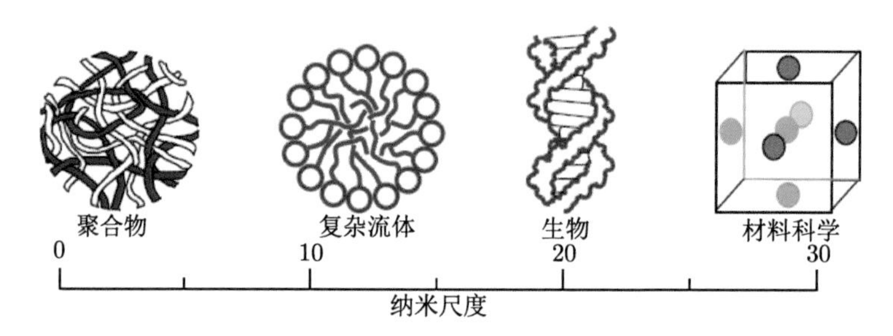

图 1.2.4　纳米尺度中子散射应用

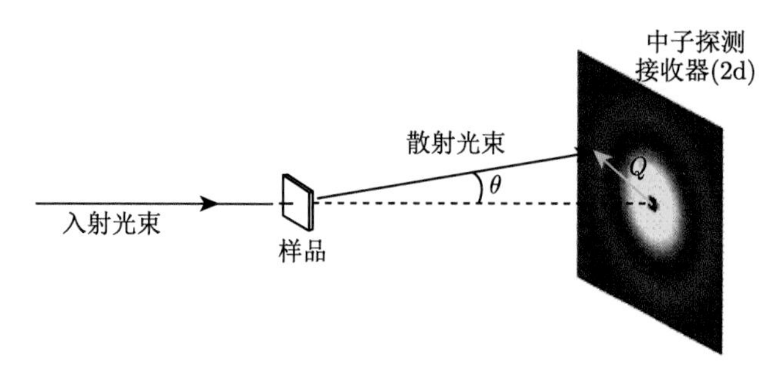

图 1.2.5　中子散射示意图

(a) 原始页岩样品

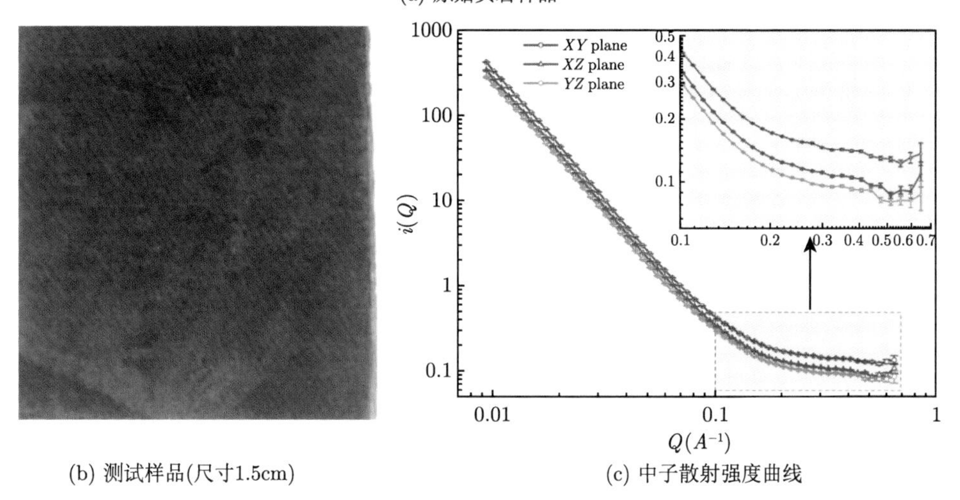

(b) 测试样品(尺寸1.5cm)　　(c) 中子散射强度曲线

图 1.2.6　页岩样品散射强度曲线

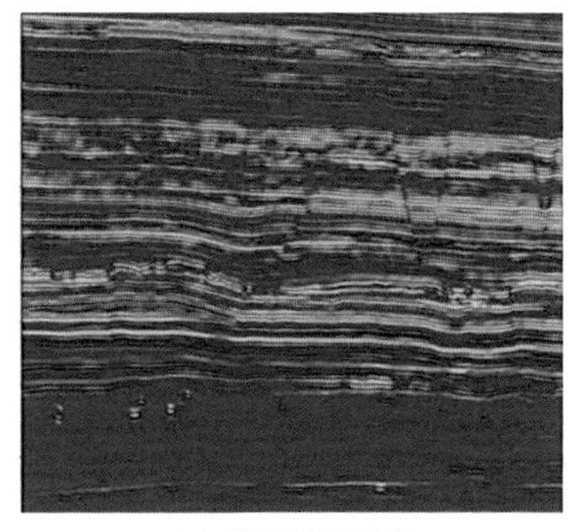

(a) 常规地震成像

(b) 绕射波成像

图 1.3.1　异常体绕射特性展示图

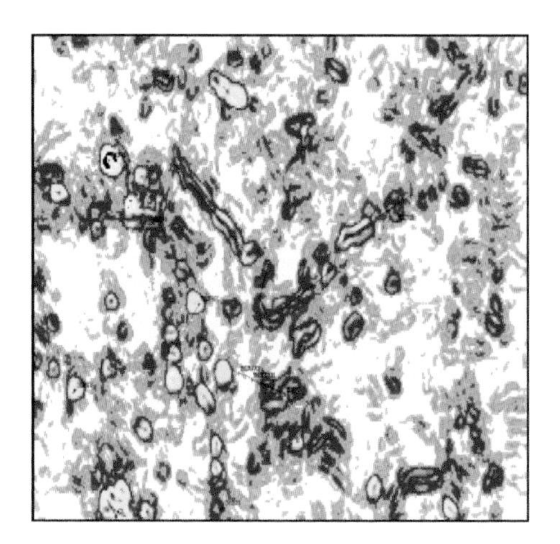

图 1.3.2　地震时间切片图

图 1.3.3　地质填图示意图

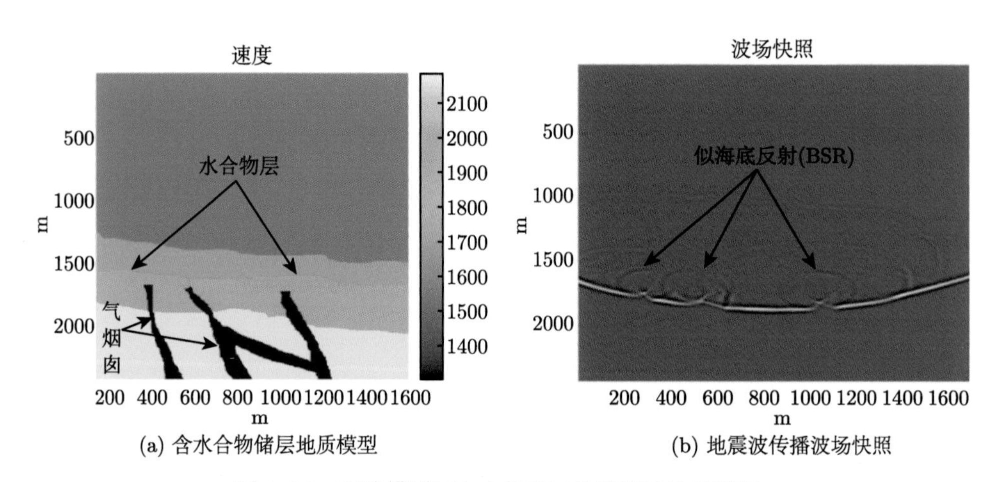

(a) 含水合物储层地质模型　　(b) 地震波传播波场快照

图 1.4.1　理论模型下水合物储层的地震波传播过程

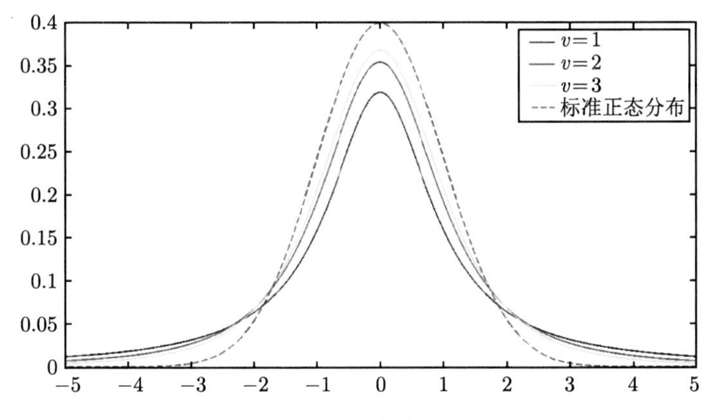

图 6.2.1　柯西分布与高斯分布对比

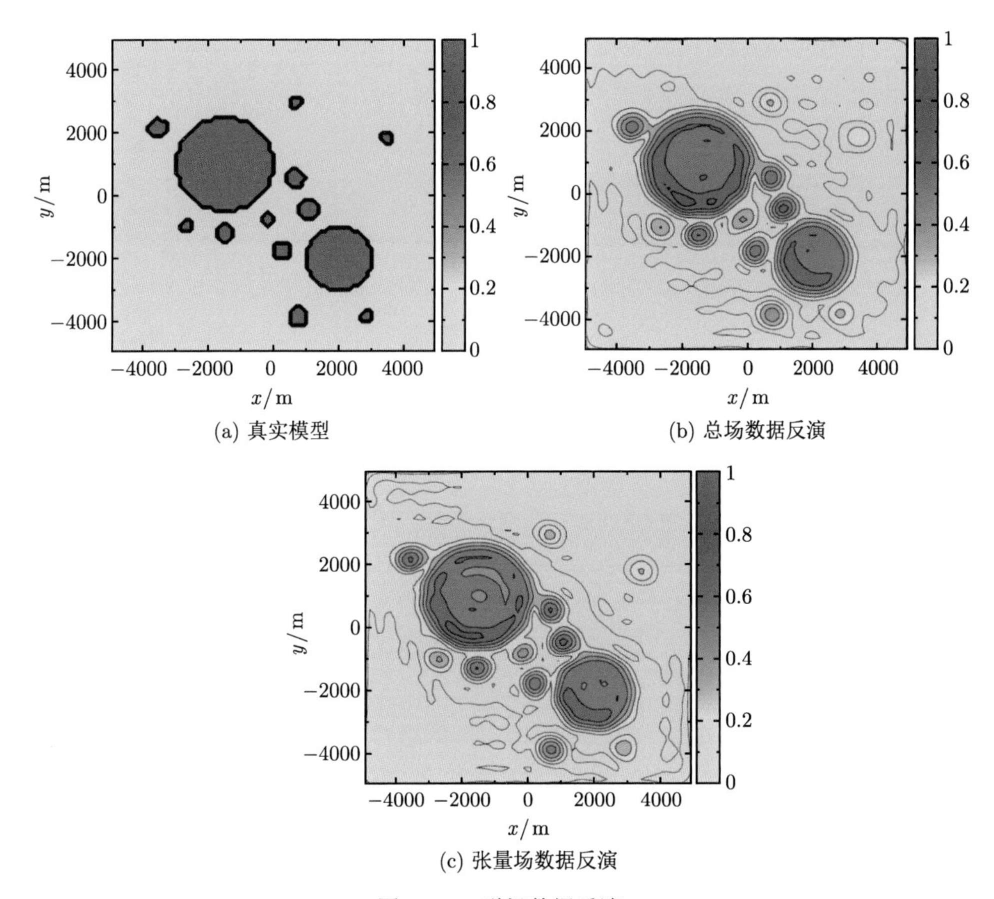

(a) 真实模型

(b) 总场数据反演

(c) 张量场数据反演

图 7.1.1　磁场数据反演

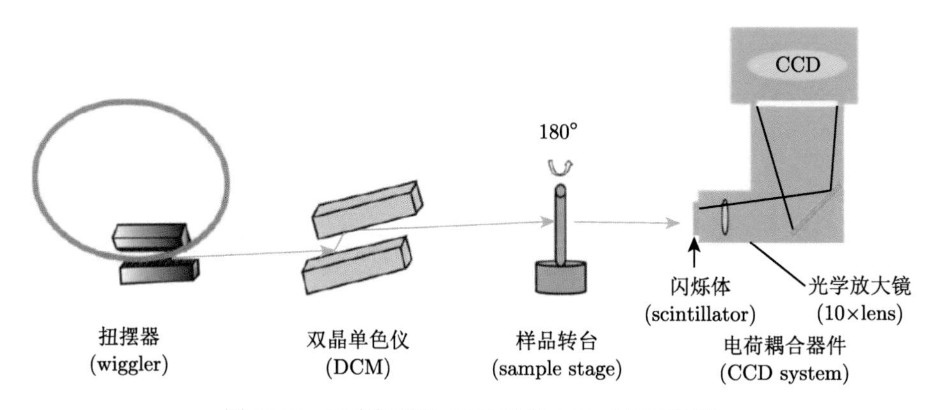

图 7.2.1　同步辐射光源 X 射线 CT 成像示意图

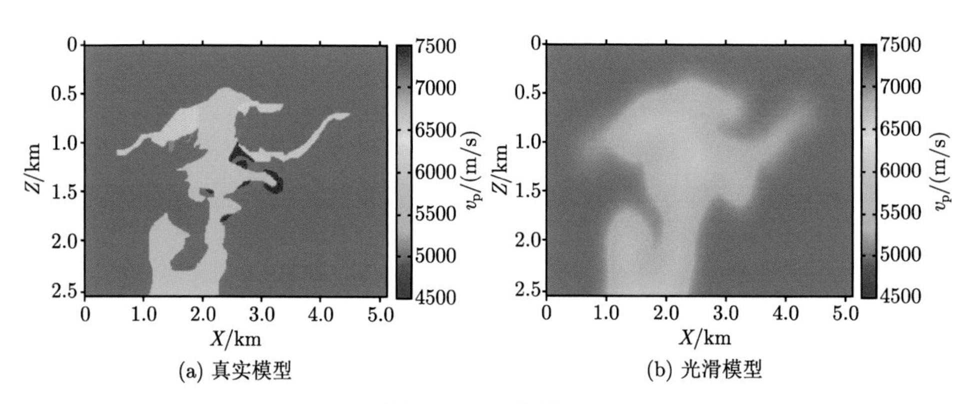

图 7.3.2　矿物模型

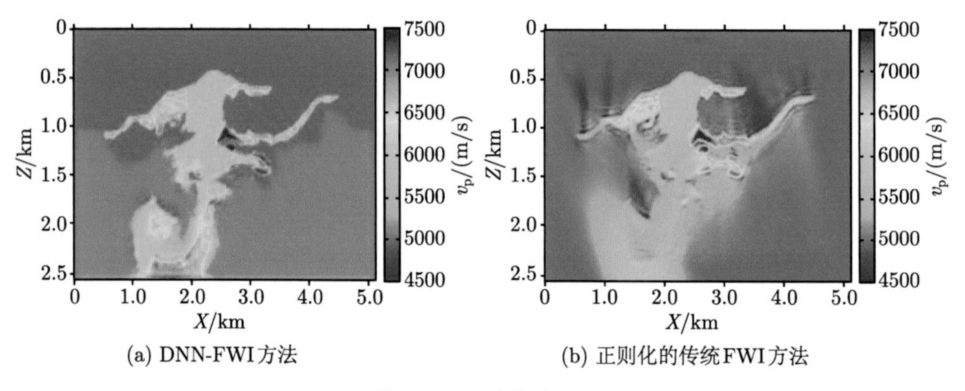

图 7.3.3　重构结果